U0003375

提問的設計：

運用引導學，找出對的課題，開啟有意義的對話

問いのデザイン：
創造的対話のファシリテーション

安齋勇樹（ANZAI Yuki）、
塩瀬隆之（SHIOSE Takayuki）｜著
李欣怡、周芷羽｜譯

經營管理 174

提問的設計：

運用引導學，找出對的課題，開啓有意義的對話

作　　　者 —— 安齋勇樹（ANZAI Yuki）、塩瀨隆之（SHIOSE Takayuki）

譯　　　者 —— 李欣怡（頁 13 至 129）、周芷羽（頁 129 至 329）
封 面 設 計 —— 黃維君
內 頁 排 版 —— 薛美惠
企 畫 選 書 人 —— 林博華
責 任 編 輯 —— 文及元
行 銷 業 務 —— 劉順眾、顏宏紋、李君宜

總　編　輯 —— 林博華
發　行　人 —— 涂玉雲

出　　　版 —— 經濟新潮社
　　　　　　　104 台北市民生東路二段 141 號 5 樓
　　　　　　　電話：(02)2500-7696　傳眞：(02)2500-1955
　　　　　　　經濟新潮社部落格：http://ecocite.pixnet.net

發　　　行 —— 英屬蓋曼群島商家庭傳媒股分有限公司城邦分公司
　　　　　　　台北市中山區民生東路二段 141 號 11 樓
　　　　　　　客服服務專線：02-25007718；25007719
　　　　　　　24 小時傳眞專線：02-25001990；25001991
　　　　　　　服務時間：週一至週五上午 09:30-12:00；下午 13:30-17:00
　　　　　　　劃撥帳號：19863813；戶名：書虫股分有限公司
　　　　　　　讀者服務信箱：service@readingclub.com.tw

香港發行所 —— 城邦 (香港) 出版集團有限公司
　　　　　　　香港灣仔駱克道 193 號東超商業中心 1 樓
　　　　　　　電話：25086231　傳眞：25789337
　　　　　　　E-mail: hkcite@biznetvigator.com

馬新發行所 —— 城邦 (馬新) 出版集團 Cite(M) Sdn. Bhd. (458372 U)
　　　　　　　41, Jalan Radin Anum, Bandar Baru Sri Petaling,
　　　　　　　57000 Kuala Lumpur, Malaysia.
　　　　　　　電話：(603) 90578822　傳眞：(603) 90576622
　　　　　　　E-mail: cite@cite.com.my

印　　　刷 —— 漾格科技股分有限公司
初 版 一 刷 —— 2022 年 1 月 6 日

I　S　B　N —— 978-626-95077-6-4、978-626-95077-9-5（EPUB）　　版權所有‧翻印必究

定價：480 元　　　　　　　Printed in Taiwan

推薦序
以創造式對話的提問，開展思考的新視野

文／王少玲

在學習的領域，我們經常彼此提醒：「當答案出現，學習就停止。」這句話意味著，當我們持續透過提問探索，新的可能與新的視野有機會不停綻放，孕育創新可行的點子。

每個階段的答案是鋪陳下一個階段提問的踏腳石，太早停下提問腳步，轉身採取行動，將容易導致受限與陳舊的做法。如何開啟乒乓球模式，互有往來的對話式提問？這是一項有趣且值得一再嘗試的方法。

我從事組織發展工作多年，經常以引導者（facilitator）的身分，在企業或組織內部帶領工作坊（workshop）。在這個俗稱「團隊共識營」的場域，成員多半是企業主管或組織領導者，他們都是績效常勝軍或表現優秀而受到重用的人才。

所謂「要贏不要輸」以及「我是對的」的內建假設，經常阻礙他們從其他視角看待問題。然而，創造式對話的提問有機會破解此模式。唯有每一位成員「開誠布公並誠心提問」，才能充分的分享並深度對話，共同找出有承諾的解決方法。

另外，「提問」二字在刻板印象中，意味著「不知道」、「缺乏經驗」或「不夠專業」，這些判斷和負面標籤也和「提問」劃上等號。

如此一來，他們帶領的團隊很容易歸因於「沒時間」，受到採取行動的衝動所誘惑，而趨向快速尋求答案。沒有經過團體成員充分提問、啟動對話、深入思考，就貿然採取行動，結果可想而知。

這種自動化的映射，源自於我們受到教育環境的制約，過度獎勵與肯定唯一的正確答案，然而唯一的正確答案比較適用於知識內容的提問。例如，「水的化學式是什麼？」「公司規定的上班時間是幾點？」也或許我們可以說，教育歷程的素材偏向鼓勵唯一的答案與二元思維，不是對就是錯。

但是，當我們離開學校進入社會，我們所面臨的課題卻是多樣性與多層

次。這些探討社會性、組織性、政治性、產品服務等與人相關的主題或議題，其底層的價值和每個人一路走來各自成長的經歷相關，各自背後開展的脈絡情景因而不盡相同。

這是我們陌生的，甚至不知道該如何處理，致使在啓動對話時，產生雞同鴨講的缺口或誤會也是很自然的情形。如果我們有機會開始鍛鍊創造式對話的提問，將能協助彼此刺激思考，催生出新視野，建構新點子與新關係等等。

有不少主管在學習或閱讀與提問相關的書籍之後問我，爲什麼他感覺自己的提問，反而帶來部屬的防衛與辯解，甚至沉默？

通常我會先請主管先分享他的提問句型與目的，結果發現，主管的提問句型比較像是：「你爲什麼遲交？」「今天加班不會填加班單吧？」「今天下班前把數字交給我，沒問題吧？」等等之類。

這裡的提問，本質上比較像是質詢或是以問號偽裝成命令式的直述句。如果本意是想要產生創造式對話、發揮提問的力量，真誠提問絕對是前提。它的背後是以好奇爲本質，由發自內心想要理解與探索真相的衝動所驅使，純然以理解對方的世界觀或事物的本質爲出發點。

然而此這樣的渴求，隨著歲月的成長，如果沒特別留意，我們將會被許多的「我知道」所逐漸淹沒，無數的默認前提讓你無法保持真正的好奇，走向固化思維，太陽底下沒有新鮮事就順理成章。身爲引導學（facilitation）領域的專業工作者，即使你已經踩進工作坊的現場，我們持續精進自我絕對是必要的。

本書內容充分反映實踐者的經驗分享，鉅細靡遺，充分展現日本匠人的細緻精神。如果你對於如何準備與設計一場創造式對話的工作坊感到有興趣，並且期望能在引導現場有系統的提問，以激盪出集體的潛力，催生團隊湧現創新思維，本書絕對不容錯過。

不論你是引導界的新手或熟手，本書都能帶領你拓展既有提問的技巧，並加深你對創造式對話提問本質的認識。

本文作者爲資深組織發展工作者、水月管理顧問有限公司創辦人。曾任中國渣打銀行企業大學總監、台灣渣打銀行學習發展部副總裁等職；中正大學心理所碩士。譯有《打造卓越引導力(第三版)》、《內在睿智之聲》(以上均爲合譯)等書。

推薦序

對話，從提問開始：
開啓團隊智慧、促進正向改變的關鍵

文／吳咨杏（Jorie Wu, IAF-CPF/M）

提到引導學（facilitation），不曉得各位讀者想到什麼？

我首次接觸引導學，是在 1999 年 10 月底，當時文化事業學會（Institute of Cultural Affairs，ICA）台灣分會舉辦爲期三天的引導工作坊，邀請國際引導者協會（International Association of Facilitators，IAF）副會長 Dr. Gilbert Brenson-Lazan 來台，我受人推薦擔任全程英文翻譯。

三天的工作坊有大約 80 位參加者，他們來自不同的背景與行業，我目睹引導師（facilitator，另譯爲引導者）帶動團隊的智慧與能量，覺得引導眞是太神奇了。之後開始有系統地在文化事業學會學習引導，記得我的 ICA 導師們（mentors）一開始就說：「引導是一門專業、一種科學與藝術，更是一種領導與生活的態度。」

引導，就是開啟對話的過程

究竟什麼是引導？翻開辭典，Facilitation 的字根 facil，是「讓事情變得更容易」的意思。引導師的任務是協助團隊更容易思考、找到更好的答案，並且協助團隊有能力合作，產生正向的改變。

引導師不是內容專家，也不是顧問或培訓師，而是流程專家。常用來形容引導師的譬喻是「助產師」或「陪跑員」。你或許會問，引導師眞的能夠協助團隊找到答案嗎？爲什麼企業或組織需要引導師來協助大家「更容易思考」？

我的回答是：因爲目前我們身處 VUCA（易變〔Volatility〕、不確定〔Uncertainty〕、複雜〔Complexity〕、模糊〔Ambiguity〕的首字縮寫）的時代，面對各種複雜巨變、利害相關者（stakeholders）多元，沒有一個人或一位領導者擁有可以解決問題的全部答案，因此需要借重團體的智慧、仰賴多人齊心齊力。而引導的基本信念是「每個人都有智慧，集體可以做出比個人更好的決

策」，參與者有能力且有意願對自己的決定承擔責任。引導師可以協助團體成員透過對話和提問的過程，激發眾人智慧、促進正向改變。

在我首次接觸引導學四年之後，2003 年我成為國際引導者協會（IAF）認證引導師，2004 年成為認證評審。2008 年，我服務的朝邦文教基金會開始以「推動對話力」為宗旨，運用對話的元素和對話引導的工具與流程，協助組織進行正向的改變。服務的組織從企業、公部門到非營利組織等等，討論多樣議題，例如：策略規畫、政策白皮書、核心價值探索、組織文化建構、服務精進、團隊建立、領導力整合永續發展或行動計畫等等。

不論是哪一類的議題，我在工作坊之前的準備時間，大概是工作坊天數的數十倍，有很多的幕後工作是在工作坊現場看不到的。工作坊的準備與執行皆秉持 IAF 認證引導師的六大核心能力，包括：

A 創造合作的客戶關係

B 規畫合宜的團隊引導流程

C 創造並且維繫參與式環境

D 帶領團隊達成適當及有用的結果

E 建立並維持專業知識

F 展現正面的專業態度

六項核心能力的展現，就好比是 U 型理論的開放「心、信、行」的內在與外在歷程；巧合的是，我發現《提問的設計》這本書的第四章和第五章，作者們談到工作坊的設計和引導技巧，內容正好圍繞著上述的國際引導協會認證引導師六大核心能力。

準備迎接驚喜，發生什麼都是好事！

事實上，工作坊的引導，就是一個對話的過程。書中提到「創造式對話」，並且區分為對話、辯論、討論與閒聊。這讓我想到另一本書《對話力：化解衝突的神奇魔力》（*The Magic of Dialogue*）對話有三個基本要素：

1. 平等待人：不論位階高低，每個人的想法都有相同的價值

2. 同理聆聽：聆聽彼此的觀點、感受、價值觀
3. 浮現假設：不預設立場，說出自己的觀點或主張，用好奇心探詢他人的觀點

我認為，對話最重要的是「意圖」，也就是想要了解對方的動機，要有學習者心態和好奇心。而不是抱持「已知者心態」，陷入「你對我錯」或「我早就已經知道」的僵固思維。

一般人認為，對話就是要多說自己的主張，然而，同等重要的是「探詢」（inquire），協助我們如何從「已知者心態」轉換成「學習者心態」。阻礙我們探詢的原因，除了心態之外，可能還顧忌自己是否「問對了問題」、「這個問題問得是否夠聰明」等等自我評估。我認為，只要是抱持開放的心態、沒有預設立場、能夠引發學習與洞見（insight）的開放式提問，都是好問題。

在工作坊進行中，我以引導師的身分，鼓勵參與者平等對待彼此、同理聆聽、勇敢探詢、主張，了解不同的觀點與假設，打開與創造跟平常慣性不同的對話場域，如此一來，就能讓團隊湧現智慧，共同創造更完善的解決方案。

這本書提供許多引導的理論、工具、方法和案例，以有系統的方式讓讀者進入創造式對話的工作坊情境。我特別喜歡第六章的案例，尤其是案例五「創造諾貝爾和平獎得主尤努斯與高中生的對話場域」，這是我比較少有的引導經驗。從案例中充分顯現如何透過集體提問的學習，幫助學生與尤努斯博士進行創意式對話，深入了解議題。

所有想要在引導路上更精進的朋友們，恭喜您手上多了一本難得的工具書，協助您開啟更多的創造式對話，開啟更豐富的團隊智慧，促進更多的正向改變！

引導最迷人同時也是富有挑戰的地方，在於你可以事前做出準備、清楚明白工作坊目的、規畫合宜的團隊引導流程。然而，實際開始引導時，雖然心中有譜，卻要時時關照團隊的狀態而有所調整，不能按表操課，必須永遠以「服務團隊」為最高原則。

由於 COVID-19（2019 冠狀病毒疾病）的影響，人們面對的危機都是需要透過對話與合作才能攜手解決人類共同面對的問題，引導已經是必然的趨勢，不論現場引導或線上引導，秉持的原則與精神都是一致的，那就是讓

團隊能夠「容易思考、容易參與」，以「服務團隊」為最高原則，而不是展現華麗的技巧。

看完本書，可以幫助你擁有更多關於引導的知識、工具和方法提升自我。更重要的是，了解「準備迎接驚喜，發生什麼都是好事」，這也是稱職的引導者必備的心態！

本文作者為朝邦文教基金會執行長、IAF 國際認證專業引導師暨評審（IAF-CPF／M &Assessor）、文化事業學會認證引導師／培訓師暨評審（ICA-ToP Facilitator/Trainer/Assessor）；美國紐約州立大學水牛城分校語言病理學碩士。致力於運用對話及團隊引導的方法與精神，協助組織及社群正向變革。她所帶領的朝邦文教基金會，獲得 2016 年全球引導影響力金牌獎。

CPF／M：Certified Professional Facilitator／Master

ICA：Institute of Cultural Affairs

ToP：Technology of Participation

IAF：International Association of Facilitators

目次

第四部分　設計提問的案例

第六章　解決企業、地區和學校的課題　262

結語　

圖表索引

作者序
爲何此時此刻需要提問的設計？

1. 前言

　　一聽到「大學的研究人員」，腦海中會浮現什麼形象呢？也許是這樣想像的吧，研究人員深耕特定領域，日夜關在研究室中博覽文獻，一面調查不斷重複實驗以探究唯一眞理……。

　　不過，筆者（安齋和塩瀨）的日常工作，說不定和上述大眾對於大學研究人員的印象，呈現出不大一樣的面貌。筆者的共通點在於，某種程度可以說就像「浮萍」般，但並不是指，在廣漠的領域中追求唯一的「答案」，而是以形形色色的人們爲對象，不斷拋出「問題」的這一點。

　　有時，是栽培公司年輕人或經理級人才的進修課程講師。

　　有時，是兒童科學活動的特邀講者。

　　有時，是在社區發展會議中扮演居民間對話的協調者。

　　有時，是擔任企業在瀕臨倒閉時，整理討論脈絡的角色。

　　有時，是美術館作品鑑賞的導覽。

　　有時，是擔任機密產品開發專案的顧問。

　　因擁有多到屬不清的「面貌」，偶爾會被挪揄「不知道什麼才是您的專業」，但筆者反而大膽地選擇不執著於特定領域，而是依據委託者（客戶）要求，前往各個現場，舉辦可輕鬆地相互學習，名爲「工作坊」（workshop）的活動，而筆者通常也是在完全不知道「正確答案」的情況下，不斷拋出「希望和參加者一起深入思考的問題」。

這樣「無厘頭的工作」，總是會突然躍現在筆者眼前。「面對自以為理解的孩子們，該如何刺激他們用腦思考才好呢？」「該如何促進社區年輕人與高齡者交流，讓他們團結一致呢？」「該怎麼讓員工將組織課題當成切身之事來思考呢？」「總是重複技術話題的工程師，如何激發他們想出新點子？」等等。

面對他們的煩惱，筆者並沒有直接的「答案」。因此，筆者總是直接面對委託者，提出最單純的問題做為出發點，「那真的是應該要解決的問題嗎？」在懷疑中一起檢視、設定應共同思考的主題，並且「提出問題」，僅是如此而已。但當對方以筆者所拋出的「提問」為出發點時，當事者會互相提出跳脫日常框架的想法、彼此激盪，體驗一個前所未有的創意現場，創造前述提問的結局。在引發創新學習的過程中，筆者以「引導者」的身分，陪伴無數工作坊的舉行。

2.「認知」與「關係」僵化的弊病

筆者回顧多采多姿的工作經驗後，認為自己說不定是持續和現代社會中共通的「某種弊病」奮戰。就是關於人類的「認知」與「關係」逐漸僵化的弊病。

無論是在培訓商業菁英的現場、孩子們的學習現場，還是組織僵化課題的真正原因，抑或是，阻礙產品開發創新的原因，當筆者逐漸解開問題後，「認知」與「關係」僵化的弊病幾乎是必然會提到的項目。

①認知的僵化

認知的僵化是指，隨著當事者在一定默契下自動形成的認知（有既定前提的看法·既定觀念），阻礙人想要深入了解事物的心理，或是妨礙創新思考。

　　人類的學習與認知機制之間，有千絲萬縷的關係。我們人類在日常生活中，對於特定的認知，會加以調整或固定，在這過程中精進自己的能力，或融入某些團體。例如上大學、進入職場、換工作、家族成員增加時，最初會對新環境或風氣感到困惑，逐漸習慣之後，該做的事情就會慢慢地愈做愈好。另一方面，當人類開始習慣某件事情之後，就不太會意識到「這是從外界獲得的認知」，也就是說，逐漸會變成平常不自覺的「理所當然」。

　　當特定認知變成「從他處獲取的知識」時，在大多日常情況下會轉化為「效率」和「生產率」的提升。就像一開始學習數學公式時，不熟如何運用，但反覆練習後，就能以直覺活用公式，迅速正確解答問題一樣。

　　但當人類將認知視為理所當然，固化之後，就不再去重新思考認知的前提「為何如此？」。「為何這個公式會變成這樣的規則呢？」「真的非得使用這個公式不可嗎？」畢竟要這樣一個個思考，對於考試得分而言非常沒有效率。說得直白一點，就是會變得「不用大腦思考就能解決」。

　　然而，無意識的認知自動化，在學習新事物時可能會變成一種阻礙。像是上大學之後，打算開始學習高級數學時，是不是有時候得先忘記高中時所學到的公式呢？像這樣，暫時先「拋棄」學過的事，這種類型稱為「忘卻學習」（unlearning）。忘卻學習說來簡單，但做起來卻並非如此。只要在日常生活中，沒有發生極度不便或麻煩的情況，人類通常不會改變自己的認知，在無自覺的情況下，如同累積在皮膚上的體垢一般，這時就只能靠著「刻意搓洗」才會發現。

②關係的僵化

　　所謂關係的僵化，是指當事者之間的認知在發生斷絕的情況後，就這樣保持下去而形成的關係，是一個阻礙彼此理解和創新溝通的狀態。

　　人類是在團體中透過與他人協作活動的生物。應該有不少人同時隸屬

於多個團體，如企業、學校、社區、家庭等。即使是擁有共同目標的團體，當中的每一個成員對於「理所當然」的認知，會有些許落差也是自然的。

就像在不知不覺間固定下來的認知一樣，隨著時間過去，與他者之間的關係會更加穩固。這裡的關係所指的，不只是「學長姐和學弟妹」、「教師與學生」、「主管和員工」這般有明確的上下關係、職務分擔、契約關係，還有一種是，在彼此有默契的情況下所感受到的，所謂「心理契約」（psychological contract）的關係。

心理契約，原本是管理學專有名詞，指的是企業與員工之間建立的關係，雖並未明文記載於契約書等文件上，但是是建立在彼此互信互賴的默契與期待基礎上。像是「若無重大情節，員工到屆齡退休之前，公司應該不會隨意開除員工，因此員工應該也不用積極考慮換工作」之類的情境。

如果擴大解釋到企業外的關係，應該也會包含類似預設立場的情況，例如「雖然年紀相仿，但因對方學年較高，一定要使用敬語」，或是「這個人對於其他人的話不理不睬，就算要找他商量也無濟於事」的反應。

和個人的認知相同，在團體中自然而然形成的關係，並非能輕易改變。像是在學校，來往密切的同學面前，勉強自己扮演「與平常不同的自己」，或是突然轉變立場，從原本總是傾聽學弟妹煩惱的自己，變成一股腦地對學弟妹訴說內心糾結，應該會讓人尷尬或有所抗拒。

更不用說，如果雙方在認知與先決條件上就有所「差異」，關係一旦固定下來，就更不容易跨越那道鴻溝。像是「和那個人無法溝通」的情況，都是因為雙方認知早已有所出入，且這個落差已經難以彌補而造成的結果。

3. 提問技巧，影響企業、學校、社區和地方的運作方式

僵化地「認知」和「關係」，在追求變化的現代，將衍生出「即使想改

變也無法改變」的根本問題。然後，已經扭曲而固定的集團認知，往往會忽略真正應該解決的問題本質，容易誤導課題解決和學習的方向。

　　一直以來，筆者所拋出的「提問」，都能撼動當事者在日常生活中形成的認知前提，產生「有創造力的對話」（另稱為創造式對話），進而重整關係，動搖那些不自覺形成的前提，催化出不同於平常的想法。將自我意見與他人的想法進行比較，可能會重新發現自己的特徵，或是獲得意想不到的觀點，深入「對話」深度，重新整理日常的關係。

　　結果，在企業第一線成功推動了由下而上的組織改革，或提出充滿創意的產品靈感、想出新產品點子，培育出符合學校教育所希望達到的自動自發，與擁有對話能力的學生；更催生出符合當地需求、居民團結一致的社區發展會議計畫，達到了現代社會所期許的成果。

　　透過這樣的工作，筆者確信，不管在哪一個領域，比起急於針對課題找出「答案」，掌握問題的本質、設計出打破現狀的「提問」，並透過「工作坊」與當事者共享、建立對話場域，才是大家真正需要的解方。

　　工作坊以擁有超過百年歷史的思維，在全世界發展至今，特別在最近20年，普及至日本全國。目前在企業、學校、社區地方，已經被視為解決課題和學習的當然手法。不過，對工作坊的批評也有不少，例如工作坊的本質應為刺激日常、具有玩心的設計，卻被誤解成只是一種「休閒活動」，讓參加者認為「只是好玩而已」就結束，在事後引起無法感受到為何舉辦工作坊意義的批判，或是出現原本應該是在非日常情況下舉辦的工作坊，反而變成是為了達成個人目的，而成為例行公事。甚至還沒有感受到課題真正獲得解決的情況下結束活動，出現「工作坊倦怠」的案例。

　　此外，在學校或組織來不及培育工作坊引導者，連要舉辦優質工作坊所需的條件都未能達成的情況下，卻迫於要求不得不舉行的案例也愈來愈多，致使工作坊品質良莠不齊，也是不爭的事實。區分工作坊是「優」還是「劣」的關鍵是什麼呢？筆者認為，關鍵就在於本書主題「提問的設計」。

　　不過，目前探討工作坊相關的書籍中，關於「提問的設計」並無太多說明。因為這牽涉到人類的思考、情感、溝通相關的複雜領域，所以很難直接分享「只要這樣即可順利進行」的訣竅，也很難將其變成一套系統性理論吧。確實筆者在這一點上，也無法提出能確實呈現成果的「鐵則」。不過，依照目前的研究成果和實驗經驗來看，工作坊應該是能提供協助思考的輔助線，「為了順利進行，如果這樣思考是不是比較好呢？」

4. 本書的結構：課題與流程的設計

　　關於為解決廣泛存在於企業、學校、社區中「人類認知和關係的弊病」，所提出的「提問設計」技巧，本書將依序分為二階段探討方法論。

　　第一階段是「掌握問題的本質，制定應解決的課題」。企業、學校、社區的問題，對當事者而言，何謂真正應該解決的課題，其實並不一定能正確的定義。所以重新探究問題本質，並修正課題的定義，是提問設計的第一步。也就是說，「提問設計」是在「課題設計」之前。

　　第二階段是「提出問題，促進有創造力的對話」。如果設計出應該解決的課題後，要依據怎樣的順序直搗課題核心，並規畫有效果的工作坊流程。之後，以引導者的身分，向當事者提出多個問題，促進有創造力的對話，進而引導解決課題的流程。這就是提問設計中的「流程設計」。

　　依上述說明，本書的結構將如下解釋提問設計的技巧。

　　第一部分「了解提問的設計」中，將著重在提問設計的基礎上。具體來說，會在第一章「什麼是提問的設計」中解釋探索問題的本質、問題的定義、提問設計的全貌。

　　第二部分「課題設計：掌握問題本質，制定應該解決的課題」，在掌握企業、學校、社區複雜的問題本質之後，對於相關人士而言，如何設定「真正應解決的課題」的方法論。具體方式會在第二章的「重新掌握問題的思

考方式」中解釋，在明確區分問題和課題的差異後，說明如何從多元角度解讀問題情境，以掌握問題本質的思考方式。在第三章「定義課題的流程」中，說明如何定義課題的具體順序。

第三部分「流程設計：提出問題，並促進有創造力的對話」中，則是說明如何遵循定義完成的課題，偕同各方關係人士，透過有創造力的對話解決問題的方法論。具體內容將在第四章「工作坊設計」中，針對工作坊計畫或是專案的設計方法，以及第五章「引導的技巧」中，穿插理論與實例，解說引導者的心態和技巧。

第四部分「設計提問的案例」，將實際介紹筆者在企業、學校、社區中擔任引導者的六項專案。若是沒有具體概念的讀者們，請從第四部分的案例開始閱讀。

希望能結合您自身實作領域中的課題，在腦海中帶著「問題」閱讀本書。

第一部分

了解「提問的設計」

第一章

什麼是提問的設計

1.1. 什麼是提問

提問的七個本質

　　在探究提問技巧之前，首先，我們必須面對「什麼是提問？」這個直白的問題。試圖釐清曖昧的詞彙的態度，是一位優秀的「提問設計者」必須具備的素養之一。在開始絞盡腦汁思考之前，首先參考辭典中關於「提問」的定義吧。

辭典中提問的定義

① 徵詢、詢問、疑問：「發起 ── 」、「回應顧客的 ── 」

② 問題、出題：「請回答下列 ── 」

　　疑問、問題、出題。「問」這個字，可以應用在多種性質相異的場合中，是我們非常熟悉的行為。把「提問」翻譯成英文，就能更具體感受到這個字的曖昧程度。既可以按照辭典中的定義，以 question 來表現，也可以翻譯成 problem。再稍微擴大解釋，也許還能想到如 inquiry、issue、theme 等意思相近的對應翻譯。

　　而從這些詞彙能聯想到的「提問」場合，也確實是形形色色。像是日常會話或訪談時的提問，這種一對一直接交流的問題，也有像學校考試出

題或問卷題目等，單方面向不特定多數對象提出的問題。

　　就像研究者或哲學家提出的主題或研究課題，有一些提問是針對自己多年來都在面對的事物吧。也應該有一些提問，例如組織內部的問題或社會問題等，是群體共同的提問。

　　不管在怎樣的場合，正如上述辭典定義中包含「回答」一詞，我們可以預設，提問，以及與之相對的「找答案」，是成對的。從這裡可以看出「提問」的第一個本質，就是當「提問」一改變，最終引導出的「答案」也可能隨之改變。也可以由此思考問答關係。

提問的本質（1）
導出的答案隨著提問的設定而變動

換個提問，催生新事業的點子

　　在這裡介紹一個，藉由改變提問的設定，最終答案也因而大幅轉變的案例，這是由筆者（安齋）引導的某車廠「汽車配件」開發部門的專案。

　　所謂的汽車配件，泛指讓汽車內外環境更加完善的所有物品，「汽車導航」是主力產品，另外還廣泛包含汽車音響、輪胎、維修零件等。負責該專案的客戶團隊，雖然擅長汽車導航開發，但對於當前人工智慧（AI）技術發展與普及的影響，隱約感到不安。這也難怪，一旦人工智慧普及，汽車駕駛自動化，可預想駕駛開車的機會將逐漸減少。這樣一來，可能影響輔助駕駛的汽車導航的市場地位，因此的確可以理解客戶面對「汽車導航的再這樣發展下去沒問題嗎？」的不安。

　　在這背景下，客戶對筆者提出的商量是：「我們雖然希望能想出應用人工智慧的新式導航系統點子，但開了幾次內部企畫會議，都沒有讓人滿意的結果。我們希望您能在企畫會議現場（工作坊）引導我們，提出具有革

新的想法」。換句話說，客戶的提問是「在人工智慧普及的時代，汽車導航如何存活？」「應用人工智慧的新導航是什麼？」並試圖解決這些問題。

對此，筆者認為，這提問原本的設定，恐怕無法引導出好的答案。因為汽車配件，原本應該是為了達成使用者無法從原本汽車車體獲得滿足的「目的」所使用的「手段」。如果人工智慧的普及導致汽車導航這個需求消失，就表示隨著社會發展變化，使用者的目的也發生改變。若不先重新提問環境不斷變化的目的，而只是滿足內心讓「手段」留存下來的目的，恐怕無法解決本質上的課題。

因此，筆者重新仔細聽取客戶的意見。不只是為了蒐集資訊，也是為了釐清在這件委託案背後的真正含意，以及問題本質所在，而不斷提出問題。筆者自己別說車了，連駕照都沒有，在汽車及駕駛領域完全是個門外漢。

因此，筆者把浮現在腦海中的直白疑問一個個拋出。「汽車導航是駕駛專用的嗎？」「所謂的汽車導航，對於使用者而言是怎樣的存在？」「一直以來是在怎樣的動機下開發汽車導航的？」

這時，客戶告訴筆者他們的信念「我們想提供生活者『舒適的乘車（移動）時間』」。的確，就算人工智慧普及，自動駕駛技術也愈來愈發達，可能駕駛機會消失殆盡，但生活者的「移動」時間本身並不會消失。客戶想做的，並不是開發「汽車導航」，而是協助「生活者移動的時間」。

於是，筆者持續與客戶溝通，將專案的提問變更為「在自動駕駛社會中，想設計出怎樣的乘車時間？」「這樣的乘車時間，可以透過運用公司技術做出何種協助？」然後舉辦了探討協助未來乘車時間產品的工作坊（【圖1-1】）。

如果客戶執著於「汽車導航」，或許還會需要轉換成別的提問，不過，在這個案例中，由於問題的本質不在此，因此成功地將「公司商品」橫向展開為「公司技術」，將問題大幅轉換成讓最後相關人員，都能認同的「我

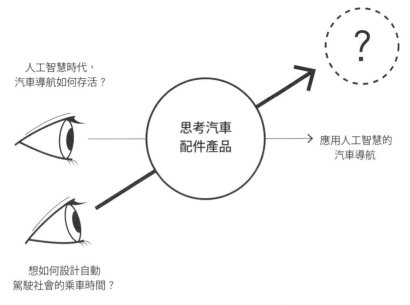

人工智慧時代，
汽車導航如何存活？

思考汽車
配件產品

應用人工智慧的
汽車導航

想如何設計自動
駕駛社會的乘車時間？

【圖 1-1】換個提問，點子也跟著改變

們想解決的問題確實在此」。

　　雖然無法介紹具體的創意，不過最後誕生了好幾個點子，都是在自動駕駛社會中，從本質上對乘車時間有所貢獻的，「非汽車導航」的產品。即便同樣是「人工智慧時代車廠汽車配件部門的問題」，但隨著角度設定「提問」的不同，問題的解釋也會不同，最終引導出做為「答案」的創意與解決方案的途徑，也會出現大幅度的差異。

創新的進化史，就是提問的進化史？

　　反過來想，所謂產品的進化史，或許可以切換成「提問的進化史」來解讀。如果試著追溯生活周遭產品的歷史變遷，想像其發展背景曾出現過怎樣的提問，應該可以理解一直以來「提問」是如何改變「答案」。這應該會是在培養提問設計能力時，很適合的練習方式。

　　例如，以生活中熟悉的產品「馬桶」為例思考看看：世界上最古老的

馬桶，據說是西元前 2200 年左右的美索不達米亞文明中，以磚塊堆砌組裝而成的沖水馬桶。坐在像椅子的馬桶上使用後，用水沖走的這一點，和現代的馬桶沒有太大的差別，然而這樣的功能在當時就已經做到了，十分驚人。

不過，廁所周邊環境倒是發生很大的變化。據說中世紀的歐洲，有長達幾百年的時間，因為沒有排水機制，一般都是將排泄物從自家窗口往外丟棄。因此，當時歐洲的街道上，到處都是穢物，整條街據說也彌漫著相當嚴重的惡臭。根據諸多說法中的一說是，「高跟鞋」的發明，就是為了確保自身不會沾染到穢物而產生的。此外，為了掩蓋異味而研發的「香水」之所以能普及，據說也是受到這種情況影響。

無論如何，在中世紀時代，大家心中基本上應該都抱持著「怎樣才能避開腳邊的穢物？」「怎樣才能掩蓋掉滿街的惡臭？」這些疑問吧。漸漸地，下水道工程等基礎建設開始發達，終於不必從窗戶丟棄穢物，或任其流向河川不管。這過程應該是將人人心中的疑問「要怎麼處理滿街的穢物？」轉換為詢問「難道非得要將穢物排放到街道上，才能處理嗎？」的緣故。

關於廁所的「提問」，直到現代也依舊持續。例如，在捲筒衛生紙業界，最近成為主流產品的「長尺」、「增卷」（說明：一般日本廁所用捲筒衛生紙的規格是單層 50 公尺、雙層 25 公尺。長於這個規格的稱為「長尺」、「增卷」），是從怎樣的提問（疑問、不滿、問題意識）中誕生的呢？或許是來自於使用者心聲「怎樣才能用得更久？」「有沒有辦法可以不用一直採買替換？」也或許是出自於製造商或店家的構想「能否一次就讓很多產品流通呢？」「能不能精簡店面擺放的空間？」或者，「免治馬桶」又是從怎樣的提問中問世呢？

就算不知道正確答案，只要試著想像每項產品誕生的背後，可能存在的提問變化過程，應該就能拓寬提問設計的想像力的廣度。相反的，如果有機會思考關於「未來廁所」的創新，先不要立刻從產品面的創新去思考，

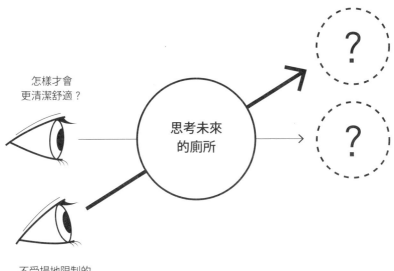

怎樣才會
更清潔舒適？

思考未來
的廁所

不受場地限制的
廁所會是什麼樣式？

【圖 1-2】用什麼樣的提問思考未來的廁所

而是先從「爲了思考未來廁所所需的提問」開始思考才對（【圖 1-2】）。如果想大幅改變引導的「答案」，首先就必須改變「提問」。

藉由提問刺激思考和情感

那麼提問所扮演的角色，就只是爲了得到好的「答案」嗎？我們是爲了得到好的「結果」才設計提問的嗎？應該不盡然如此吧。如果眞的是這樣，應該就不會有那麼多企業、學校、社區、社區組織，會選擇找筆者這般無法直接提供「答案」的引導者做爲討論的對象，而且也無法說明，現代社會中人與人之間「認識與關係的弊病」，爲什麼可以用提問設計來解決。

在「提問」和「回答」間的過程中，似乎還有其他因素的存在。在此，介紹另一個重要的提問本質。就是，面對受訪者，要給予其怎樣的思考或情感刺激。

提問的本質（2）

提問，會刺激思考及情感

　　為理解這個性質，一起來體會一下幾個提問的樣本吧。這是筆者所稱的「問題品評」、透過提問所進行某種程度的遊戲。就像更換辛香料或食材，咖哩的風味就會完全不同，提問也會根據表現或制約的設定，給人截然不同的印象。首先，試著比較下列兩個提問，請花些時間思考看看。

A. 您為什麼拿起這本書來讀？

B. 您希望讀完這本書後能得到什麼？

　　上述兩個提問，都是針對「閱讀本書的動機」所提出的類似問題，不過引發的思考，是不是有些不同？

　　A 提問是，詢問拿起這本書時的心情，也就是針對「過去」提出問題。B 提問則是，詢問閱讀之後期望的狀態，也就是針對「未來」的提問。即使同樣是問「讀書的理由」，目光是朝向過去或是未來，應該會造成腦中浮現的景色有些許的相異。

　　為了和您分享問題中有意思的性質，以及提問設計的精髓，讓我們再繼續多品評一些「提問」。以下列出了多道關於「提問設計」的題目，每題10 秒左右即可，請感受一下面對各項提問時，您腦中分別湧現什麼樣的思考和情感。

C. 促使您拿起這本書的七個原因是什麼？

D. 讀完這本書，您想成為怎樣的提問設計者？

E. 對於此刻的您所需要的，真的是提問設計嗎？

F. 在閱讀這本書時，您希望持續思考的問題是什麼？

G. 上述提問，在閱讀這本書的過程中，會產生如何變化？

H. 您的提問設計技巧，以滿分 100 分計算，可以得到幾分？

I. 想讓提問設計技巧再提高 10 分，什麼是必要的？

J. 如果您是這本書的作者，會想在第六章補充什麼？

K. 以往在您看過、聽過的問題中，印象最深刻的是什麼？

L. 您希望能花上一輩子思考的人生問題是什麼？

M. 其實根本不想思考，但就是會在腦海浮現的問題是什麼？

N. 什麼提問能讓您活用自己的才能？

O. 如果能對三年前的自己提出問題，您會問什麼？

P. 如果可以見到未來自己的子孫，您會問什麼？

Q. 什麼是「好問題」？

R. 對我們而言，「豐富的問題」是什麼？

S. 您覺得小孩提出的問題，會是「好問題」嗎？

T. 請舉出三個放諸四海皆準的「好問題」條件？

U. 所謂會摧毀小孩才能的「壞問題」是什麼？

V. 至今對於科學發展貢獻最大的問題是什麼？

W. 人工智慧可能設計問題嗎？

X. 為什麼人類會提出問題？

Y. 現在，是第幾題？

Z. 在 A ～ Z 當中，您喜歡的問題是哪一個？

　　感覺如何？說不定有些問題會讓您陷入深思，有些則是覺得腦袋一片空白。可能有些令人雀躍，有些則是勉強擠出的答案。也或許，有些問題您會想自己一個人仔細思考，有些則想跟家人、朋友、同事等特定對象一起探索。

　　不同的問題表現與組成方式，對於被詢問的對象這方也會產生不同的現實。這就是「提問設計」的有趣，同時也是困難之處。

大象的鼻屎都積在哪裡？

　　在問題的本質（2）中想強調的是，提問不僅會刺激人的思考，也會刺激情感這一點。人在面對問題時，為了想出答案會去思考。想像做問卷或是學校考試等情況，這個反應也是顯而易見。然而，要賦予人「想要思考」的動機，並不是一件容易的事。但如果是做為一個契機，動搖平常早已僵化的認知，藉此引起人們覺得有趣、好奇心、驚訝等情感反應，並打破「自以為懂」的想法，則是非常有效的。

　　筆者（塩瀬）在此介紹一個，動物園園方所舉辦的一場以兒童為對象的工作坊案例。背景是來自動物園保育員給予的動物觀察提示：「長頸鹿跟牛一樣，是會反芻的動物，會把吃下去的東西，從胃部再送回嘴裡重新咀嚼。因為長頸鹿的脖子很長，所以可以清楚看見，牠們在吃東西時，與吞嚥是相反的移動方向，食物會通過喉嚨再反芻喔。不過要想看到這個過程，必須在長頸鹿吃東西之後的五至十分鐘，一直專注地盯著牠們。」

　　聽到這裡，大家開始思考如何安排或提出怎樣的問題，好讓孩子們仔細觀察每一種動物。在這過程中出現了許多，讓人想好好在動物面前仔細觀察的問題，像是「注意腳跟」、「仔細觀察咀嚼的嘴巴、顫抖的耳朵、抽搐的鼻子是怎麼動作的」等等。

　　在這些問題當中，讓親子參加者討論熱絡的就是「大象的鼻屎都積在哪裡？」這個問題。「如果不在鼻子前端，那就挖不到吧？」「不是吧，那

麼粗大的前腳，腳趾應該塞不進鼻孔裡吧？」「那就是在裡面囉？」「不對啦，應該是積在正中央，然後吸水跟噴水的時候，就會一起排出去吧？」在大家紛紛提出各種假設的同時，所有人的焦點都集中在大象的鼻子上了。這時候，「鼻子皺紋好多！」「好像有長毛耶！」「鼻子下是嘴唇嗎？」開始出現鼻屎以外，一個一個令人好奇的點。

那天工作坊結束後的回家路上，筆者在電車裡，碰巧坐在一對親子參加者的對面。聽著他們討論「可是如果大象鼻子深處有鼻屎，吸水的時候，不就全部跑到嘴巴裡面去了？」過了大半天，這個話題依舊沒有結束。

其實關於這個提問，筆者自己也不知道答案。只是純粹抱持「結果到底是怎樣？」的單純疑問而已。提問者必須知道正確答案，這某種程度像是大人或學校老師所抱持的強迫觀念，提問者的理解程度，事實上未必和提問對象的思考和情感刺激有直接關係。

倒不如說，或許正因為連筆者自己也只是單純好奇「為什麼？」所以察覺到事實上提問者和提問對象之間，並非存在優劣或上下關係，或許是要在問題面前建立起的對等關係，才能刺激參加者的思考及情感。而這個問題，從筆者第一次提問之後已經過了十年以上，至今還是很常拿出來運用，可見得這對筆者本身而言，也是非常印象深刻的思考刺激。

1.2. 什麼是有創造力的對話

觸發提問的四種溝通類型

提問所產生的效果，不僅止於刺激提問對象的思考及情感。就像當參加者開始「討論」起「大象的鼻屎都積在哪裡？」之際，當群體共同面對一道問題時，提問本身就具備了主動觸發溝通的性質。

> **提問的本質（3）**
>
> 提問，能觸發群體溝通

　　正如在問題的本質（2）中確認過的，問題會刺激提問對象的思考及情感。面對問題的個人，會在腦中思考擁有個人特色的意見，或是想出新點子、或者也可能產生新的疑問或有疙瘩。這樣個人思考的「種子」，即使是面對同樣的提問，應該每個人都有所不同。當這些思考及情感的種子有一個共同的「場所」時，就會驅動溝通。從提問衍生出來的溝通，主要有「辯論」、「議論」、「對話」、「閒聊」四種（**【表1-1】**）。

① 辯論

　　所謂的辯論（debate），是針對特定主題，分成不同意見的立場（例如贊成派和反對派等），各自闡述意見，然後判定哪一方意見正確的一種溝通。在辯論中，最終成為結論的主張，未必能得到在場全體的認同。勝負分明，有可能是邏輯上正確的某人的主張，最後獲得採用而成為最終結論。即使是反對意見，但也有可能發生，因無法提出有力主張說服的某人「輸掉了辯論」。

② 討論

　　所謂的討論（discussion），是只針對特定主題，為了達成相關人士的共識或做出決策所進行的談話。重視符合邏輯的條理、主張的正確程度和效率，目的是透過溝通「做出結論」。不同於需要決定勝負的辯論，著眼點放在全體合作，引導出大家都能接受的「答案」。

辯論	決定哪一方立場正確的談話
討論	為了達成共識或制定決策，而尋求全員皆可接受的解方的談話
對話	在自由的氣氛中，進行賦予嶄新定義的談話
閒聊	在自由的氣氛中，進行輕鬆的問候或資訊交流的談話

【表 1-1】四種不同的溝通類型

③ 對話

　　所謂的對話（dialogue），是針對特定主題，在自由的氣氛中，彼此分享各自「賦予的意義」，期待在這過程中深化相互理解，或是進行賦予嶄新意義的溝通。不同於討論或辯論，沒有對錯輸贏，不需要試圖打敗對方，或是導出答案。面對不同於自己的意見時，不會急於做出判斷或給予評價，而是了解對方是在怎樣的前提下所賦予的意義，也就是重視「深層理解」。意即將自身的前提透過相對比較的方式，增進理解。結果，就能發現彼此共通的新意義，進而形塑我們自身的現實。

④ 閒聊

　　所謂的閒聊（chat），和對話也同樣是在自由的氣氛下進行，不過，指的是更隨興的溝通。不需到深入分享彼此的價值觀或賦予意義的程度，而是建立在輕鬆的問候或資訊的交流上。雖然有的時候時目的是要建立什麼關係，但也有的時候是可以不帶任何目的吧。

　　如果主題是私人話題，那也不見得是「閒聊」。例如像「漫畫」這種興趣嗜好類的主題，或許從「最近覺得有趣的漫畫有哪些？」的提問開始，就能衍生出熱烈的「閒聊」，但如果提問是「沒有人氣的漫畫應該馬上停止連載嗎？」這類，或許就會激發一場熱絡的「辯論」，如果提出「應該在國中時期閱讀的漫畫有哪些？」這個問題，試圖展開一場討論，或許也很有

趣。如果期待關於漫畫的「對話」，不妨詢問「什麼是好漫畫？」分享彼此的想法。

　　是不帶目的的資訊交流？還是決定一個大家都能接受的結論？抑或是分享彼此賦予的意義？激盪出的溝通性質，也會受到「問題」的影響。

因對話而改變的個人認識

　　在這四種溝通類型中，能撼動僵化的「認識」與「關係」的類型是「對話」。「辯論」、「討論」和「閒聊」，可以在不需詢問每個參加者的認知默契，也不需藉由「相互理解」來重組彼此關係的情況下進行。但另一方面，「對話」重視的是，對事物賦予的意義，也就是分享個人認知，因此每個人的默認前提浮上檯面、相對凸顯，因此能成為重新詢問自身的認知，或促進相互理解的契機。

提問的本質（4）

透過對話面對問題的過程中，可以內省個人認知

　　想像一下，例如被問到「什麼是好漫畫？」然後深入對話的情況。自有記憶以來就常看漫畫的 A，回憶小時候入迷的幾部作品，懷念當時雀躍的心情，或許會想「這應該是讀完後還能長期留在記憶中的作品吧？」「所謂能留在記憶裡的漫畫，應該是能帶領我們進入日常無法體驗的世界的劇情吧？」另一方面，成人後才開始看漫畫的 B，或許是將重點放在能從中學習到可在人生中派上用場的教訓，從記憶中回顧可實際發揮作用的場面，舉凡以商務為題材的漫畫、或是非虛構的歷史漫畫等。A 和 B 各自對於漫畫的理解所隱含的認知，完全是不同層次。因為 A 把漫畫當成「非日常體驗」，而 B 則視為「對日常生活有益的工具」。這背後存在的價值觀，

恐怕會讓Ａ和Ｂ在面對提問之際，未必能客觀看待。因為，對自己而言太過「理所當然」的事，要在日常生活達到後設認知（metacognition，客觀思考自己的思考）並不容易。

不過，當兩個人有對話機會，那麼各自的默認前提，就會成為第一個後設認知的對象。在不同的前提下說出各自的經驗或意見，一開始對彼此而言，或許會認為是「有些不對勁的意見」。不過在對話溝通中，筆者會鼓勵大家先不要急著對不同的意見做出判斷或評價，而是在理解是在什麼樣的前提下發言，以及背景為何。在這過程中，我們會因為對於站在與自己不同前提的其他人有更深入的理解，進而相對意識到自身的前提為何，那就是引導進入後設認知的關鍵。

在將默認前提視為後設認知的過程中，能引發重新建構自我前提的「反映」。所謂的「反映」，指的是在內省自身經驗之後，對於過去的經驗賦予意義、或是重新建構對事物看法的認知過程（【圖 1-3】）。反映有許多層次，有時候會賦予過去經驗意義，或是獲得能運用在未來的教訓，有時也

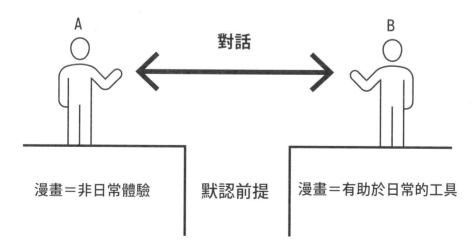

【圖 1-3】藉由對話內省默認前提

會對於自己至今不自覺的認知，而感到不對勁或糾結，甚至大幅改變價值觀。

　　成人教育學領域中的偉人傑克·馬濟洛（Jack Mezirow）主張，對於成人而言最重要的學習，是改變對於現實的認知方式，並將此過程訂定為下列的「改造型學習」。[*1]

改造型學習的過程

1. 引起混亂的兩難困境
2. 伴隨恐懼、憤怒、罪惡感、恥辱感等情感的自我探究
3. 重新審視典範（paradigm）
4. 認知到他者也會與自己分享同樣的不滿及改造過程
5. 為形塑新角色或新關係而探究其他選項
6. 規畫行動計畫
7. 掌握為執行自我計畫所需的新知識或技能
8. 暫定嘗試新角色和關係
9. 建立在一個新的角色或關係中的能力與自信。
10. 將新觀點（對事物的看法）重新統整到自己的生活中

　　正如馬濟洛認為「引起混亂的兩難困境」為認知改造過程的起點，如此劇烈變化的認知改造，有時還會伴隨「痛苦」。透過對話，擁有一個能分享意義的「對象」，不僅是一個能讓自我重新審視隱含前提的「比較對象」，也是一起克服變化的「夥伴」，是一個重要的存在。

在尋求共通意義賦與的過程中，關係將獲得重組

　　對話的過程，並不只是讓個人認知得到內省。以先前列舉的漫畫為例，不需要「討論」、「漫畫是非日常的體驗？還是為了在日常發揮效用的

工具？」之後再下結論。在對話中，接觸不同的價值觀，運用後設認知了解自己的前提，相互拋出直白的疑問，從不同的角度試著闡述意見，並且尋找交集（【圖 1-4】）。

例如，為了解彼此的前提，拋出各種疑問「為什麼這個人會執著於非日常的狀態？」「開始閱讀漫畫的契機是什麼？」「都在什麼時候看漫畫？」「為什麼這個人會堅持一定要有效果？」「看漫畫的動機，小時候和現在都是一樣的嗎？」「比較不會去閱讀專門解決問題的實用書嗎？」關於「為什麼會賦予這樣的意義呢？」在彼此逐漸理解的過程中，會開始產生種種關於探索共通意義的提問。

例如：「比較沒有日常生活感的漫畫，真的就沒有幫助嗎？」「人類會為了在日常生活中派上用場而看漫畫嗎？」「就算劇情設定是非日常，但正

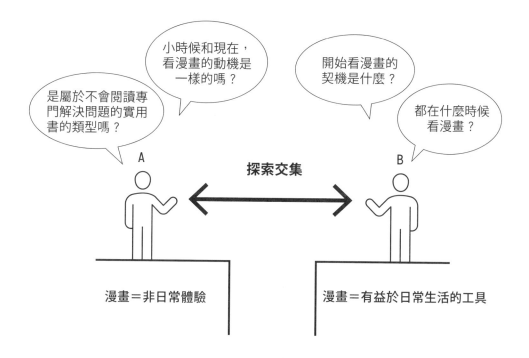

【圖 1-4】探索交集

因爲劇情能讓讀者從日常生活中產生共鳴，才會覺得有趣不是嗎？」等，一面浮現新提問，一面從中尋找共通的意義。

在這過程中，像是「如果是要用來解決問題的工具，可以閱讀實用書。漫畫終究是人類追求有趣的文化創作，或許正因爲讀者會沉迷於其中，所以才能獲得對人生有益教訓的副產品」，或許這是在相互理解後，能達到爲其賦予全新意義的共識。

專門研究組織內部對話模式的管理學者宇田川元一，以馬丁‧布伯（Martin Buber）和米哈伊爾‧巴赫汀（Mikhail Bakhtin）的對話相關理論爲基礎，重新將「對話」這種溝通模式定義爲「建構新關係」。而關於建構新關係的四個步驟，如下所述。[2]

建構新關係的四個步驟：

① 注意到鴻溝的存在

② 遙望鴻溝的另一邊

③ 設計跨越鴻溝的橋梁

④ 在鴻溝上架設橋梁

每個人自身擁有的隱含前提的不同，造成的溝通斷絕，在這裡以「鴻溝」來表現。也就是說，所謂「遙望鴻溝的另一邊」，就是想像與自己不同的他者認知。在宇田川的對話流程中，那道連接不同認知的「橋梁」的定位，是因爲創造出全新的共同認知之後，結果形成新關係的建立（【圖1-5】）。

> **提問的本質（5）**
> 透過對話和面對提問的過程，重新建構群體關係

創造式對話有助於發想新點子

透過對話建立新關係之際，不僅能加深理解，有時還會創造出新點子。

肯尼斯・格根（Kenneth J. Gergen）和蘿恩・赫斯特（Lone Hersted）合著的《對話管理》（暫譯，*Relational Leading: Practices for Dialogically Based Collaboration*）書中，提出關於對話通常會存在數個目的和流程模式，也指出，參加者的交談在「好像要去哪個新的境界」所產生的對話中，包含「學習」，同時也形成「創新」的基礎。也就是指，參與這場對話的人的思考及情感，在受到影響的同時，讓當事者原本尚未參與對話之前並未擁有的共通認知，因對話受到刺激，進而產生全新的「創意」對話。[*3]

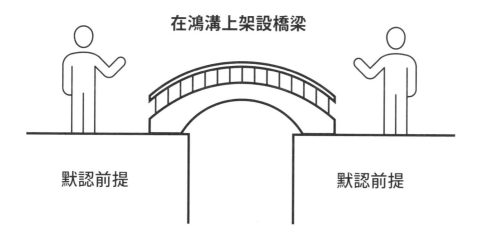

【圖 1-5】透過對話，在鴻溝上架設橋梁

【圖 1-6】場域設計工作坊（Ba Design Workshop）

在本書中，這種能從溝通中創造出嶄新意義或全新點子的對話，就稱為「有創造力的對話」（創造式對話）。

創造式對話的定義

能讓人創造嶄新意義或全新點子的對話

筆者（安齋）為了實際證明，提問能力是有創造力的對話的觸發點，曾經進行一項實驗 *4。該實驗是以作者獨創的工作坊之一「場域設計實景工作坊」（Ba Design Workshop；譯按：日文讀音的 Ba，漢字寫成「場」，意指場域、場合）為題材進行。這是一個構思「未來有怎樣的咖啡店，會讓人覺得有趣？」並用樂高（Lego）積木來落實想法的模型咖啡店工作坊（【圖 1-6】）。

如標題所述，主題是「場域設計」，透過設計具體的咖啡店這樣的場域，目標是仔細思考「所謂設計場所是怎麼一回事？」「什麼是場域？」

在工作坊中，參加者先透過分享自己熟悉的場所及喜歡的咖啡店等資訊，分析如何設計場域，透過 20 世紀後半巴黎咖啡文化的相關話題，促進

大家深度思考，進入主要活動，也就是分組著手製作咖啡店模型。

　　在這工作坊中，我們進行的實驗，是在同樣的企畫內容及時間長度條件下，在主要活動中準備兩種提問，看看提問之後，參加者的創造式對話會產生什麼變化。

　　A 提問設定為基於一般咖啡店的印象「什麼是令人舒適的咖啡店？」另一個 B 提問則是稍微迂迴一點，設定為「什麼是危險但令人舒適的咖啡店？」

問題的比較試驗

A 提問：什麼是令人覺得舒適的咖啡店？

B 提問：什麼是危險但令人覺得舒適的咖啡店？

　　結果，被問到「A：什麼是令人覺得舒適的咖啡店？」的組別，出現的意見有「覺得舒適的咖啡店需要有沙發」「燈光稍微暗一點比較能放鬆」「如果有個吊床也不錯吧？」「讚喔讚喔！」「就這麼決定了！」等等，在對於個別組員的意見產生共鳴之後，就能比較順利進行製作。不過，當提出的創意是以「加法」獲得採用，那麼就會留下問題？這過程究竟有無發生創新的溝通呢？

　　相對的，被問到「B：什麼是危險，但令人覺得舒適的咖啡店？」的組別，一開始都露出「危險但舒適……？」這樣疑惑的表情。然而，當大家的創意和好奇心逐漸受到激盪，「在雪山中能睡得很舒服的咖啡店呢？」「漫畫咖啡店發生火災？」「那已經是面臨生死關頭了，也太危險了吧？」等，可以觀察到大家想要盡可能克服這兩個乍見互相矛盾的條件，勇敢提出各種點子，不斷試錯的樣子。

　　然後漸漸地，大家各自回顧自身經驗，像是「對自己而言待起來太舒適的社群，反而覺得危險」、「像夜店那種非日常感特別強烈的社區，雖然

是很危險，但其實也有舒適的點吧？」分享各自關於「危險但舒適」的價值觀和經驗，探索創新的泉源。

結果，比起被問到「A：什麼是令人覺得舒適的咖啡店？」的組別，反而被問到「B：什麼是危險，但令人覺得舒適的咖啡店？」的組別，溝通明顯熱絡許多，由此可知，透過創造式對話，可以引出新點子。因此即使是同樣主題的工作坊，能否真正促進創造式對話，端看提出的「問題」設計如何。

提問的本質（6）

提問，是創造式對話的觸發點

問題的答案是當事者對話中被賦予意義的現實：社會建構主義的思維

到目前為止的內容，可以確認的是，從設計好的「問題」到被引導出的「答案」之間，需要經過刺激個人思考及情感、產生創造式對話，到重組背景認知與關係的過程。

倒不是說這「答案」就是「提問」的「客觀正解」。或許是一種，透過對話，在關係中創造出「我們認為的現實」的表現方式。這種想法，是奠基於「社會建構主義」的一種認識理論 *6。

在社會建構主義中，我們所認為的「現實」，並非經由客觀標準衡量，而是經由關係者的溝通後賦予其意義，並達成了共識，這個共識才是「現實」。

例如，舉在某個組織中發生的問題為例。這時，在社會建構主義的價值觀中，第三者並無能力針對組織進行「診斷」，甚至無法客觀斷定「這就是問題所在」。社會建構主義的價值觀認為，就算組織內發生任何「問題」，終究還是需要當事者彼此經過溝通之後，「大家一致認為這就是問題所在，這個原因就是現實」。

　　如果以前述汽車製造商的汽車配件部門為例，筆者一開始接獲的委託內容是，客戶團隊認知中的問題是「如果不去思考如何應用人工智慧研發出新的汽車導航創新，汽車導航將遭到淘汰」。但這並不屬於客觀定義中「客戶團隊該解決的課題」，而只不過是，客戶內部藉由溝通，確立了一個早就被社會群眾建構而成的認知。

　　因此筆者（安齋）一面加深與客戶的對話層面，一面重新詢問這個現實，為了重塑全新的現實，筆者將提問改為「在自動駕駛社會中，想設計出怎樣的乘車時間？」「可以如何應用公司技術來輔助前述乘車時間？」透過創造式對話，創造出可支援未來乘車時間的產品點子。

　　就算是從第三者角度給予建議的顧問，若是在沒有經過溝通流程的情況下，儘管仍會提出與經過上述流程後所創造的提案完全相同的內容，但也不過是片面給予建議，認為「應該要開發這樣的產品」，由於不是客戶自行透過溝通後產生的現實，可能就會產生截然不同的意義吧。要解決被視為「問題」的現實，必須仰賴當事者本身反覆地對話，重新建構現實。

透過來回穿梭在抽象和具體之間，可提高對話的清晰度

　　目前所闡述的內容，做為以社會建構主義為基礎產生創造式對話的關鍵字，「意義」這個詞彙經常反覆出現。但究竟何謂「意義」，以下補充說明。

　　所謂意義，是指南對具體事物所進行的抽象解釋。最常見的例子是，關於「杯子裡有一半的水」這個具體事實，有的人認為「還有一半」，但有的人則是認為「只剩一半」、還有人是認為「我明明想喝的是酒，這裡卻只有水」。這就是「意義」的不同（【圖 1-7】）。

　　深化對話的流程，來自於不斷在「具體事物」與「抽象意義解釋」反覆成形。就算在交談中，完全不具體，光是討論抽象的解釋，就會變成不切實際的空戰，無法彼此共同建構一個，針對什麼給予怎樣意義的內容，

因此彼此的「鴻溝」不會消失。另一方面，在不去分享關於抽象的定義，只是互舉具體案例，像是「我喜歡這部漫畫」、「我喜歡那部漫畫」，不過就是閒聊而已。只有在連結抽象與具體、和每一個人分享自身體驗過的具體事物，並且不斷解釋對這些事物的抽象意義解釋，對話才得以「深化」。

在企業的商品開發中，「意義的創新」一詞備受矚目 *7。這是米蘭理工大學創新管理教授羅伯托・維甘提（Roberto Verganti）提倡的概念，正如字面的意思，不光是將商品具體的實物特質升級，而是著眼於由創作者提升對生活者提案「意義」的思考方式。為了要從找出商品中蘊含的新意義，創作者們有時也須要讓一般消費者參與其中，透過不斷對話而實現。在現代商品開發的現場，工作坊之所以受到重視，也是基於這樣的背景。

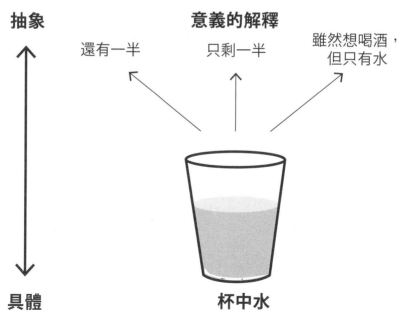

【圖 1-7】杯中水的意義解釋

提問會激盪出新問題

最後，想再事先確認一個關於重要的提問本質，那就是在試圖回答提問、累積對話中，會產生新的提問。

想理解一件「不知道的事」而研讀一本書的過程中，當初的疑問雖然解開了，但也因為理解了原本不知道的事之後，又增加了新的「不知道的事」，應該大家都有過這種經驗吧？

筆者（塩瀨）在和視覺障礙者一起舉辦動物園遊玩工作坊時，有一個機會是向天生失明者說明斑馬的斑紋。「斑馬的身體大部分是黑白直條紋，鬃毛也是條紋。相當於人的肩膀和大腿部位開始是橫條紋，一直延續到大腿根。」「原來不是全身都直條紋啊？」

看得見的人面對視障者，一開始是打算以教學的方式開始說明，但這時才會注意到，其實，上看得見的人在此之前也從未仔細觀察過斑馬的條紋。這就是讓看得見的人與視障者之間的關係，從「教／受教」的單向關係發生大轉變的瞬間。「啊，原來並不是全身都是直條紋啊！」「鬃毛也是條紋狀嗎？」「我本來也不知道鬃毛是條紋狀的耶」，原本是打算教對方的人，也察覺自己原本的認知有誤差，而這個發現得要靠兩個人互動才能成立。

自覺彼此之間已非「教／受教」的關係之後，馬上出現一個個新提問「斑馬的條紋據說是為了要隱身在草叢，或是群體間不易被發覺而生成的，如果是這樣，那全身都是直條紋也可以啊，為什麼直條紋中還會有橫條紋呢？」「如果斑馬的條紋有直又有橫，那其他有條紋的動物又是如何呢？」

如果一開始就是固定為「教／受教」的關係，儘管多半會由被教的一方提問，但可以發現，當兩方都開始提問時，關係就開始產生變化了。原本應該是在懵懂的情況下，悄悄地在個人身上累積許多經驗，但這時只需要一個提問，就會發生如同拔起一串地瓜那般的連鎖效應。

　　「提問」這個行為，並不是透過創造式對話找到「答案」就是終點。而是因為透過有創造力的對話，重整新的關係，才會產生對現實不同角度的看法，並出現新的「提問」。經過設計之後的提問，就是這樣觸發新提問。

提問的本質（7）

提問，會透過創造式對話產生其他新的提問

1.3. 基本循環與設計流程

提問的基本循環

　　在這裡先試著彙整目前已出現過的問題本質。

提問的七個本質

（1）導出的答案，隨著提問的設定而變動

（2）提問，會刺激思考及情感

（3）提問，能觸發群體溝通

（4）透過對話面對提問的過程，可以內省個人認知

（5）透過對話和面對提問的過程，重新建構群體關係

（6）提問是創造式對話的觸發點

（7）提問，會透過創造式對話產生其他的新提問

　　如以上所見，提問會因為設計，刺激受問對象的思考及情感，進而製造出有創造力的對話的契機。當面對提問，開始啟動群體內有創造力的對

話的流程，人們會自然而然地發現，早在不知不覺中形成的認知，有時反思，有時會相互分享，關係也會因此產生變化，成為產生新察覺點或新點子的契機。

當認識與關係重建之後，得到固定解答的人們，可能不會就此停止探究，而是產生新的提問，可能又會啟動探究的循環也說不定。或者，站在提問設計者立場的引導者，會拋出新的提問，進而促進引導新的探究過程也說不定。這就是藉由提問重塑彼此認知與關係的流程，本書將此循環稱之為「提問的基本循環」（【圖 1-8】）。

①問題的生成與共同認知

設計出做為起點的問題，並通知相關人員知悉。可以是接受客戶委託，由身為第三者的引導者來設計提問，也可以由身處問題狀況中的當事者來設計提問。

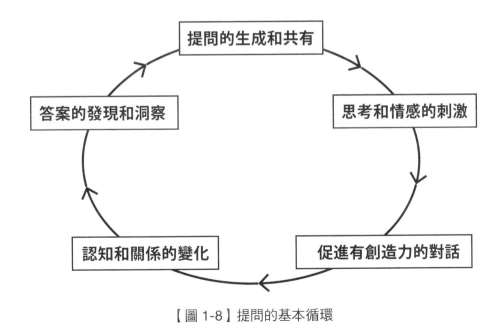

【圖 1-8】提問的基本循環

② 思考與情感的刺激

　　面對共同的問題，會刺激相關人員產生相關的思考與情感。由於這些情緒應該會是因人而異，因此提出的問題解答，可能成為意見的種子。

③ 促進有創造力的對話的產生

　　彼此當場分享每個人腦海中，在面對提問時所浮現的意見或賦予的意義，並透過有創造力的對話，尋求對群體而言新的意義，或共同探詢彼此可接受的點子。

④ 認知與關係的變化

　　在有創造力的對話過程中，每個人在隱含前提的情況下所擁有的認知會形成對比，也會受到衝擊。對群體而言在探索嶄新定義的過程中，群體關係也將獲得重塑。

⑤ 發現・洞察解答

　　當認知與關係產生變化後，面對提問的看法也會改變。以有創造力的對話的成果而言，針對提問，發覺大家可接受的解答，那就是群體認同的現實。同時，還會產生新的「不知道的事」、「想探究的事」，並成為下一個「提問」，繼續開拓新的對話機會。

　　這個循環，既是群體解決問題的流程，也是持續學習的流程。在筆者一直以來從事的企業、學校、社區工作坊型專案中，往往不是找到提問的解答就結束，而是讓這種基本循環無限重複，不斷尋求解決課題的方式。提問並不是在設計完成後就結束了，而是能達到重塑人與人之間彼此的認知與關係，做為促進有創造力的對話的媒介（media）。

　　在了解上述觀點之後，對於一開始提出的「什麼是提問？」本書將如以下的方式回覆，並將做為「提問」的定義。

「提問」的定義

是一個讓人們透過創造式對話重塑認知與關係的媒介

「詢問」與「發問」的不同

　　從被提問的那一方，思考及溝通獲得刺激的「提問設計」而言，和此相似的領域，或許有人會想到訪談或「教練」（coaching）等「詢問」方法論，或是如學校教育中課程設計中「發問」的領域。在探究提問設計之際，先整理出相關領域及其差異（【表 1-2】）。

　　首先，思考一下在教練法或訪談中的「詢問」。所謂教練法，是協助對方（客戶）如何達成目標或指導如何學習的方法論。教練法常和直接告知做法或解答的「教學」（teaching）方法論形成對比。教練法是在相信「對方／客戶心中自有答案」的前提下，拋出問題，引導他們主動思考，從而產生自我覺察的過程。

　　但不論是教練法還是訪談，此類方法論的共通點是「對方本身應該擁有可被引發的資訊（但本人並不知道）」的前提。因此，「詢問」定位為「適當引導出資訊的手段」。當然，在一般會話的「詢問」當中，也有一些不符合上述條件的例外，但大部分的情況下，這類方法論的特徵是，先預設讓「不知道答案的人」，從「知道答案的人」身上獲得資訊的手段。

	提問者	受問者	功能
詢問	不知道答案	知道答案	引出資訊的觸發點
發問	知道答案	不知道答案	促進思考的觸發點
提問	**不知道答案**	**不知道答案**	**促成創造式對話的觸發點**

【表 1-2】詢問、發問與提問的比較

　第二，思考看看在學校教育中最常被討論的「發問」。所謂發問，是指為達到授課目的，由教師對學生提出的問題或課題。不是直接告知答案，而是重視如何引導讓孩子自行思考，在提問方式下功夫。

　發問有幾個分類，在此雖不詳加介紹，但舉例來說，像是幫助學生讀懂教科書內容的「事實發問」，從教科書既有的內容推測未寫出內容的「推論發問」，還有讓學生回答自身意見或態度的「評價發問」等。若能將這些發問方式排列組合後進行授課，例如：

　「浦島太郎從龍宮城帶了什麼禮物回來？」（事實發問）

　「您覺得百寶箱裡面可能有什麼？」（推論發問）

　「如果是您，您會打開百寶箱嗎？為什麼？」（評價發問）

　這些「發問」的見解，特別是在學校等學習場所的「提問設計」，有許多很有參考價值的社區。不過，在學校教育中的發問，基本上都是預設為「知道答案（應該讓做為知識傳授的正確答案或想法更深入）的教師」對於「不知道答案的學生」，在提問設計中下功夫，藉此讓對方思考，協助學生找到答案的手段。

　另一方面，在本書當中所處理的「提問設計」，和至今所看到的「詢問」或「發問」有關鍵差異。就是在工作坊中，提出問題的引導者、或是以回答方式進行對話的參加者，在進行對話的時間點，「沒有人知道答案」。

　如果在某處有人知道「答案」，只要朝向目標設法引出資訊，或藉由促使大家為抵達目標而努力，就能達成目標。不過，本書的目標「提問設計」的方法論，是透過原本存在於認知與關係的弊病，在誰都看不見「答案」的問題狀況中，透過創造式對話，探索方法以達目的。以上內容都整理在【表 1-2】中。

　「提問」的定位在於，在事前不知道答案、甚至連有沒有答案都不知道的情況下，當成創造式對話的觸發點，進而引出答案。可以說在這層意義上，拋出問題的引導者，和面對問題的群體，必須是在極度平等的關係中。

提問設計的流程

以上，在我們確認問題的定義及本質後，終於可以開始思考「該如何設計問題」。如序論所述，本書將提問設計的流程分為「課題設計」及「流程設計」兩個階段解說（【圖 1-9】）。

（1）課題設計：掌握問題本質、訂定應解決的課題

為解決問題，應該透過怎樣的「問題」來理解問題呢？從多角度解讀問題背景，掌握本質，正確定義「應解決的課題」，就是所謂的「課題設計」。

在談論工作坊的設計技巧，或引導技巧之前，如果在面對問題的「提問」制定方式上發生錯誤，之後不論再如何精心設計工作坊的提問，也無法期待為解決問題所產生創造式對話有多少深度。

話說回來，為什麼要舉辦工作坊？為什麼需要安排創造式對話的場所？所謂課題設計，就是對群體想達到的理想狀態，或應克服的障礙重新提問。因此，在企業、學校、社區關於解決問題的專案中，可說是做為上游階段的提問設計。

關於課題設計的方法論，會在下一章開始的第二部分「課題設計：掌握問題本質，制定應解決的課題」中說明。在這裡，我們把「問題」和「課題」兩個詞彙分開使用，詳細內容將於第二章說明。

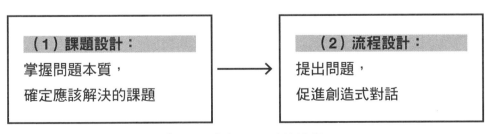

【圖 1-9】提問設計的流程

（2）流程設計：拋出提問，促進有創造力的對話

設計應解決的課題後，就可以集結與問題相關的當事者舉辦「工作坊」，透過對話解決課題。不過，光是直接將定義好的課題再向當事者提問，毫無任何規畫地就進行討論的話，就無法期待對話深度。

思考該以怎樣的順序達到課題核心，包含規畫工作坊時間的運用方式，一面深化當事者自我察覺與對話層次，並以引導者身分陪同面對，這才是眞正的「流程設計」。而在流程設計中，受到提問設計影響其品質。

要在工作坊中促進有創造力的對話，必須花費功夫設計向參加者提出的問題，在問題中增加條件限制，並將幾個提問有效組合設計，設計出具有策略的計畫（program）。所謂的計畫，是將複數個活動依照順序安排的時程，也可以說是由複數個問題結構所組成。工作坊的成敗，可以說全看計畫的設計好壞而定，也不爲過。

根據課題不同，有的情況是需要安排數次工作坊，規畫從幾個月到幾年的專案（project）或課程（curriculum），長期從旁協助。在這時候，流程設計就更顯得重要。

但也並不是說，只要適當地定義課題，有策略地設計工作坊，後面引導者就什麼都不用做了。即使在計畫中設定好經過多次琢磨的提問，到了現場每位參加者在對話過程中的思考及溝通，都是事前無法預測的。

引導者必須仔細觀察整個局面，配合參加者狀況，一旦發現對話無法深入，就必須隨機應變開始提出「問題」，有的時候協助流程進行，有的時候必須從外部施加撼動現況的力量。在這樣的引導過程當中，「拋出問題」的功夫，也包含進入「流程設計」的提問設計範疇裡。

爲了發揮定義好的課題，或是設計好的工作坊計畫最大的潛力，每一個提問的傳達方式、與參加者關係的建構方式，深化提問過程的協助等，磨練藉著引導提問的技術是很重要的。

關於流程設計的方法論，會在第三部分「流程設計：拋出問題，促進

創造式對話」中說明。

第一章注：

*1　Mezirow.J.(1978) *Education for Perspective Transformation: Women's Re-entry Program in Community Colleges,* Teachers College Columbia University

*2　宇田川元一（2019），《與他人共事：源起於「無法相互理解」的組織論》（暫譯），原名：『他者と働く：「わかりあえなさ」から始める組織論』，*NewsPicks Publishing*

*3　肯尼斯‧格根（Kenneth J. Gergen）、蘿恩‧赫斯特（Lone Hersted）（2013），《對話管理：對話產生的強大組織》（暫譯），原名：*Relational Leading: Practices for Dialogically Based Collaboration*），The Taos Institute Publications；日文版：二宮美樹翻譯、伊藤守審稿‧翻譯（2015），『ダイアローグ‧マネジメント：対話が生み出す強い組織』，Discover 21

*4　安齋勇樹、森玲奈、山內祐平（2011），〈促進創造型合作的工作坊設計〉《日本教育工學雜誌》35（2）（暫譯）；原名：「創発的コラボレーションを促すワークショップデザイン」『日本教育工学雑誌』35（2）

*5　20 世紀前半的巴黎咖啡館，是阿波里奈爾、畢卡索、巴黎畫派（L'école de Paris）畫家們、超現實主義者、海明威、沙特、波娃等存在主義知識分子之類，所謂全世界異端者的避難場所，也是促進學習與創造力的場域。當時的情況請參照以下書籍較為詳盡：飯田美樹（2011），《從咖啡店創造的時代》（暫譯）；原名『cafe から時代は創られる』，いなほ書房

*6　肯尼斯‧格根（1999），《醞釀中的變革：社會建構的邀請與實踐》（*An Invitation to Social Construction*），繁體中文版由心靈工坊出版（2014）；日文版：東村知子譯（2004），『あなたへの社会構成主義』，ナカニシヤ出版

*7　羅伯托‧維甘提（Roberto Verganti）（2017）《追尋意義：開啟創新的下一個階段》（*Overcrowded: Designing Meaningful Products in a World Awash with Ideas*），繁體中文版由行人出版（2019）；日文版：八重樫文監譯、安西洋之審稿（2017），『突破するデザイン：あふれるビジョンから最高のヒットをつくる』，日経 BP 出版

第二部分

課題設計：

掌握問題本質，制定應該解決的課題

第二章

重新掌握問題的思考方式

2.1. 問題與課題的不同

什麼是問題？

「課題設計」的定位在提問設計中，是解決企業、學校、社區問題所制定的專案裡居於最頂層的位置。在工作坊或是引導的情況中，在針對參加者「提問」具體內容中所投注的功夫之前，究竟實施工作坊的目的為何？為了要解決什麼樣的課題而進行對話？是為了促進誰的，怎麼樣的學習內容？如果不先釐清，最後目標設定與原先有所落差，恐怕難以期待成果。

工作坊難以順利進行，感嘆活動當天引導工作很困難的引導者，首先必須確認，根本的課題設定方式是否偏離原先目的。

為了適當定義「該解決的課題」，必須重新理解複雜的問題狀況，掌握問題的本質。第二章，是在正確定義課題為前提的情況下，針對重新理解問題的思維進行說明。

前面一直都將「問題」和「課題」兩個詞彙分開討論，在此先彙整兩者的定義。兩者都是可用英語單字 problem 翻譯的同義詞，如果將之視為相同意義的情況下，那麼商務場合中，似乎可以依課題解決的方向不同加以區分。在思考「何謂課題」之前，首先先從一般人較熟悉的「何謂問題」開始思考。

參考所謂「問題解決」（problem solving）累積的龐大研究結果，可發

現「問題」是被定義成，有某種特定目標，儘管被賦予動機，都是在不知如何抵達，或找不到路徑，即使再怎麼嘗試也都不順遂的狀況 [1]。

> **「問題」的定義**
>
> 具有某種目標，並且被賦予動機，卻不知如何抵達或找不到路徑，即使再怎麼嘗試也都不順遂的狀況。

問題會發生在企業、學校、社區等各種場合，例如，像下列的情形。

- 希望組織能更團結一致，但不順利
- 希望開發創新的暢銷商品，但不順利
- 希望提升學生的學習動機，但不順利。
- 社區缺乏生機蓬勃，雖然想增加觀光客人數，但不順利。

問題未必原本就有明確的定義。像是不知究竟該從何處著手「隱約感到狀況不順利」也是，都可以認為是一個問題。根據文獻研究的整理 [2]，已經確定問題的初始狀態（出發點）及目標狀態（目的地），甚至抵達目的地的流程也很清楚，這樣的問題稱為「定義明確的問題」（well-defined-problems）。像「八角形的內角和是幾度？」「二氧化碳的分子量是多少？」這類，在學校授課科目的教育內容中常見的「解題方式明確的問題」，多半都是屬於定義明確的問題。

另一方面，一個問題可能存在兩種以上的答案，在目標狀態不明確的情況下，就無法鎖定抵達目的地的路徑。這樣的問題，稱為「定義不清的問題」（ill-defined-problems）。如同前述的「怎樣才能提高學生的動機？」「怎樣才能讓組織團結一致？」這類，就屬於此類。在學校中，會讓學生面對到的問題，多半傾向避免這種定義不清的問題。不過，在企業、社區、地方等遇到的複雜問題，可以說多半都是定義不清的問題吧。

阻礙洞察問題解決的固定觀念

定義明確的問題和定義不清的問題，其分界線很模糊，無法清楚畫分。例如即使是初始狀態和目標狀態明確，僅存在唯一正解的問題，在找到正解的過程中，需要靈光一閃，或轉換創新的問題，稱為「洞察問題」，也有人將其視為一種定義不清的問題。有一道很有名的洞察問題範例，是下圖稱為「九點連線」的問題（【圖 2-1】）。

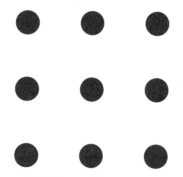

【圖 2-1】如何以一筆畫連接九個點？

問題：請一筆畫連接九個●

不妨當成腦筋急轉彎，準備紙筆，挑戰一下這一道問題吧。如果是直觀思考，應該會畫出像【圖 2-2】那樣，一筆畫就用五條直線把九個●連起來吧。

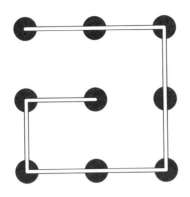

【圖 2-2】以一筆畫五條直線連接九個點

但如果這時，被問到「能不能用四條直線連接？」會如何呢？這時它立即變成屬於洞察問題，也就是定義不清的問題。不管從哪裡開始下筆，都很難只用四條線連起所有的點。不過，當重畫很多次，反覆從錯誤中修正之後，就會發現「啊，原來要這樣畫！」的瞬間（洞察），應該就會找到如【圖 2-3】的正確答案。

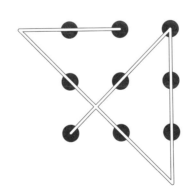

【圖 2-3】以一筆畫四條直線連接九個點

這個問題很難找到解答的理由其實很明確，就是會在無意識之中，產生「看不見的框架」，試圖只在那框架中畫線（【圖 2-4】）。如果能在反覆

嘗試錯誤的過程中，不知不覺間發現自己總是試圖在那「看不見的框架」中畫線，並察覺到畫線其實可以超出框架外，這時通常就能找到問題的解答。

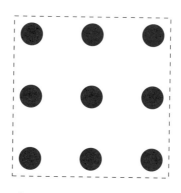

【圖 2-4】看不見的框架

一旦懂了這就是個簡單的問題，由於這道題目容易鎖定注意找到正解的瞬間，因此在創新認知科學研究中，常用來測試實驗室的受試者。

筆者（安齋）之所以喜歡這個問題，是因為它能同時傳達人類既定觀念的堅不可摧，以及趣味。認知科學研究中針對這道「九點連線問題」的解說，通常只到這裡。不過以筆者自身觀點再往下延伸之後，發現這道問題其實還有許多耐人尋味之處。

例如別人問你：「能不能用三條直線連接九個點？」你會如何解答呢？就算用跟剛才同樣的訣竅，試著將線畫出「看不見的框架」之外，還是會認為三條線終究無法畫出。不過，仔細閱讀問題說明，其實並沒有將九個「●」用「點」做為表記。一般常識中，數學所定義的「點」其實「沒有面積」。但是，如果這圖中配置的九個「●」，只是擁有極小面積的單純圓形圖，那麼視紙張的空白面積和直線傾斜角度，只用三條線應該還是可能連起來（【圖 2-5】）。

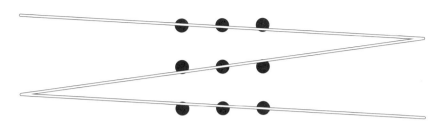

【圖2-5】以一筆畫三條直線連接九個點

更進一步，如果不受限於「大小」概念，拿一枝筆鋒極粗的「筆」來，或許也可以如字面所說的「一筆畫」＝一條線連接所有點（【圖2-6】）。

【圖2-6】筆鋒極粗的一筆畫連接九個點

從這個問題可以學到的是，我們常在不自覺中，對於問題背後的制約，自動畫定一個「看不見的框架」，或對於點或筆預設「差不多是這個大小吧」的立場，會透過自我形成的既定觀念面對問題。這正是前一章內容說明的，「認知僵化的弊病」的影響。試圖解決問題，和與問題面對面的人的認知影響，是無法切割的關係。

此外，對於「用一筆畫連結九個●」這個問題，在被問到「能不能用四條直線連接？」以及被問到「能不能用三條直線連接？」之際，看待問題的方式，和聯想到的前提或制約，不就產生了變化嗎？如果沒有人提出「能不能用三條直線連接？」這個問題，那麼，或許一直都不會注意到人類

對於點或筆大小的既定認知。事件背後有什麼樣的認知，又是以什麼樣的「提問」來理解一個問題，會大大左右一個問題的含意，或是如何定義。

根據當事者的認知不同，問題的解釋會產生變化

至此可以發現，存在於企業、學校、社區的各種問題，多半幾乎是初始狀態（出發點）和目標狀態（目的地）沒有明確定義的「定義不清問題」。而且，假設這些問題看起來像是有具體定義的「明確定義問題」，但隨著當事者對於問題本身隱含的認知不同，也會在對於問題的解釋上產生分歧，進而引導出不同的答案。有時甚至連答案是否存在，都會變得不確定吧。

人類總是在不斷試錯，試圖解決眼前的問題狀況中，受限於多重隱含認知，進而誤判問題本質，以假為真，變成完全不同的問題，可能還會因為特定的偏差認知，而製造出新的問題，在不自覺中以「自我本位」角度解釋問題。人類就是這樣的一種生物。日常生活中也有不少情況，就是因為這些認知和後續行為，反而成為問題解決的障礙。

以下是某間虛構高中一年級的 A 君，在面對問題時誠實的思考流程。以此事件為例，一起來思考看看。

A 君面對的問題

如果我在學校考試考不好，我媽的心情立刻就會變得很差。我媽是只要心情不好，就會不想講話的類型，所以吃飯時間氣氛就會變得很尷尬、飯菜也都變難吃了。

最糟的是，我的零用錢會變少。

下次的考試，我想我一定還是考不到讓我媽滿意的成績吧。

不管怎麼做，難道都沒辦法在不讓我媽知道考試成績的情況下過關的方法嗎？還是當考卷發回來的時候，有沒有什麼別的可以讓我媽開心的方法呢？

　　我想，這兩種果然都很困難吧。

　　乾脆，就接受零用錢會減少這件事，也說不定開始去打工還比較有實際。

「有沒有什麼可以輕鬆賺到錢的打工呢？」

　　在這個案例中，一開始認知到的初始狀態是「學校考試成績不好，母親心情就會變差」這個狀態，並且希望可以解決這個問題，但由於想避免因母親心情差，造成零用錢減少的發生，A 君希望確保擁有可自由使用的金錢這個目標狀態很明確，結果問題設定成「有沒有什麼可以輕鬆賺到錢的打工？」。結論是找到好賺的打工的話，這個提問就可以解決。

　　有沒有什麼可以輕鬆賺到錢的打工？

　　或許有一種價值觀是「學校考試成績又不是什麼大事，趁著學生時代盡情玩樂才重要，所以能高效率打工賺錢是重要的」。A 君本身如果由衷同意這種價值觀，那麼找到好賺的打工，對 A 君而言，就算得上是成功的問題解決流程吧。

　　不過，回到當初認知的問題狀況「學校考試成績不好」，以及造成的結果「母親心情很差」，並不會因為找到好賺的打工獲得解決。甚至，A 君可能因為打工而無法確保念書的時間，造成成績更差，讓母親心情也變得更差的情況吧。A 君應該設定的提問，難道是「有沒有什麼可以輕鬆賺到錢的打工」就可以嗎？

從相關人士的角度重新理解問題

　　這裡不能忘記的是，這個問題的「利害關係人」（stakeholder）不只是 A 君，對 A 君的母親而言也是個一樣。在此，一起來從母親的角度瞭解，

她是怎麼看待這個問題的。

A 君母親面對的問題

我希望兒子能培養豐富的品行，希望他能擁有充實的高中生活，所以，不論是學校課業、社團活動、還是和朋友玩的時間，我認為都同等重要。我希望他能珍惜這些面向，過著均衡發展的生活。

打工或許也是累積社會經驗的方式，不過一方面高中生打工的薪資不多，成為大學生之後再開始打工也不遲。所以現在每個月都會給他零用錢，是個讓他可以不用打工也還足夠和朋友出去玩的金額。

不過事與願違，兒子好像滿腦子只有玩樂，關在房間裡的時候，似乎也是一個人沈迷在電視遊戲裡。

證據就是，他每次的考試成績都稱不上好，果然只要看到考試這樣具體的成績，做為父母就會很擔憂。有時甚至對自己幫不上忙而感到憤怒。給他零用錢也只是浪費在遊戲上，所以也曾經嘗試過減少零用錢這個做法，但成績也沒起色。

A 君的母親設定的提問

「要怎麼樣才能讓兒子讀書呢？」

如果把「A 君成績不盡理想」這個問題，視為「兩個人面對的問題」重新解釋之後，問題會再稍微複雜一些。

A 君愈想解決「有沒有什麼可以輕鬆賺到錢的打工？」這個提問，母親愈想解決「要怎麼樣才能讓兒子讀書呢？」提問，只會離解決之路愈來愈遠，而且可以預期對母親而言，面對的問題狀況只會更加惡化。從母親的立場來檢視問題的話，或許可以思考的是，A 君真正應該設定的提問是「怎樣做才能讓學校成績進步？」。

問題與課題的不同

上述「怎樣做才能讓學校成績進步？」的提問，對於擔心零用錢減少的 A 君而言，或是對希望確保孩子讀書時間的母親而言，都有納入彼此所期望的目標狀態，因此或許可以說，這個理解問題的態度是合宜的。

不過，上述的提問，是基於稍微偏向母親的立場考量的結果，可能反而輕忽兒子的背景或心境，以及他根本「沒有想要讀書」的現狀。以這一點而言，似乎勉強可以說是一種比較短視的提問設定。原本，學力就不是一朝一夕可以躍升的。但是，父母卻經常對於「考試成績」這樣一時的成果忽喜忽憂而情緒化，或許也可以假設是父母的反應本身，阻礙了努力讀書的學習環境。

也就是說，可以將這個問題的本質，想像成是親子之間的「關係」。原本 A 君的母親應該是將重點放在培養兒子中長期的人格形成，希望兒子能過著均衡發展的生活。但評估有無均衡生活的指標，卻在不知不覺間，將焦點放在反映一時成果的「成績」上了。這個狀況是否可以思考為，是造成親子間溝通不良的原因之一呢？

在面對造成自己「痛苦」的問題狀況時，人類特別容易將問題設定的矛頭，聚焦在「解決眼前痛苦」這一點。由於放大自己遭遇的眼前的「痛苦」，導致無法進行長期思考，也漸漸無法以有結構的方式檢視問題，就會弄錯真正應該解決的問題的設定方式。

如果能在努力學習中累積學力，同時也在享受玩樂的狀態下形成健全的人格，或許 A 君母子之間需要設定的問題，應該是類似「為了什麼目的而讀書？」「既然都要讀書了，不如就在享受學習樂趣的情況下，穩定提升學力，要達成這樣的目的，需要制定怎麼樣的長期學習計畫呢？」「為達到這個目的，家裡應該提供怎樣的學習環境呢？」這樣的提問。

> **「課題」的定義**
> 相關人士間積極達成共識「該解決」的問題，稱為「課題」。

正如前述，每一個相關人士的「問題」，即使是面對同樣的狀況，也會因各自認知的差異而有所不同。某個人面對的問題，對另一個人而言未必是應該解決的問題。應該在考量多方立場的情況下，並且想像存在於各種立場背後的隱含認知，定義相關人士應該面對的「該解決課題」，並形成共識。這無非就是本書闡述的「課題設計」。

2.2. 課題設計的五種陷阱

觀察企業、學校、社區問題解決的現狀，會發現有不少模式失敗的原因在於課題的定義。由於是從偏狹的觀點理解問題，導致無法獲得相關人士的共識，或是相關人士雖然在「該解決事項」達成共識，但因視野狹隘，得從別的觀點重新定義課題等，案例五花八門。

在發展不順的課題設定方式中，存在幾個共通點。儘管一列舉會變得沒完沒了，不過在此將常見的失敗模式視為「課題設定的五種陷阱」：

> **課題設定的五種陷阱**
> （1）自我本位
> （2）只求利己
> （3）負面・歸咎於他人
> （4）模範生
> （5）打高空

課題設定的陷阱（1）自我本位

首先，這裡要舉的案例是，課題設定因「自我本位」而造成視野狹隘，並不是對所有相關人士而言，都具有實際意義的課題，或是欠缺具有社會意義的解決方式。在前述 A 君的例子中，就是輕視中長期的學業意義以及母親的想法，僅優先考慮解決當前對自己造成的「痛苦」，因此將提問設定成「有沒有什麼可以輕鬆賺到錢的打工？」就符合該類型。

前述提到的車廠汽車配件部門最初提出的「AI 時代，汽車導航如何存活？」問題的理解方式，也是只將重點放在公司既有產品在現在市場中如何繼續存活，缺乏思考「這個社會真的需要汽車導航嗎？」「自己希望為這社會創造什麼樣的價值？」的觀點。「如何做才能增加營業額？」「如何才能吸引當地人潮？」這些為了維護自身利益的課題設定，非但無法得到外部人士的協助，最終還有可能錯失如使用者與觀光客之類，未來會前來享受課題解決價值的利害關係人的觀點的風險。課題必須從對於多樣化的利害關係人而言，具有實際意義和社會意義角度，重新設定。

課題設定的陷阱（2）只求利己

有不少例子在一開始明明是有特定目的，才研議引進具體的工具或解決方案，卻在不知不覺中變成為達成個人目的而實施的設定。尤其是有意引進「時下流行的手法」時，特別容易發生。例如以下案例。

- 想在學校課程中引進「主動式學習」（Active Learning），但教職人員的意願和能力卻跟不上。該怎麼做才能讓教職人員配合推動呢？
- 為了創新而引進實施「設計思考」的研修方案，成效卻不盡理想。該怎麼做才能讓設計思考落實到教育現場呢？

　　主動式學習也好、設計思考 *4 也好，不論是哪一種，只要正確實踐的話應該都有其意義，且都能奏效。不過，如果是受到流行趨勢所影響，但沒有仔細思考引進的意義或目標，只是「因為大家都在做，所以我們好像也要跟著做」而做出決策，單純從「怎麼做才能順利引進？」這個觀點理解問題的話，是無法順利推行的。必須巧妙地結合實行新方法的理由（重要的含意）以及手段，加以定義課題才可行。

　　例如，如果是「引進主動式學習」，在向筆者（安齋）諮詢的內容中，很多都是「希望您能來指導主動式學習的教法」。如字面所述，主動式學習是一種學習手段，是為了學生而存在的方式。筆者得先從拒絕開始：「主動式學習並非一種教學方式，再說這套教學方式也不是為了老師而設計的」才能進行下去。

　　許多學校的老師，在自己還是學生的時代，以及在大學的教學課程中學習指導方式的階段，都沒有機會接觸主動式學習，因此要教導學生自己本身沒有經歷過的方法，恐怕也不太能認同。不過，如果是因為社會壓力，以「似乎非得實施主動式學習不可」、「學習指導要領修改的主題就是主動式學習，看來終究是逃不掉了」這種消極的態度開始教學的話，後果恐怕也是慘不忍睹。

　　整體目標應該是在教職人員達成共識，將教育、學習目標的方向制定為，以培育擁有 21 世紀型技能為首的通用能力之養成、深度理解專業教育的知識等，學習可適應劇烈變化的社會的能力之後，再從各學校的思想或資源、策略等因素考量後，才定義出「學校希望培育的人才樣貌」。在這樣「冠冕堂皇」的基礎上，設計出可整合各個課程的整體架構，有了這樣清楚的背景，就會自然形成「必須引進主動式學習的理由」，否則目的和手段僅是互相扞格。

　　要將主動式學習引進課程時，重要的是不要錯過吸引學生自動主動學習，興趣高漲的好機會，因此，比起課程進度，更重要的是課程設計具有

彈性，引起學生興趣。這樣一來，無可避免地會在各個教學科目或是班級之間出現進度落差，因此需要透過課表等可通融因應，必要時讓整個學年配合調整。正因如此，課程管理相當重要，這樣的課程總體設計，如何落實在各個課程的計畫設計中，這種相互配合的關係就顯得更重要。如果這個循環無法順利運作，那麼引進主動式學習終究只是紙上談兵，草草結束。

然而，如果缺乏這些說明與傳承，僅是以「引進手法」滿足自己的需求，那麼教學現場就會出現「爲了不讓學生睡著，硬是實施小組討論」、「似乎引進主動式學習，可以提升家長的滿意度」，類似這種在對於教學手段的意義理解尚淺，就貿然實行的狀況。如此一來，就可能演變成「那位歷史老師的課原本很有趣，現在都是主動式學習，結果變成老是在自習，覺得好無聊」，這種本末倒置的結果。

課題設定的陷阱（3）負面・歸咎於他人

這是指將課題設定成消極負面的類型。即使是身處同樣的問題狀況，在面對之際，會是從正面解讀，還是負面解讀，因人而異。

例如前述 A 君的問題狀況，樂觀的人或許會覺得「話說回來他才高中一年級，不需要介意太多細節」，而悲觀的人則或許會認爲「再這樣下去，等到進入眞正準備升學考試的階段，可能就無力回天了也說不定，必須現在馬上採取對策」。

樂觀未必就是好的，而悲觀就一定不好，但是面對問題解決是積極還是消極，會忠實反映在設定的課題當中。例如將以下兩個問題相比「怎麼做才能在授課過程中抵抗睡魔的誘惑呢？」「爲了讓學校課程更有趣，怎樣的事前準備才有效？」這兩個提問，哪一個較能提高解決問題的動機呢？

正如第一章的解說，提問能刺激提問對象的思考和情感。爲了讓更多相關人士加入，提出創新方式解決問題，重要的是，設定出必須讓多數相關人士覺得「想積極進行」、「想要解決」這樣的課題。

　　組織中解決問題的情況也一樣，如果問的是「應該消滅的組織問題是什麼？」「我們公司繼續維持現狀沒問題嗎？」還是問「我們需要怎麼樣的合作，才能在和樂的氣氛下克服這個關卡？」這些問題也會讓人改變面對眼前問題的看法。

　　此外，常見的負面模式還有，將一切歸咎於他人的思考模式設定課題的模式。這很容易發生在學校或人才培育的第一線，也就是將問題歸因於學習者的努力或能力不足的模式。

　　例如，當企業內部發生「年輕人並不積極提出創新提案」這樣的問題狀況。此問題發生的原因可能各式各樣，例如是「根本沒有吸引大家願意思考創新的動機」，還是「雖然很想思考有什麼創新，但因為知識和技術不足，所以想不出來」，或是「雖然有在思考創新，但公司並不是個能讓人無所顧忌提案的組織文化」，抑或是「公司並不存在一個能讓提案順利落實的機制，因此年輕人的提案未能獲得重視」等。

　　在筆者（安齋）的經驗法則中，類似這樣的情況，原因極少是出自於年輕人的「能力」。不過，人事部或身為上司的主管若要設定問題，往往都會從年輕人的能力或動機中尋找可解釋的原因，設定出「為了讓年輕人能想出更好的創意，需要舉辦提升創新的研修課程」這種課題。或許這有點類似 A 君的母親，不是將問題設定在「家裡應該提供怎樣的學習環境」，而是設定「該怎麼做才能讓兒子好好讀書？」的案例有些相似。

　　重要的是，不會單方面地把責任推給特定的相關人士，而是設定一個課題，讓所有相關人士平等深入對話。當聽到有人感嘆「每個人只是在等待別人的指令，只會說：『好的，遵命』，這種情況難以產生創新」的時候，應該也可以將觀點轉變為，「反過來說，只要指示本身具有創新，整個組織就會因為那個創新指示而升級，進而變成很棒的團隊喔」。

課題設定的陷阱（4）模範生

即使課題設定相當正面，還是有可能無法賦予解決的動機，或是無法深入對話。那就是課題的設定方式太像「模範生」——如果不擔心這個詞彙遭到誤解。例如像是「要建立可永續發展的社會該怎麼實踐？」「如何減少隨手丟垃圾的情形？」之類的課題。

思考這些課題固然非常重要，不過，大前提都是一般社會公認的「正面含意」，而缺乏其他角度的研議，因此，反而需要像是工作坊或在引導工作上多下功夫，不然很多案例無法進行深入創造式對話。

如果就在這樣的課題設定下實施工作坊，多半會從複數小組得到相同結論。模範生式的提問，只會引導出模範生式的答案。要營造一個能引導出意外答案的創造式對話場域，就必須在設定提問時稍微加入點迂迴心機，並設定成能衝擊既定規範型思考的課題，像是「『無法永續的社會』會是怎樣的社會？」「社會永續是什麼意思？」「亂丟垃圾的人，會因為丟垃圾而得到什麼？」「丟了致命的垃圾或丟了非致命的垃圾，這兩者的區別在哪裡？」等等。

「要如何防止考生把智慧型手機帶入升學考試的考場？」這種模範生式提問，就代表一個隱含前提是，所謂升學考試，就是一種只憑自身所記憶的知識就能獨自解決的主觀想法。但是，「如果允許大家都能把智慧型手機帶入升學考試的考場，那會如何呢？」「不如說，難道不能確認在考試中，究竟智慧型手機能蒐集或發布多少資訊嗎？」這種「非模範生式」的回答，或許也讓我們發現升學考試有新的可能。事實上，已經有學校允許入學考試時將智慧型手機攜入考場，十分值得玩味。

課題設定的陷阱（5）打高空

這是指設定的課題不切實際；企業、學校、社區的問題，由於多半案

例是長年累月，牽涉了諸多利害關係人，使得問題複雜化，若想從根本解決問題，例如「製造一個讓一百年後的人類獲得幸福的產品」、「改革教育評價系統」等，問題容易變得太發散。要注意這陷阱通常會和「課題設定的陷阱（4）」的模範生式問答一起發生。

課題設定若過於打高空，對於當事者而言，很難當成切身之事，不知具體該從何思考，該如何採取行動才是正確，因此很難朝著符合現實的解決方式進行對話。

當課題過於打高空的情況下，需要用更貼近當事者觀點的敘述方式，重新以符合現實的時間維度加以審視，並將問題分解成幾個部分等，要將問題範圍縮小到符合現實的情況，是需要下功夫的。

不過，如果總是受限於眼前事物，而陷入視野狹隘的情況，其實用打高空的思維去理解問題，也未必是壞事。為掌握問題的本質，姑且先設定一個比較宏偉的主題，有時候也可能有效撼動當事者的思考，並深入對話。不必硬是要將課題分解成較小且容易理解的形式，有時也需要維持平衡。

就算只是注意不要陷入以上的失敗模式，也應該不會再誤解問題本質，在定義課題時也能更實際。

2.3 掌握問題的思考方式

定義課題的具體步驟將在第三章解說，在此，先針對問題狀況應採取什麼樣的心態（心理準備）面對，如何掌握問題等，介紹思考方式。

接下來會就下列五種掌握問題本質的必要思考方式依序解說。這並不是要讓讀者就此排序運用，而是因應必要的場合採取適合的思考方式，有時甚至會運用到所有的方法，來解讀問題。

掌握問題的思考方式

（1）簡單思考

（2）批判思考

（3）工具思考

（4）結構思考

（5）哲學思考

掌握問題的思考方式（1）簡單思考

　　第一個「簡單思考」，顧名思義，就是直率面對問題狀況，不斷向下鑽研問題的思考方式。常言道「直觀疑問」，就是指一種在面對問題狀況時，直接提出心中不自覺浮現的疑問，並往下鑽研問題輪廓的思考方式。置身於問題狀況中的當事者所說出的話語意義，或是詞彙之間的關聯，直接就以「不知道」為基礎進行思考。

　　可以想像對於當下的所見所聞、實際上發生的現象，抱持著「這是什麼？」「為什麼？」的好奇心，就能逐漸加深對於問題的理解。

　　例如，試著回想前述車廠汽車配件部門的案例。做為事件當事者的客戶，針對問題狀況所提出的解釋是「當人工智慧普及後，或許汽車導航市場就會萎縮。」「不能設計一套應用人工智慧的新型汽車導航嗎？」為了深入理解這兩種解釋是否符合該團隊「真正該解決的課題」，首先對於客戶所提供的資訊，以及客戶目前身處的現狀，以簡單思考來深化提問。例如以下情境：

「為什麼當人工智慧普及後，汽車導航市場就會萎縮呢？」

「汽車導航是什麼時候問世的？定位始終不變嗎？」

「現在暢銷的汽車導航，都具有什麼樣的功能？」

「小組成員感受到汽車導航的魅力點是什麼？」

「人工智慧究竟是什麼？」

在這汽車導航專案中，由於筆者（安齋）本身是個沒有汽車駕照的門外漢，所以這種單純思考比較容易進行，這在思考問題的過程中也是重要因素。但是，對於專家團隊提出外行人的問題，必須要有相應的覺悟和心理準備。首先，為了深化自身對問題的理解，先就腦中直接浮現的提問進行一輪自問自答，試著不斷思考以找出答案，必要時查閱文獻或網路資訊，讓問題輪廓逐漸具體成形。藉由單純思考所產生的提問，可能因為單純而能直搗問題本質，直接刺激專家團隊的思考及情感，就算偏離靶心，結果也容易想像得到。

身為問題的旁觀者，如果可以直接聽取當事者（客戶）意見，在拋出這些問題之際，逐漸深掘應該就可以了。但在這段問答過程中，應該又會產生新的單純疑問。

如果自己是問題當事者，雖然可能會意識到自己的認知，或是和周遭成員的關係問題，但基本上流程都是一樣的。自己在日常生活中雖然不會主動提問，但純粹將一直介意的事轉換成一種疑問，讓其具體化，藉此製造和相關人士對話的機會或許也不錯。有時候還可以從相關人士的討論中，重新修正問題，逐漸釐清課題定義。

若腦中沒有浮現問題，也可以運用常見的 5W2H（Why、Who、When、Where、What、How、How much），但與其硬是延展問題廣度，不如單純以介意的點、感到好奇的事為主向下挖掘，如此一來，應該會比較容易站在「切身之事」的立場上理解問題。該依賴的是「眼睛」和「耳朵」、自我感受。甚至是只要仔細觀察目標，問題就會自然而然產生。

在簡單思考中應該意識的重點，就是不要試圖想出「好問題」。畢竟

要重新理解眼前當事者闡述的問題、並試圖定義課題，都很需要勇氣。此外，在這過程中，要想出許多問題，對當事者提問，其實也不是一件容易的事。

我們大多數的人，都有過學校或大學課堂上被問到「有沒有問題？」時，卻「難以提問」的經驗。恐怕都是在這樣的場景中形成的吧「一定要想出一個好問題！」「這個問題會不會是因為自己無知，而偏離主旨的疑問呢？」「如果問了這個問題，不會很丟臉嗎？」這些默認前提，會形成心理障礙，進而影響到腦中生成單純提問。

就像第一章中確認過的問題本質，問題是，在試圖解答的過程中，又產生新問題的循環。了解了一件事之後，又出現了其他不了解的事，這就是人類的理解本質。

在深化問題理解的這個階段，不需要思考「是不是好問題」。首先以單純湧現的提問為出發點開始思考，或是詢問問題當事者，在交流的過程中孕育出新問題即可。反過來說，可以和對方建立起直接詢問單純疑問的關係也很重要，如果得要慎選問題內容，那麼可能不僅是因為提問本身不成熟，也可能是尚未和對方建立熟稔關係的緣故。

掌握問題的思考方式（2）批判思考

所謂批判思考，是相對於簡單思考的思維，對於眼前呈現的事態總是帶著批判式的疑問，某種意義上是以「扭曲式觀點」來理解事物。

「天邪鬼」（河童）其實是日本民間故事中的妖怪，對神和人類始終帶著反抗心，心懷惡意，相當擅長揣測人心。因此，在現代會用「叛逆的個性」形容那些，對於多數人認為合理且正確的意見提出質疑，不會站在多數立場支持，而總是大膽表現反對意見的人。

批判思考和簡單思考，都是在面對課題的定義，重新審視問題狀況之際，需要同時採取的基本思考模式。兩者的平衡非常重要。因為如果只是

針對眼前問題狀況，提出單純思考的程度，就算能順著好奇心深入挖掘問題到某種程度，也不適合引導當事者突破盲點，或讓當事者就多元角度反覆深思，恐造成讓當事者陷入「模範生」式課題設定的風險。

　　同樣以車廠汽車配件部門為例思考。對於問題當事者的認知「當人工智慧普及後，汽車導航市場或許就會萎縮。」「能否設計出應用人工智慧的新型汽車導航呢？」如果是簡單思考，會以「那就對於不懂的事一探究竟」的態度面對，在過程中思考出新的問題。但批判思考則是能批判式角度理解既有認知，徹底追究當事者並未提到的盲點，並看穿事情的另一面：

「汽車導航真正的競爭對手，難道不是智慧型手機嗎？」
「如果市場不再需要導航，不用勉強製造吧？」
「汽車導航其實不需要用到人工智慧吧？」
「不要堅持汽車導航，乾脆製造能符合時代需求的產品不就好了嗎？」
「對汽車導航如此執著，是有什麼特別的原因嗎？」
「應該有人打從心底認為『汽車導航已經賣不出去』了吧？」

　　顧名思義，這都是基於批判叛逆的角度提出的問題，直接向客戶提問時，固然必須注意用字遣詞，避免失禮，但藉由批判思考，除了在「設計善用人工智慧的新型汽車導航」、「不讓汽車導航市場萎縮」這些前提之外，不僅可以連結到探索本專案其他發展的可能，更有可能藉此探詢在當事者闡述的課題背後，隱藏的真正原因。

　　筆者（塩瀨）在思考創新之際，總是會安排一場「如何扼殺創意」（How to Kill Ideas）[5] 的批判思考工作坊，刻意與創新唱反調。

　　在企業和學校的實習課中，刻意讓參加者思考「如何用一句冷血的話，扼殺部屬或新進人員的想法」時，現場紛紛出現如「沒有前例可循」、「誰來負責」這類冷言冷語。

　　人類似乎比較容易在看到這類帶著點惡作劇的內容後，以歡樂的心情而醞釀創意新。不過，也會在這過程中猛然驚覺「平時是不是總是對部屬說這種話？」「我必須提出避免受人如此評論的企畫案」等，批判思考能真正激發出嶄新且有趣的點子，並凸顯培育的需要條件。藉由叛逆的態度試著反思，反而能讓界線更加明確。

　　不過，要是過度偏向批判思考，可能會讓相關人士失去設定正向課題的動機。雖然已一再強調，但再次提醒，必須在兼顧簡單思考與批判思考的平衡中，從多方角度讓問題理解更加立體。跟簡單思考一樣，即使是實現批判思考，也必須事先確立好穩固的關係，接受由此過程中產生的新提問。

掌握問題的思考方式（3）工具思考

　　面對眼前問題，只要不斷交替運用簡單思考和批判思考，大部分的情況下應該就能得到許多關於課題定義的參考靈感。不過，當難以想出新問題，思考停滯的情況下，仰賴「工具」也可能會發揮效果。這裡指的工具，不見得是剪刀、美工刀這些可具體使用的實體工具，不如說是知識或符號、規則等，抽象型的工具。

　　在此介紹大家一本能清楚理解「掌握問題時，如何善用工具很重要」的參考書籍，書名是《如何吃掉甜甜圈而僅留下中間的洞：跨界的學問——從洞中窺探大學課程》（暫譯，原名『ドーナツを穴だけ残して食べる方法：越境する学問—穴からのぞく大学講義』[*6]）這本書，誠如標題所述「如何吃掉甜甜圈而僅留下中間的洞？」面對這個有違常識的問題，由出身自大阪大學人文科學、自然科學、社會科學各式各樣領域的研究者，嘗試以自身專業試圖解釋。該項計畫不僅能帶領讀者從中學習五花八門的學問，也相當富有娛樂性質。

　　例如工學系研究者，將問題重新定義為以下課題「如何應用工學技術

切削甜甜圈？」「用鍍膜的方式製造出甜甜圈的洞該如何保存？」以考察解決方法。另一方面，數學學者則以數學定義何謂「甜甜圈的洞」，並以數學觀點定義課題，嘗試透過四維空間求解。更有美學專家則開始闡述「所謂的甜甜圈，指的就是家」……，從多元專業領域，時而夾雜歪理，將「如何吃掉甜甜圈而僅留下中間的洞？」這個問題，定義成「不同的課題」。

從本書中可學到的是，即使是同一道問題，會根據透過什麼樣的專業觀察，問題的解釋方式也會產生變化。心理學者維高斯基（Lev Semenovich Vygotsky）認為，人類是以工具（語言、策略、文字、圖解、符號）做為媒介，藉此對目標對象產生作用，並將此概念藉由三角形圖繪製成模型（【圖 2-7】）。

在那之前，心理學將人類行為的流程或能力理解為「發生在內心的事」，但維高斯基指出，行為主體將對象當作目標對象進行心理操作的背景，在於透過什麼樣的人工物工具做為媒介。例如在旅途中，即使眺望相同景色，善用智慧型手機將照片上傳到社群網站的人，和隨身攜帶雙眼望遠鏡的人，對於「景色」的欣賞方式和之於個人的意義是截然不同的吧。做為媒介的工具發生變化的話，對對象的解釋及心理操作也會不同。

前述「甜甜圈的洞」也是如此，由於做為媒介的專業領域不同，做為目標對象的「甜甜圈的洞」這個問題，也帶有截然不同的意義，因此在結

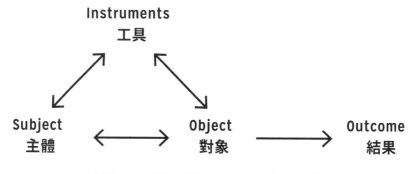

【圖 2-7】維高斯基以工具為媒介的模型

論上，課題的定義、引導出的答案也將有所不同。

　　關於前述高中生 A 君的問題，也是同樣的道理。例如過去心理學研究文獻中顯示，當「外在動機」（因金錢等賞罰形成的動機）變強，「內在動機」（因活動本身的樂趣產生的動機）就會受到抑制。簡言之，斷章取義地來說，「為了金錢而學習，學習本身就會愈來愈無聊」。透過這個知識再觀察 A 君的問題狀況，是不是又有了不同的看法呢？

　　面對問題狀況，不僅使用「簡單思考」和「批判思考」提出問題，當開始感受到問題無法再往下深掘時，參考一下可能相關的知識，大膽選擇透過不同專業領域的想法架構加以檢視，或者藉由某些「工具」從別的角度重新理解問題，或許又會看見不同的問題樣貌。

　　筆者（安齋）在設計企業、學校、社區的問題解決專案時，會在腦海中浮現各個領域中專家的臉，想像「如果是他／她，會如何解讀這個問題呢？」。這樣做，能獲得很多如何定義課題的靈感。一面想像著特定人物，並試圖從對方的觀點理解問題，也是一種工具思考的方法。

掌握問題的思考方式（4）結構思考

　　結構思考，指的是先從宏觀面向俯瞰形成問題狀況的要素，並就這些組成要素之間的關聯，進行分析・整理，也就是以有結構的方式理解問題的思考方式。這是在面對複雜的問題狀況，要定義課題時，不可或缺的思考方式。

　　愈是複雜的問題，造成問題的關鍵原因牽涉到更多要素。尤其是企業或社區這類相關人士眾多的情況，有時變數會多到難以掌握全貌。即使難以注意到所有要素，但為了定義出最合適的課題，必須掌握重要度較高的要素，提綱挈領地觀察整體情況，並確認各要素之間如何相互影響，才能避免偏離課題設定的焦點。

　　例如，像前述高中生 A 君面對的問題，儘管是能感同身受的簡單問

題，但也可能牽涉到多種要素所產生的問題狀況。在此，試著將 A 君掌握到的問題狀況，繪製成簡易模式圖。

　　構成問題狀況的要素很簡單，就是 A 君自己的「學校考試成績」，與「母親的心情」連動，以及伴隨而來被母親威脅「零用錢減少」的風險（【圖 2-8】）。

　　對此，A 君為了阻止眼前最大的危機「母親的心情更糟」，所思考出解決方案是，隱瞞成績結果，用別的方式來討好母親（【圖 2-9】）。

　　不過，他判斷上述兩種方式都不切實際，因此想出「就算零用錢減少，只要用別的方法賺錢即可」的對策，於是選擇了「找輕鬆好賺的打工」這個選項。只是，如同前述，這有可能是下策。因為，用打工來確保零用錢的這個方式，不要說無法改變「成績下滑」、「母親心情更糟」的負面事實，還因為事前就能想像到讀書時間會因為打工而減少，讓「成績下滑」與「母親心情更糟」的情況更加嚴重（【圖 2-10】）。

【圖 2-8】A 君問題狀況的結構 ①

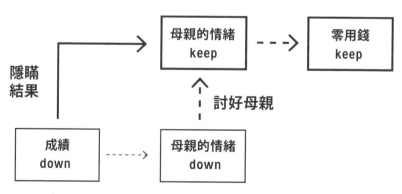

【圖 2-9】A 君問題狀況的結構 ②

　　像這樣試著整理各要素之間的關聯，並將其結構化，就更容易發現，A 君當初完全沒有想到的可能是，維持學校成績不要變差，或改善成績的這個選項，或是成績進步就會讓母親心情變好，可能零用錢會增加的情況。整理出涵蓋這些潛在要素的可能之後，就可以想見會變成【圖 2-11】，以成績結果為起點的簡單問題構造。

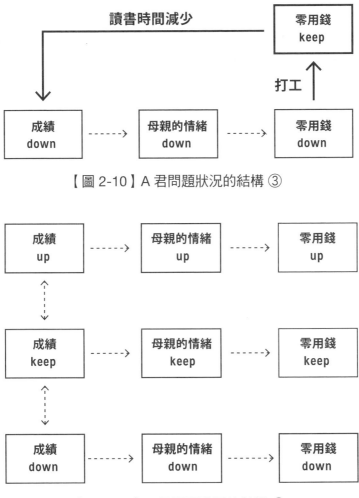

【圖 2-10】A 君問題狀況的結構 ③

【圖 2-11】A 君問題狀況的結構 ④

重要的是，不要只將結構化當成目的，在掌握構造的同時，也需要在「單純思考」和「批判思考」之間掌握平衡點，形成問題，試圖從多元角度理解問題。如此一來，應該就能浮現出幾個問題了吧？

- 如果成績持續進步，零用錢也會持續增加嗎？
- 對母親而言，成績真的是一切嗎？
- 雖然努力了但成績卻退步，母親的心情還是會變差嗎？
- 對 A 君而言，零用錢的增減真的代表一切嗎？
- 只要一直維持還可以的成績，母親就會滿足嗎？

「這是為什麼呢？」「這個跟這個為什麼會有關聯呢？」「真的只有這些要素了嗎？」在結構化的同時，也會不斷自我詢問問題形成的要素‧關係‧輪廓。目的並不是要完成一張漂亮的圖，而是在結構和提問之間來回思考，逐漸摸索出合適的課題設定切入點。

掌握問題的思考方式（5）哲學思考

最後，在掌握問題本質時，不能忘記「哲學思考」。在解決問題的情況中，最怕的就是視野變得狹隘、失去中長期觀點或深入思考的態度。想要拓展、深化視野，直搗問題本質，就少不了哲學思考。

關於「什麼是哲學思考？」這個問題的答案，應該有各種不同的想法吧。根據哲學學者苫野一德的說法認為，所謂哲學思考，指的是「掌握各種事物『本質』的行為」（「様々な物事の"本質"をとらえる営み」）[8]。說是本質，倒也不是認為這世界上存在能客觀實證的「絕對真理」。也不是指查字典，查詢那件事物所表示的意思。應該是類似詢問「何謂教育？」「何謂戀愛？」這種，對切身事物的本質提出疑問，並和擁有同樣疑問的

人交流對話，找出扎根於自身經驗的含意，並在達到相互理解的情況下接受「或許那的確就是事物本質」的認知。這就是「掌握本質」。在現象學（phenomenology）當中，將這種試圖洞察本質的行為，稱為「本質直觀」（eidetic intuition）。當我們思考「何謂戀愛？」探究本質的行為，就可以用「進行戀愛的本質直觀」描述。

因為將構造構成主義（維基百科的英譯為 structural-constructivism）變成一套理論而聞名的西條剛央，指出企業在解決問題時，「本質直觀」也是相當重要的能力，並針對星野集團（Hoshinoya）旗下頂級度假飯店虹夕諾雅度假村等成功事例進行深度研究 *9。根據西條的研究，讓一度深陷經營不佳的全國飯店、度假村設施達成Ｖ型復甦，因而受到關注的星野集團，其代表人星野佳路本身正是在進行「何謂觀光？」「人為何要觀光？」等觀光本質的洞察，也就是所謂「本質直觀」之後，得出觀光的本質在於「異文化體驗」、「非日常體驗」的答案，進而發展出深植於當地特色的度假村設施想法。

此外，虹夕諾雅度假村也在第一線實施「本質直觀」，例如位於青森的度假村，據說是連第一線工作人員，一起針對「青森的特徵是什麼？」這個問題反覆對話，最後將青森獨有的異文化體驗落實在設施概念中，設計出「工作人員必須以津輕方言服務」、「每晚舉辦睡魔祭」、「演奏津輕三味線」等文藝活動，漂亮地重建原本岌岌可危的經營狀態。

苫野透過團體對話，將實施「本質直觀」的具體步驟，整理出以下提案流程 *8：

實施本質直觀的六個步驟

① 根據體驗（我的「堅信」）思考

② 彼此提出問題意識

③ 相互舉出事例

④ 將事例分類並加以命名

⑤ 思考所有事例的交集

⑥ 回答最初的問題意識或疑問點

　　苫野主張，依據這些步驟，用言語表現對象的本質、敘述與類似概念的不同之處、或是敘述為何要使用某個特別詞彙才能形容的特徵（意即，當何種特徵消失之後，那個詞彙就不再是那個詞彙了），並從中探索詞彙的輪廓，就能得到具有深度和厚度的「本質直觀」結果。

　　以「何謂戀愛？」的本質直觀為例，所有人都會各自舉出主觀感受到的「我戀愛了」的事例，在分類的過程中，根據事例中共通的「戀愛」本質，嘗試進行簡要表現。同時，探討「愛情」和「友情」的不同，或是反思「如果缺少什麼特徵，就不能稱之為『戀愛』？」嘗試以言語表述「戀愛」的本質。

　　筆者都認為，這種「本質直觀」，才是哲學思考的真意；也是掌握企業、學校、社區問題本質，進而針對課題給予合適定義的思考關鍵。單憑當事者訴說的資訊而進行「結構化」，雖然看待問題的角度，會逐漸貼近當事者眼中所見的景色，也正因為從那樣的角度看問題導致問題無法解決，當事者本人才會陷入困境。

　　在稱為哲學對話的場合，一切都始於對自身所知產生的懷疑。對於自認為是問題的問題，並且在為了說明該問題所使用的每個詞彙的含意，以及在試圖透過相關詞彙解決問題的團體中，深信已對定義達成共識，對於這一切提出質疑，就是一個起點。就算是被定義為有解決可能的課題，也需要勇敢止步，試著向構成問題要素的本質提出問題。

　　以前述高中生 A 君的問題為例，針對存在於問題結構背後的情感、現象、價值觀進行本質直觀，就會浮現以下提問：

「何謂學習？」

「何謂好學校？」

「何謂良好的親子關係？」

「何謂豐富充實的高中生活？」

「何謂心情？」

　　如苫野的提案所述，這種本質直觀的提問，也很適合當成團體中對話的主題。也就是，將於第四章介紹的「工作坊」中，即使是直接向參加者提出，做爲促進創造式對話的「問題」，也能發揮其威力。因爲目前有不少案例是，由問題當事者們透過本質直觀，才能突破問題、解決問題。

　　以上五種思考方式，是在掌握問題本質、嘗試定義課題的所有工程中，希望讀者能意識到的基本思維。在第三章，一起來看看如何組合這五種思考方式，進行定義課題的具體流程吧。

第二章注：

*1　Duncker,K.(1945) On problem solving, Psychological Monographsm 58, no.270 Johnson,D.M. (1972) Systemic introduction to the psychology of thinking, New York: Harper & Row

*2　Reitman,W.R. (1965) *Cognition: Theory and applications*, CA: Brooks/ Cole

*3　羅納德・芬克（Ronald A. Finke）、湯瑪斯・沃德（Thomas B. Ward）、史蒂芬・史密斯（Steven M. Smith）（1992），《創新認知：透過實驗探索充滿創意靈感的機制》（暫譯，原名 *Creative Cognition: Theory, Research, and Applications*，The MIT Press）；日文版：小橋康章譯（1999），『創造的認知：実験で探るクリエイティブな発想のメカニズム』，森北出版
　　鈴木宏昭（2004），〈創新問題解決的多樣性和評價：從洞察研究發現的見解〉《人工智慧學會論文誌》19（2004）（暫譯）；原名：「創造の問題解決における多様性と評価：洞察研究からの知見」『人工知能学会論文誌』19

*4　設計思考（design thinking）指的是，將設計師的思考過程化爲一種公式，固定下來。例如 IDEO 與史丹佛大學 d.school，就以「共鳴」、「定義問題」、「創造」、「原型」、「試驗」五個步驟，將設計思考化爲公式。而設計思考也因實踐者與研究者的認知不同，有諸多定義。

*5　How to Kill Ideas 指的是，一個場域中充滿著對於他人所知所言極盡嘲笑批評的氛圍，或受制於刻板印象而浪費好點子的價值觀。筆者（塩瀨）以「如何扼殺創意」為主題，安排一次工作坊。

*6　大阪大學書籍化專案（2014），《如何吃掉甜甜圈而僅留下中間的洞：跨界的學問──從洞中窺探大學課程》（暫譯）；原名：大阪大学ショセキカプロジェクト（2014），『ドーナツを穴だけ残して食べる方法：越境する学問—穴からのぞく大学講義』，大阪大学出版会

*7　Vygotsky,L.S.(1981) The instrumental method in psychology, In J.V.Wertsch/Ed, The concept of activity in Soviet psychology, Armonk: Shape

*8　苫野一德（2017），《認識哲學思考的第一本書》（暫譯）；原名：『はじめての哲学的思考』，筑摩書房

*9　西條側央（2014），〈掌握虹夕諾雅度假村與無印良品共通本質的思考法：奠基於真正的「哲學」的組織行為入門（第 4 回）〉（暫譯）；原名：星野リゾートと無印良品に共通する本質を捉える思考法／ほんとうの「哲学」に基づく組織行為入門（第 4 回），2014 年 10 月 28 日《哈佛商業評論》日文版，Diamond 社

二分

第三章

定義課題的流程

3.1. 整理目標

定義課題的流程

　　所謂的「課題」，是指相關人士間積極達成「應該解決」共識的問題。定義一個合適的課題，是「提問設計」的第一步。

　　在本章，將利用前一章所介紹的，重新掌握問題的五種思考方式「簡單思考」、「批判思考」、「工具思考」、「結構思考」、「哲學思考」，解說直到能定義出合適課題的具體流程。

　　正如所有提到關於問題解決指南的書籍所主張的，所謂的問題或課題，都是來自於「目標與現狀的落差值」。也就是說，即使是面對同樣的現狀，設定的目標愈高，問題就愈難解決。相反地，不論現狀如何，如果相關人士都滿足於現狀，沒有目標，就不會產生問題。此外，訂定的目標生變，對問題的認知也必然會隨之變化，該定義的課題也會完全不同。有時還會因為「認知僵化的弊病」，而以偏差的觀點設定目標，導致無法定義出合適的課題。

　　讓具有多元認知的關係人士的注意力集中於一個焦點，為推動解決問題狀況的「有創造力的對話」（創造式對話），首先是要建立合適的目標，為達成目標必須定義出適合的課題。(【圖 3-1 】)

　　在本章，將以五個步驟解說定義課題的流程（【圖 3-2 】）。

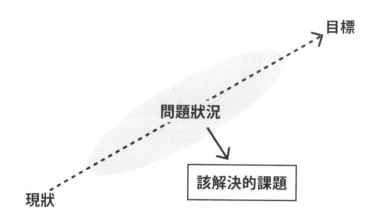

【圖 3-1】從目標與現狀之間的落差值訂定課題

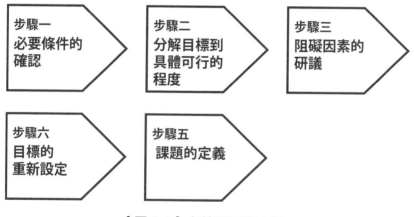

【圖 3-2】定義課題的流程

　　步驟一，首先要從確認問題狀況的「必要條件」，並同時掌握問題當事者們所認知的「目標」開始。

　　如後續會提到的內容，處於問題漩渦中的當事者，很少能自行設定合適目標，並整理出頭緒。因此步驟二，將針對「分解目標到具體可行的程度」部分花時間仔細進行整理作業。

　　延續步驟二，步驟三將重心放在目標與現狀的落差上，檢視阻礙實現

目標的「阻礙因素」。有不少案例，即使在設定目標的過程中很順利，但在阻礙因素的釐清過程中，潛藏認知與關係僵化的弊病，進而阻礙合適的課題設定。

接著，步驟四是，假設需要修正軌道以達成目標，那麼就「重新設定」目標。

如此一來，在掌握問題狀況的本質之於，在完成階段的步驟五，最後要來定義所有相關人士都達到認爲「應該解決」共識的課題，將之整理成文字記錄。

關於上述五個步驟，以下詳述內容。

步驟一：確認必要條件

第一，確認期待解決問題的當事者（在此稱爲委託人）所認知到的問題必要條件。即使您自己就是問題狀況的當事者，身處期待解決問題的情境，也要將您自己比擬爲「委託人」，客觀定義必要條件。

所謂的必要條件，是指委託人本身的期望、理想的目標狀態、關於問題狀況的限制、關係人士的資訊、可運用的資源、預算或期間等。確認好當事者認知到在解決問題狀況之際所必要的全部資訊，並加以整理。

在這個階段一定要確認的必要條件，雖然反覆提及，但這裡再講述一次，就是當成問題狀況前提的「目標」。如同前一章所定義的，所謂的問題，就是有某個特定的「目標」，也被賦予動機，當事者卻不知道抵達目標的方式或路徑，儘管嘗試過但並不順利的狀況。因此，解決問題狀況的合適「課題」之設定，也應當是爲了彌平現狀與目標落差的設定。透過必要條件的確認，事先確認委託人本身如何認知目標，原因爲何，是定義課題的第一步。

在這裡強調「認知」的原因在於，「委託人所思考的目標」，對於問題相關人士而言，未必等同於「眞正應該達成的目標」。不過在這步驟一的階

段，沒有必要急著把委託人訴求的目標，突然修正成別的目標。也還不需要思考該怎麼做才能達成目標的解決方案。

首先在確保「簡單思考」和「批判思考」的平衡感中，從各種角度向委託人提出問題，試著深入理解委託人所認知的問題狀況全貌。如果問題狀況的構成要素和相關人士較多的情況，也可以同時發揮「結構思考」，掌握構成要素間的關係、以有結構的方法釐清問題狀況也可以。

步驟二：分解目標到具體可行的程度

在確認委託人提出的問題必要條件後，接著進行「分解目標到具體可行的程度」。通常在步驟一「必要條件的確認」階段，通常很少見到已經將目標分解到具體可行的程度，把條件整理好的情況。

這是因為，處於問題漩渦中的委託人，很可能不知不覺中罹患了「認知僵化病」，或許是從某個偏頗的觀點看待問題，或是較不理解整體的問題狀況。如前一章在「課題設定的陷阱」中說明過的，以自我本位認知問題，或是以負面角度理解問題，容易以短視近利的角度面對問題，進而失去宏觀角度或長期的展望。如果打算偷懶在目標設定不明確的狀態下定義課題，就會存在課題設定偏離焦點的風險，因此先分解目標到具體可行的程度，是很重要的環節。

想提升目標的明確度，主要從「期間」、「優先順序」、「目標的性質」的觀點加以釐清，會比較有效。

分解目標的三個重點

（1）根據期間，分成短期目標・中期目標・長期目標

（2）排定優先順序，看是分階段整理，或是將複雜的目標分解成幾個子目標

（3）依據目標性質，整理為成果目標・過程目標・願景三個種類。

接下來，將分別針對各點解說。

目標整理的觀點（1）期間

根據問題解決需花多少期間思考，目標焦點也會有所改變。根據問題不同，有些幾天就可以解決，但有些則要花上幾個月、幾年、甚至是幾十年也不知道能不能解決，有各種不同的情況。直到達成問題解決後的理想狀態為止，如果需要耗費長時間，就必須先分解成一個個的短期目標、中期目標，否則會無法設定具體課題（【圖3-3】）。

例如對於「想成為有錢人」的這個目標，就必須認知到現狀問題是「錢不夠」。但對於這種模糊的目標，該怎麼做才能達到目標，如果不決定具體達成基準，就算根據不同情況賺再多錢，都還是會覺得「或許我未來還可以比現在更富有」，可能就變成永遠無法解決問題的「沒有終點的旅程」。

此外，就算設定了「存款金額」或「收入」之類具體的標準，如果不是馬上能達成的目標值，可能也會無法衡量短期內究竟該付出多少努力才正確，恐怕難以轉化為具體行動。當問題需要幾年以上較長期間才能解決，則有必要設定幾個月左右的短期目標，一至兩年左右的中期目標等，設定不同期間的目標，藉此分解目標到具體可行的程度。

為達成短期目標的課題設定，和為達成長期目標的課題設定，應該是不同的。設定短期目標，並不等同於目光短淺。而是正因為放眼長期目標，才要分解期程，從短期內可解決的具體課題著手設定，才是有具體做法。

【圖3-3】根據時程整理目標

「為達成一百年後的目標進行的課題設定」是什麼樣的概念呢？

　　大家知道於 1920 年（大正九年）發行的《一百年後的日本》（暫譯；原名『百年後の日本』）嗎？這是一本名為《日本及日本人》（暫譯；原名『日本及日本人』）的雜誌特刊，記載了當時 350 多位意見領袖所預測的，各式各樣關於日本的未來繪圖。其中，有符合當初預測的部分，如「由於醫學・衛生學的進步，人類會活到 80 至 90 歲」，或「可運載 600 位乘客的飛機」等，也有「成為全球最大纖維工業國」、「人口有 2 億 5,800 萬人且生活困難」之類，若是在當今時代早就被視為社會課題，可以說是與現實完全相反的預測。還有不少彷彿科幻小說情節般，天馬行空的預測，像是「空中醫院」或是「富士山成為地球與火星之間的交通中繼站」等。

　　為「對於自己不可能活到的一百年後的事，我連想都沒想過。但儘管如此，人類在今後未來，究竟能否愈來愈幸福，我抱持著很大的疑問」。其他也有許多有識之士批判企畫本身，相關投稿散見於世，例如「對於自己無法負責的百年後的事預言，成何體統？」「談論百年後這般久遠到無從得知的未來，不過是胡說八道」。

　　這本書讓我們體驗到面對「一百年後」這種自身從未經驗過的長期目標，很難設定具有實際意義的課題。不過，與其光是評論哪些預言在百年後確實實現，不如試著以理想・預測・妄想三種不同的座標軸，整理這一百年前的話語，對於思考何謂根本課題更有效。

　　例如「年滿 18 歲具有選舉權」、「女性成為民意代表、政府官員、大學校長」等，的確是花了 80 至 90 年如此漫長的歲月才得以實現，但反過來想，也可以說這確實是個需要花費如此長的時間，克服障礙才能達成的根本課題。換句話說，當時確實存在著一個就算需要經過 100 年，也應該要達成的長期且理想的目標。

　　而妄想和空想，有時也能刺激我們的創意，並成為打破當時被視為時代常識的巨大力量。首先，我們必須將「應該設定怎樣的課題？」這個問

題本身，設定成應該面對的初期課題，然後不斷透過有創造力的對話，直到完成關係人士都能認同的課題定義。

雖然不到 100 年後無從得知當初設定的課題是否正確，不過，這本於 100 年前發行的雜誌告知我們的事實是，存在於 100 年前的胡言亂語或放棄的預測中，的確存在著即使經過 100 年的時光也應該要達成，無法被埋沒的根本課題。

目標整理的觀點（2）優先順序

在將分解目標到具體可行的程度時，不僅要評估花費的期間，還必須評估優先順序。在接受來自企業、學校、社區的問題解決委託案中，有不少是無法憑藉一次的工作坊，或幾個月的專案就能徹底解決的「不合理」案例。

委託人殷切期盼能早日突破目前身處其中的問題狀況，達到理想狀態，但總會出現「那個也是必要的」、「也想做這個」、「如果可以，這個也想要」太過貪心，或是面對現狀，設定不切實際目標的情況。雖然胸懷理想，朝遠大的目標努力很重要，但要是因為目標設定過高，反而連必須做到的最低限度都難以達成的狀況，那就本末倒置了。

舉第二章介紹的高中生 A 君為例，請想像如果 A 君將目標設定為「考試成績全學年第一名、跟母親建立良好關係、甚至打工可賺得月薪 20 萬日圓、還能保有充分玩樂的時間」。

如果能實現，的確對 A 君而言，或許是問題得以解決的「理想狀態」，但成績原本就不理想的 A 君，恐怕很難認為他能馬上實現全學年第一的目標。他可能會因為想達到這個不合理的目標，反而犧牲睡眠時間等，把身體搞壞也說不定。

或者，因為努力不及，無法完全達成目標，結果恐怕變成「儘管能月入 20 萬日圓，並確保玩樂時間，但成績變得更差，最後媽媽完全不願跟他

講話」的情況。不合理的目標設定，反而蘊藏著讓問題狀況更加惡化的風險。

筆者（安齋）在透過聽取委託人意見，定義課題之際，總是會用「松·竹·梅」整理目標的優先順位。如果理想目標相當於「松」層級，那麼必須達成的最低限度「梅」層級，目標應該為何？希望還能再做出些什麼努力，以達到「竹」層級的目標又是什麼呢？像這樣，根據急迫和重要程度，依據階段分解並整理目標內容。（【圖 3-4】）

在步驟一「必要條件的確認」階段，面對委託人闡述的「理想目標」，會故意提問「我已經充分了解您在專案中想要達到的理想了。那麼，在這專案中有沒有哪一項是，如果沒有達成，就代表『大失敗』呢？」藉此動搖委託人在腦海中早已繪製好的「那個也想實現，可以的話也想實現這個」的美好認知，確認必須達成的最低限度「梅」層級的目標。

並不只是問「失敗」，而是詢問「大失敗」才是重點所在，反而藉此迫使對方想像專案中「最糟的情境」，讓隱藏在問題背後的「痛點」核心浮現。因為愈是複雜的問題，就愈容易在沒有釐清目標「核心」的情況下，因牽涉多種要素而誇大目標本質，漸漸看不清問題本質所在。

目標整理的觀點（3）成果目標·過程目標·願景

評估花費期間與排列優先順序之後，根據揭示的目標性質，整理出「成果目標」、「過程目標」與「願景」（【圖 3-5】、【表 3-1】）。

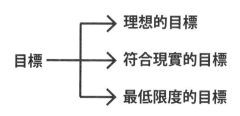

【圖 3-4】根據優先順序整理目標

　　所謂的「成果目標」，是指在設定好的期間內，最終希望達成的個人或組織狀態，或是希望達成的最終產出成品的必要條件及品質。例如，「在下學期的期末考中，進入全年級前 20 位」、「一年存 100 萬日圓」、「制定社區居民能認同的圖書館計畫」、「想出三個具有高度新奇感的汽車配件商品概念」這般，規定具體的成果內容。

　　「過程目標」則是指，在達成成果目標前，像是希望問題狀況當事者，可以注意到什麼發現或產生什麼學習效果，希望當事者之間產生怎樣的溝通、希望能重視什麼樣的關係等，這些都是在過程中希望當事者重視的目標。

　　為了藉由提問設計激盪出有創造力的對話、解決問題，不僅是制定成果目標當成到達點，重要的是，還要預先規畫好需要經過哪些流程。有時也會出現如某個專案在結束之際，而得到「不只拿出成果，團隊間溝通的情況也獲得改善，真是太好了」，因為偶發的副作用而獲得當事人的正面評價，如果能從一開始就把團隊溝通的改善，或組織的學習設定為過程目標，應該能獲得更好的效果。

　　所謂「願景」，是指在達到前述的「過程目標」與「成果目標」之後，

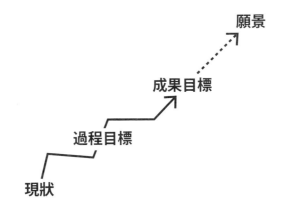

【圖 3-5】現狀‧過程目標‧成果目標‧願景

案例主題	成果目標	過程目標	願景
準備考試	在下學期期末考中，進入全年級前 20 名	不臨時抱佛腳，養成每天讀書的習慣	培養上大學後也適用的學習能力
儲蓄	一年內存 100 萬日圓	避免短期的浪費	成為擁有投資敏銳度的有錢人
汽車配件商品的開發	想出三個具有高度新鮮感的商品概念	不拘泥於既有產品，但要積極活用自家技術	因應市場變化、保有自家公司競爭優勢
新類別產品的開發	開發全新類別的產品	和外部設計師等共同打造可相互合作的團隊	打造一個不分公司內外，充分運用全新資源，持續提供社會全新價值的企業
探索學習	自己決定一個不知是否有正確答案的探索主題	對於問題要有追根究柢的自覺和心態	成為一個具有創意、願意積極面對不知有無正確答案的課題的人
社區圖書館的構想	訂定讓社區居民都能認同的圖書館計畫	讓年輕人與高齡者熱絡交換意見，培養社區意識	建立一個讓各世代居民都能感受到土地之愛的社區

【表 3-1】以案例說明成果目標、過程目標和願景

思考希望能成為怎樣的理想狀態，可說是將「過程目標」與「成果目標」的意義，和目標大方向的概念，化為言語的產物。有時，位於短期目標前方的中期、長期目標，可能就是願景。

為了防止解決眼前問題變成實現自我目的，錯判問題的本質，事先確認願景是否明確，也是很重要的步驟。只要願景明確，以願景為起點，掌握問題所在之處，就比較容易引導至應該定義的課題。如果沒有願景，也

可以將「設定共通願景」本身設定為課題。

預設變化、先決定暫定目標

如上所述，訂定合理期間，排列優先順序，將目標分類整理成「成果目標」、「過程目標」和「願景」的話，目標就應該比步驟一的階段更加精緻才對。

不過，可能還是會出現根據問題不同，在此階段不論進行怎樣的資訊蒐集，還是無法將目標分解到具體可行的程度。例如成果目標雖然清楚，但願景依舊模糊。或是對於過程目標有所堅持，但每次聽取關於成果目標的制定內容，總是一變再變的案例。抑或是，似乎已有暫定的成果目標，但不知道哪裡自信不足，一直避免確立目標內容的案例。也有出現過，在聽取相關人士的意見之際，闡述的目標因人而異的案例。

像這樣，在目標精緻整理的過程中，出現部分目標模糊不清，或是相關人士之間並未取得共識的狀況，其實並不少見。到底，目標是否能在定義今後課題，並朝向解決方向因應的現階段就確立下來？其實也未必。

筆者（安齋）十幾年前還是高中生的時候，懷抱著希望未來能成為「骨科醫師」的目標。那是因為當時熱衷於籃球，在膝蓋反覆受傷，動手術的過程中，對於切身的「運動醫療」領域產生高度關注。升上高三，退出籃球社團後，雖然朝此目標努力準備升學考，但可惜未能合格。不過在準備重考期間，可能一方面也是因為遠離社團活動吧，筆者對於「運動醫療」的關注逐漸變淡，反而因為偶然看到的書成為契機，讓我開始思考未來「想成為腦科學家」。

因為目標改變了，我必須跟著更改報考志願，雖然當時想成為腦科學家的念頭十分強烈，但我也始終有個疑慮是「說不定我還會改變目標」。出自於不需立刻侷限自己的選項比較好的想法，於是把報考志願改為，在大三前都可不必選擇專業學科的東京大學教養學部，結果也順利考上。

　　之後，不出筆者自己所料，對於腦科學興趣的優先順位，不到半年又變淡，對於「未來的目標」一變再變的情況中，一回神，筆者目前成為了在自己高中生時代根本完全不知道有這樣職業存在的「工作坊設計」領域專家，並兼任研究者與經營者這兩種看似衝突的角色。

　　近年來，學校的升學就業指導內容涵蓋就業觀培養，並有愈來愈多舉辦職涯教育的機會。這件事照理來說應該是非常好的嘗試，不過，可能也會發生，「先天決定」將來的目標和勉強自己「後天決定」混淆的情況。

　　而且，在準備升學考試的過程中，或是剛入學後沒多久，又或是開始找工作的時期，大環境和自己在思考「將來的目標」之時已經產生變化，或是接觸到新的資訊，抑或是邂逅了不同的人、場合，目標都有可能改變。由於自身經驗經常持續發生轉變，從那經驗之中學到最重要的，其實是「盡全力深思熟慮之後制定的目標」，至於「目標產生變化」，倒不如說是一種自我成長。

　　對於當事者而言能夠欣然接受的目標，未必是「最初」選定的那一個。此外，在某個時間點的認知中，原本屬於「欣然接受」的目標，可能在試錯的過程中，認知本身產生變化，使得目標隨之更動，這對於持續學習、持續變化的個人或組織而言，是極為自然的現象。即使「成果目標」、「過程目標」、「願景」任何一項尚屬模糊不清，還是可以從假設課題加以定義。問題解決中的目標內容，最主要的鐵律是「在可以決定的程度時先做好決定」。

善用後設目標（meta-goal）「決定共通目標」

　　此外，由於本質上，無法只仰賴委託人本身制定目標，因此當問題當事者們有多元認知，關係也逐漸僵化的情況下，讓所有相關人士一起進行有創造力的對話，決定共通目標也是相當重要的一環。也就是指，將「正在決定相關人士皆能接受的目標」設定為專案的願景、成果目標的（【圖3-6】）。

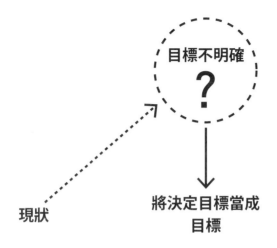

【圖 3-6】將「決定目標」設為目標

　　筆者（安齋）以前曾擔任過顧問的一間技術廠商，工程師們雖然原本就會定期實施商品企畫工作坊，不過因為總是無法激發出好點子而煩惱。於是他們對於始終無法順利實現「激發出好點子」的「成果目標」視為問題狀況，並帶著自行設定的兩種假設「企畫會議的主題設定是否不佳？」「是否因為引導會議進行的技術不足？」與筆者討論。

　　筆者在意識到「簡單思考」和「批判思考」之餘，對委託人提出下列問題，試著將目標分解到具體可行的程度。「平時是用什麼方式進行企畫會議的？」「目前為止想出的最棒創意是什麼？」「相反的，目前為止提出的點子中，覺得很可惜的失敗創意是什麼呢？」「為什麼那個創意會失敗呢？」「各位覺得要怎麼做，才能讓失敗的創意變成可採用的好點子呢？」因為如果不確立目標，就無法做到「為了想出好點子的課題設定」。

　　不過，雖然具體列出「好點子」跟「失敗的創意」，兩者之間卻沒有明確的界線，判斷基準也很不明確，筆者開始感覺到不對勁。也就是筆者注意到，工程師們所謂「創造出好點子」的這個成果目標，可能並沒有一套明確的標準來發揮功能。

　　因此，筆者在此運用「哲學思考」，以「本質直觀」的方式設定問題，「對於自家公司而言，『好點子』究竟指的是什麼？」並將此提問重新詢問委託人。結果，委託人針對這個提問回答：「雖然我對於『好點子』有主觀意見，但團隊成員對於『好點子』的判斷基準可能各有不同。不如說，或許就是因為對這個大前提的認知有所差異，企畫會議才無法順利進行也說不定。」

　　這正是典型的反應，由於每個人對於「好點子」這個成果目標的認知已經僵化，也連帶讓團隊的關係僵化，所引發的問題狀況。

　　因此，筆者將成果目標從「激發出好點子」變更為「制定大家都能認同的『好點子』判斷指標」，並將應解決的課題，定義為「在這間公司所認為的『好點子』指的是什麼？」

　　接下來，在沿用以此課題為主題所舉辦的工作坊中，大家清楚看見成員之間對於「好點子」的定義，差距之大讓人驚訝，也終於理解讓至今企畫會議空轉的「偏差」究竟為何。

　　之後，大家一面深入對話，一面遵從團隊願景和策略，不斷反覆討論團隊中關於『好點子』的指南，最後訂定了三個具體基準，達成共識。在團隊內達成對「好點子」共同認知的情況下，筆者請他們如常召開企畫會議。結果，僅僅一次的會議上，就出現了好幾個獲得全員高度認同的點子。這個團隊的問題本質，並不在於「會議的主題設定」或「會議的引導技術」，而在於對目標認知的齟齬。

　　當團隊已然受限於「認知與關係僵化的弊病」，也有不少情況如前所述的案例，「不互相討論，就無法決定目標」。在這種時候，只要設定好「決定共通目標」這個後設目標，並透過有創造力的對話，讓目標變得更加精煉就可以了（【圖 3-7】）。

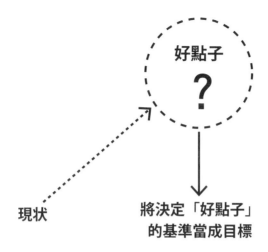

【圖 3-7】善用後設目標

3.2 重塑目標框架

步驟三：探究阻礙因素

　　既然已經確立暫訂目標，在步驟三要針對阻礙目標實現的因素進行研議。如果無法順利制定目標，是造成阻礙問題解決的關鍵本質，那麼可以直接將至今梳理完成的成果目標或過程目標，設定為「該解決的課題」。但如果並非如此，應該表示存在著某些理由，導致無法輕易實現目標，因此現狀才會被視為一種「問題」。

　　之所以要研議阻礙因素的理由有二。

　　一個是，存在於理想目標與現狀之間的障礙本身，可能才是那個「應該解決的課題」。

　　例如，以曾籌備建設圖書館的某社區案例來思考看看。假設問題解決之後達成的理想願景是，「打造一個讓各世代居民都能感受到鄉土之愛的社區」，那麼為達成願景制定的成果目標是「制定一個獲得社區居民認同的圖

書館計畫」，而爲此所設定的過程目標是「讓年輕人與高齡者熱絡交換意見，培養社區意識」。

但是，爲何這個目標不容易達成呢？雖然可能影響的因素相當多，但可以想見，即使是住在同一個社區的居民，20歲的大學生和80歲的長者，由於生活型態和生活需求差異甚大，要營造一個能讓這兩個群體站在同樣的角度進行意見交流的場域，其實並不容易。筆者（安齋）即使是回顧以往所經歷過的，由行政單位主辦的居民參加型工作坊，年輕人的參加率偏低，參加者的平均年齡容易傾向高齡化。

就算邀請到年輕人參加，若未在主題設定上花心思，應該也無法成爲一個能讓兩邊平等交換意見的場域吧。不僅如此，還要落實到雙方都認同的圖書館計畫，並形成共識，應該會是一項艱鉅的任務。因爲不僅要顧及各年齡層如何配置書架上選書的需求，還必須成爲一個讓各年齡層居民都

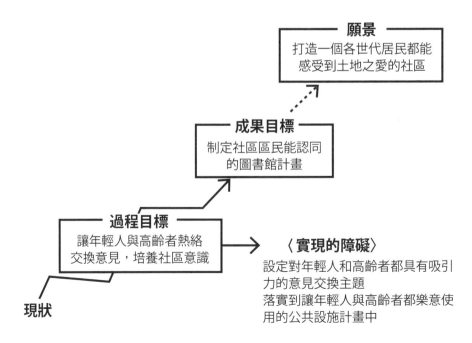

【圖3-8】評估目標實現的障礙

接受、願意使用的休憩空間建造計畫。

　　因此，爲實現上述目標中所遭遇的障礙，可以想到兩點「設定對於高齡者和年輕人而言都有吸引力的主題，打造意見交換的空間」、「落實到讓年輕人和高齡者都樂意使用的公共設施計畫中」。這也就是需要面對問題的當事者們，必須絞盡腦汁「解決的課題」。

　　應該仔細研議阻礙要素的另一個理由是，在研議的過程中，有可能需要修正部分目標，或是可能發現更完善的目標設定。

　　例如當「成果目標」是設定成「思考如何應用人工智慧的新型汽車導航產品」時，阻礙達成目標的因素，是「侷限在既有商品樣式的影響，想不出創新點子」、「想到的點子雖然很奇特，不過不可能實現」，還是「雖然有大量的提案點子，大家卻沒有共識」，根據上述情況的不同，合適的「過程目標」設置方式也隨之變動。

　　此外，關於阻礙因素，在運用「批判思考」或「結構思考」，從帶著批判立場研議的過程中，也有可能出現需要重新審視最根本的「成果目標」的情況。

　　特別是，當察覺到目標認知的委託人本身，受限於某些既定觀念時，有時候需要針對設定目標的正確與否積極提出疑問，藉此掌握目標的觀點也會發生巨變，甚至必須嘗試重新設定目標，變成截然不同的形式。也可能有的時候，在變更目標之後才發現，原本以爲是阻礙達成目標的障礙，其實並不是障礙也說不定。

阻礙達成目標的五個因素

　　目標無法達成的因素可能五花八門，不過一般情況可歸類爲以下五個要素。根據問題不同，甚至可能牽涉到多種因素，產生複雜的交互影響也說不定。

> **阻礙達成目標的要素**
> ① 根本一開始就沒有對話的機會
> ② 難以改變當事者的既定觀念
> ③ 意見分歧無法達成共識
> ④ 目標不切實際而無法當成切身之事
> ⑤ 知識或創意不足

① 根本一開始就沒有對話的機會

儘管知道，需要讓問題當事者們之間就達成目標進行有創造力的對話，卻無法安排這樣的機會。就算試圖製造機會，也可能如前述的社區案例，無法集合所有相關人士，只能讓部分關係人士進行對話。

在企業、學校、社區，絕大多數都缺乏充分對話的機會。不僅消費者很難得能參加企業的商品開發會議，甚至幾乎沒聽過有哪間學校的學生，有可以參與學校課程改善會議的機會。有不少情況僅僅是定義好課題之後，透過工作坊舉辦，讓當事者之間有機會討論，就能解決課題，朝向目標邁進。

② 難以改變當事者的既定觀念

這類情況是，儘管當事者之間已經就目標達成共識，但在解決課題的過程中不斷試錯、或試圖反覆對話的過程中，當事者受到隱含前提的既定認知影響，阻礙目標的達成。

例如，成果目標是「思考應用人工智慧的新型汽車導航產品」，即使當事者心中認為「想法不要受限於既有的汽車導航產品」，但往往還是會不自覺受到既有導航產品的固定觀念「所謂的導航，就是用來引導駕駛路徑的工具」，「所謂的導航就是在液晶螢幕上觸控操作的工具」這些前提影響，

難以想出新奇的創意（【圖 3-9 】）。

　　在這種情況下，考量到必須從外界施加壓力，撼動已成阻礙因素的既定觀念，需透過定意義課題，設定過程目標等方式。如果原因是結合「關鍵因素①對話的機會極少」發生的情況，若是因為少數既有觀念根深蒂固，難以扭轉的關係人士，不願前往參加對話等情況，相關關鍵原因將會更加複雜。

③ 意見分歧無法達成共識

　　這是發生在，安排一個相關人士在面對目標，相互討論的場域中，因為每個當事人的想法不同，導致諸多意見交錯，難以達成共識的案例。

　　有時候也可能是「因為好點子太多而無法整理出結論」這種「開心的哀嚎」，不過也可能是當事者們之間的認知存在很深的斷層，關係就這樣固定下來，更加深彼此「無法理解」的認知，難以進行有創造力的對話（【圖

希望能想出可以不受到至今既有導航產品影響的阻礙

默認前提
所謂導航，就是在液晶螢幕
上觸控操作的工具

阻礙

【圖 3-9 】難以改變的既定觀念成為阻礙要素

3-10】）。

　　而如果是基於高層一聲令下的決定、還是多數決制度，都不能算是達成共識。爲了追求唯一答案，只在意速度而犧牲品質，也不代表達成共識，而是在列出所有不同意見之後、對照問題根本的定義，逐漸修正應該解決的課題內容，也是實現對話的方式之一。

　　當形成共識的難處成爲阻礙因素之際，在考量到處於多元立場的當事者們，定義出讓大家能平等因應的課題，也是必要的作爲吧。根據情況不同，如同前述創造出好點子的技術廠商的案例，需要的可能是要將目標具體化也說不定。

【圖 3-10】無法達成共識成為阻礙要素

④目標不切實際而無法當成切身之事

　　有的時候，目標之於當事者的感受而言，實在太過遠大，或是來自於組織權力者從上到下施加的要求，都會讓目標無法成為「基層人員的切身之事」，而成為阻礙目標實現的關鍵因素（【圖 3-11】）。

　　例如，成果目標設定為「以實現公司 20 年後的願景為目標，改變工作型態」，即使員工能理解這個目標的重要，但還是會因人而異，而無法「領會」，無法說出真心話彼此討論，也可能沒有改變自我行動的動機。「20 年後」的這個目標，對於進公司只有幾年的新人，或是再過幾年就要退休的資深員工而言，都很難有切身的感受。真正在 20 年後，會實際面臨組織決策重要場面的年齡層，應該是現在 30 歲上下的人，他們才是對於「公司的20 年後」這句話，能當成切身課題的適齡者。

　　盡可能設定一個，讓每個當事者都能思考「目標對於自己而言的意義」

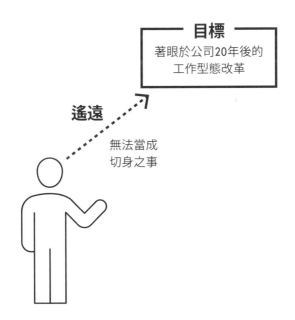

【圖 3-11】目標難以當成切身之事成為阻礙要素

的過程目標，或是讓每個人都能從自我角度重新審視，來定義課題吧。

⑤知識或創意不足

也有一種案例是，雖然對目標懷有積極參與的動機或有關連，但成果目標已經設定成要能孕育出具備創新的點子，為了達成目標，需要專業的知識或特定技術，也需要當事者們發揮創造力（【圖3-12】）。

例如，思考看看將「制定將物聯網（IoT）引進社福機構的措施」做為成果目標的情況吧。在作業效率絕對不高的機構，引進最近熱門話題的IoT，應該會改善些什麼吧？只是憑藉如此模糊的期望，就要開始思考相關策略，當然是不可能有具體成效。就算是詢問喜歡新事物的上司，也只會問到有關IoT的基礎定義，可能無法獲得有助於達成目標的資訊。

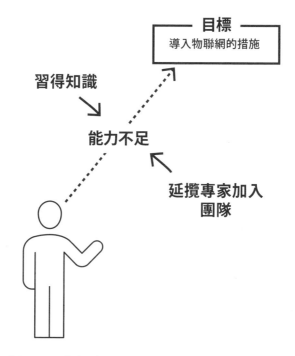

【圖3-12】知識不足或缺乏創意成為阻礙要素

　　為了彌補知識不足，除了將過程目標設定為學習相關知識，在具體專案設計的階段，安排蒐集知識的活動應該也是可行的吧。另外，延攬目標領域的客座成員加入當事者所在團隊，重新編製專案團隊也很有效。沒有必要自己一個人掌握所有知識，盡可能和知識更豐富的人建立更靈活的合作關係，必要時也應及時研議團隊的建立與解散。

　　如果想刺激發想創意，在專案管理、工作坊設計與引導方面的功夫都是相當重要的。時刻謹記著在定義課題的階段，就要設定好一個能刺激當事者「想要思考」的內在動機課題。

步驟四：重新設定目標

　　在步驟三研議阻礙因素時，如果發現目標本身需要修正，就要思考重新設定目標。

　　從別的觀點重新設定目標，意味著轉換認知的框架，稱之為「重塑框架」（reframing）。在這個時間點，即使目標設定看起來沒問題，有時候嘗試重塑框架，可能會找到更「貼切」的目標設定方式。重塑框架的方法沒有鐵則，在此僅介紹 10 種代表途徑。

　　從重塑框架的途徑來看，避免掉進第二章所介紹的五種「課題設定的陷阱」，轉換角度是很有幫助的。重塑框架的技巧①至⑤，是呼應課題設定的陷阱（1）至（5）。其他的⑥～⑩，則是介紹出乎意料之外的有效訣竅。

重塑框架的技巧

① 利他型思考

② 莫忘初衷

③ 正面思考

④ 跳脫框架

⑤ 分解成小目標

⑥ 用動詞換句話說

⑦ 定義詞彙

⑧ 改變主體

⑨ 改變時間測量工具

⑩ 尋求第三條路

重塑框架的技巧

①利他型思考

改變觀點以避免陷入「課題設定的陷阱（1）自我本位」的模式。

在設定好的目標偏向委託人立場的情況，試著極端地將目標焦點轉向使用者、學生、居民等其他群體，重新設定利他型目標，觀點就會改變（【圖 3-13】）。

② 莫忘初衷

改變觀點以避免陷入「課題設定的陷阱（2）只求利己」的模式。

引進具體手法或工具若是設定好的目標，那麼藉由重新找出重要的初

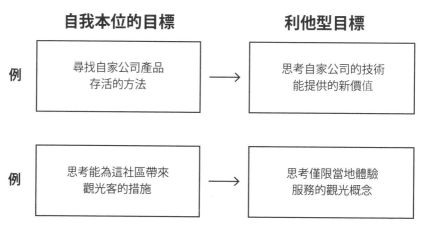

【圖 3-13】利他型思考

衷，並使之反映在願景或成果目標上，就能防止設定出視野狹隘的目標（【圖3-14】）。

③正面思考

改變觀點以避免陷入「課題設定的陷阱(3)負面‧歸咎於他人」的模式。

以負面觀點看待問題狀況，或是將問題歸咎於特定人物的能力不足或態度的情況下，設定新目標的情況下，試著將注意力放在環境或制度等的改善，以正面態度掌握問題，將目標變更具有意義的目標，會更能發揮效果。

④跳脫框架

改變觀點以避免「課題設定的陷阱（4）模範生」的模式。

當設定的目標內容聽起來很能打動人心，也獲得相關人士的共識，然而一旦可預期這目標對於參加者而言缺乏執行動機，也無法進行深度對話的情況下，必須徹底發揮批判思考的效果，帶領團體跳脫既定的思考框架（【圖3-16】）。就算不至於到能影響願景或成果目標改變，但在過程目標設定時，試著加入一點叛逆感應該也不錯吧。

⑤分解成小目標

改變觀點，以避免陷入「課題設定的陷阱（5）打高空」模式。

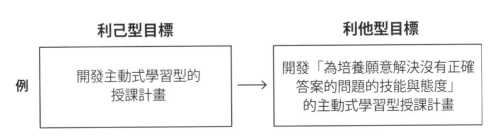

利己型目標　　　　　　　　　**利他型目標**

例　開發主動式學習型的授課計畫　→　開發「為培養願意解決沒有正確答案的問題的技能與態度」的主動式學習型授課計畫

【圖3-14】叩問利他的意義

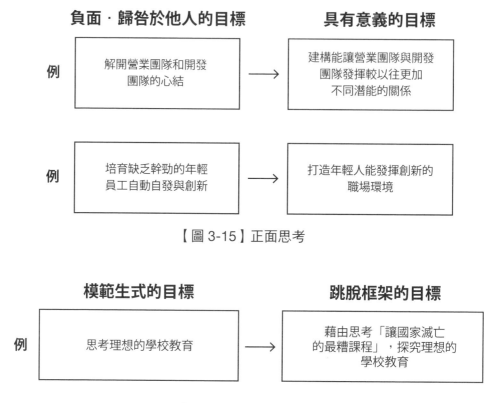

【圖 3-15】正面思考

【圖 3-16】跳脫框架

　　只要依據「目標整理的觀點（2）優先順序」整理過目標，應該就能避免陷入「過於遠大」的陷阱，不過如果問題背後的構成要素複雜，原因相互影響的情況下，在這個階段，可能發生目標太龐大，或是試圖一次處理多種問題的情況。這時，對於眼前狀況重新提出「應該解決的問題有多少？」「如果把一個問題分成兩個呢？」等問題，意外地在將目標分解成幾個子題，或是找到「有什麼無法分解的部分」，這些都可以成為重塑框架的線索（**【圖 3-17】**）。

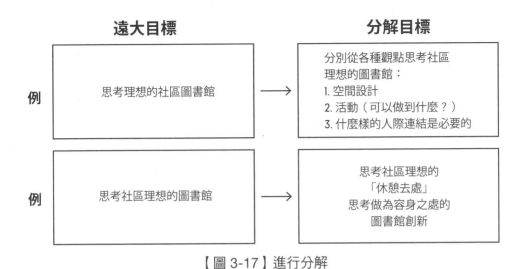

【圖 3-17】進行分解

⑥用動詞「換句話說」

在被要求想出新點子或構想，以解決問題狀況的情形下，如果目標是有名詞型關鍵字的敘述，一旦將名詞改成動詞，重新定義目標，觀點就會有所不同（【圖 3-18】）。不過這不只是單純將名詞改成動詞而已，而是運用「哲學思考」，將目標變更成探索該動詞應有的面貌，如此一來就有可能轉換成具有吸引力的目標。

⑦定義詞彙

當目標中有使用曖昧模糊的詞彙時，就直接將目標轉換成釐清詞彙定義。

設定前述的「後設目標」的方法，也屬於這個模式。即使在相關人士間看似達成共識，有時還是得運用「批判思考」和「哲學思考」，試著對一個一個詞彙所指稱的意味存疑，會意外發現沒有清楚說明的部分，或是因為關係人士在認知上發生微妙的差異，而影響了問題狀況。如【圖 3-19】，將成果目標中所使用的詞彙定義，用於過程目標的敘述用語，也很有效。

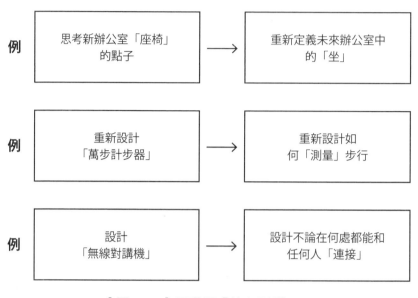

【圖 3-18】用動詞「換句話說」

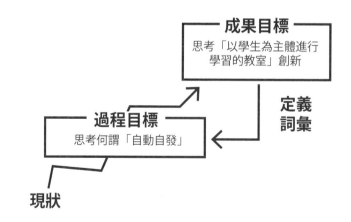

【圖 3-19 】定義詞彙

⑧改變主體

試著改變目標主體的模式。

就像「技巧①利他型思考」，和從原本自我本位的觀點，轉換成其他人

改變主體

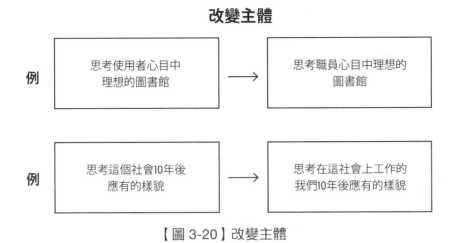

例　思考使用者心目中
理想的圖書館　　　→　　思考職員心目中理想的
圖書館

例　思考這個社會10年後
應有的樣貌　　　→　　思考在這社會上工作的
我們10年後應有的樣貌

【圖 3-20】改變主體

的觀點稍有不同,是嘗試改變主體本身觀察目標的方法。例如,目標在較偏向問題利害關係人中的特定人物之際,反而會以其他利害關係人為主體記述目標,讓目標觀點產生變化(【圖 3-20】)。其他像是,目標主體為較大規模的「組織」或「社會」之際,試著改成「團隊」或「個人」也會有效。

⑨改變時間單位

是一種嘗試藉由改變成果目標、過程目標、願景的時間範圍或焦點的模式。

例如,即使不更改成果目標,只要將願景展望放到極長期的未來再思考之後,對於成果目標的看法也會變得不同(【圖 3-21】)。其他還有,在面對未來願景的專案中,若能在過程目標追加將焦點放在過往的設定,也可望動搖目標既有的含意(【圖 3-22】)。

⑩尋求第三條路

當審視問題的觀點陷入「非 A 即 B」的二元對立情況時,反而藉著將目標設定為,可兼顧 A 與 B 的「第三條路」模式,以轉換觀點。

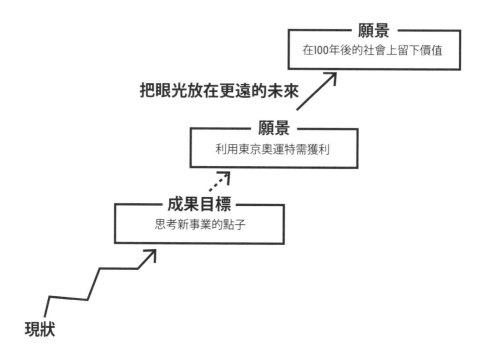

【圖 3-21】設定更遙遠未來的願景

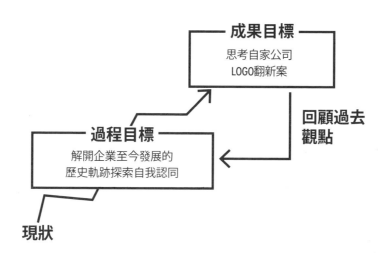

【圖 3-22】在過程目標中追加過去的觀點

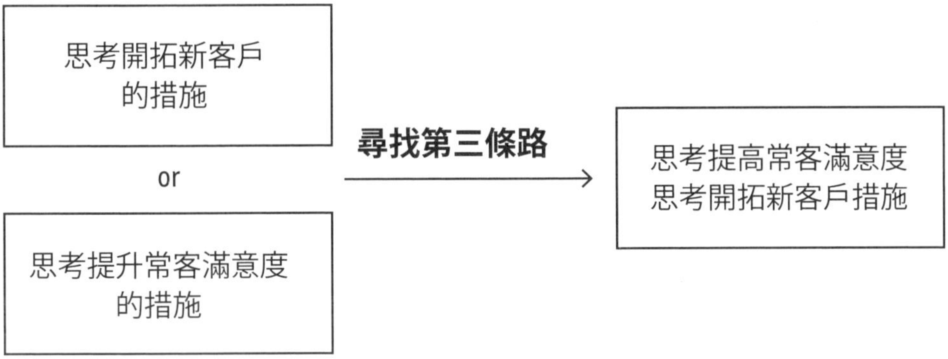

【圖 3-23】尋找第三條路

　　在確認問題的必要條件之際，活用「結構思考」整理問題的變數，有時候會在某個二元對立的困境中發生問題。在這樣的案例中，目標設定很容易會偏向兩難困境其中之一，有時候反而需要藉由尋求可兼顧 A 與 B 的方法來突破（【圖 3-23】）。

3.3 定義課題

步驟五：定義課題

　　「步驟三：檢視阻礙因素」和「步驟四：重新設定目標」，並不是依序進行，而是往返於兩者之間，漸漸讓課題輪廓顯現。在這樣的情況下，當該解決的課題逐漸明朗時，可以單純將成果目標當作課題呈現，也可以將願景和過程目標當作課題化作具體文字。

　　寫成文章時，要特別注意的是，必須留下明快的內容，讓課題相關人士，以及之後加入對話的成員能很快進入狀況，也能清楚要怎麼處理。特別是，在使用未定義的詞彙或專業用語時，要留意課題的解釋很容易因人而異。

　　把課題寫成文章、取得相關人士共識的過程中，還要進行最終確認「是

否成爲好課題」。不過「什麼是好課題？」這個提問本身就很困難，沒有實際面對過，定義的課題是否良好，恐怕也無法針對本質做評價。因此，在這時間點，先根據下列三個指標來檢視課題。

好課題的判斷基準

① 有效程度

② 社會意義

③ 內在動機

---

① 有效程度

第一，回到步驟一確認過問題的必要條件時，根據定義好的課題所需採取的方法不同，要謹慎審視「原本認知爲問題的狀況能夠多有效地解決？」換句話說，就是「有沒有切中問題本質的核心？」這個指標。

地毯式地綜觀形成問題的變數，深入了解變數與變數之間的關係，然後審視是否符合以結構化的方式解決問題的破口。如果出錯，隱藏在問題狀況裡的「部分問題 A」雖然能獲得解套，但又將衍生出新的「部分問題 B」，出現「打地鼠式」的惡性循環，針對定義完成的課題僅流於表面處理，卻恐怕難以觸及背後眞正的原因，隨著課題設定不同，甚至無法獲得課題解決的投資報酬率。

② 社會意義

第二，先重新確認是否完成具有社會意義的課題定義。

解決定義完成的課題，在於「能爲社會帶來多少附加價值？」「能否對實現良好社會有所貢獻？」這兩種觀點。筆者在重塑課題框架時，總是會以「我們是否想看到這個提問獲得解決之後的世界？」自問自答，或許也可以說「哲學藏於專案中」。

誠如在「課題設定的陷阱」的內容所示，倘若從「自我本位」、「只求利己」、「負面・歸咎於他人」的觀點設定課題，非但很難得到外部的協助，最終還可能遺漏來自使用者或觀光客等，享受課題解決價值的相關人士的觀點。就算是為了設定一個，對於多元相關人士而言具有意義的課題，社會意義的觀點也是很重要的。

③內在動機

最後一個觀點是「是否成為源自內在動機的課題設定？」即使課題直搗問題本質，具有高度社會意義，但如果對於專案成員而言，並非由衷「想要解決」的課題，那麼專案也不會順利成行。

一面注意上述三點，一面將課題化為文字之後，如此一來就完成課題的定義了。關於課題設定的具體案例，請見第六章。

引起「衝動」的課題設定

在「良好課題判斷基準」的內容中所介紹的「內在動機」，對於基於定義好的課題所設計、透過有創造力的對話試圖解決課題的工作坊專案而言，是特別重要的一個項目，故在此多補充。

換句話說，就是「是否成為一道能引起相關人士內心衝動（impulse）的課題設定？」

這裡要提到建立工作坊理論基礎的偉人之一，哲學家約翰・杜威（John Dewey）。他主張教育中經驗的重要，其思想內涵例如：所有真正的教育（genuine education）是透過經驗而來、做中學（Learning by doing）等，廣為人知[*1]。

杜威的理論中值得一提的，是他將人類行為的來源，定位於來自於個人內心湧現的「衝動」（impulse）這一點。對人類而言，經驗或學習，雖然是在個人外部（與環境的相互作用）發生，但原動力卻是基於發自內心

因衝動所產生的欲望。也就是說，杜威認為人類求變化的動機出發點，並非來自於外部。此外，杜威還批判傳統學校教育對於「衝動」的輕視。

杜威認為「衝動」接近人類的本能，只要不是因為精神層面的疾病甚至連精力都失去，每個人都擁有衝動。他視衝動為脫離古代生活型態的媒介，是具備產生新奇習慣變化的能量。另一方面，他還闡述衝動不能只是衝動，必須要藉「知性」轉換成有意義的目的。在兼具衝動與知性的情況下，就有可能「重新建構習性」。

筆者所感受到在現代社會中蔓延的「認知與關係僵化的弊病」，換句話說，其實就是壓抑處於第一線解決問題的負責人的「衝動」。這造成的結果，就是一般人會陷入的課題設定陷阱「只求利己」或「負面・歸咎於他人」等，反而以尋求自己人之外的「正確答案」或「原因」的態度設定課題，而逐漸失去主動問題解決的動力。

筆者認為，想要透過有創造力的對話解決企業、學校、社區的問題，應該要設定能夠引發當事者內心衝動的課題。這一方面是參照杜威的主張所提出的理論式主張，同時也是筆者基於過去從事的專案而累積的實踐考察。

如果能夠設定出引發當事者內心衝動的課題，接下來終於要進入，讓當事者參與其中，一起展開創造式對話的階段。在第四章，本書將確認做為有創造力的對話場域的「工作坊」定義及特徵，解說關於應用問題的計畫設計方法。

第三章注：

*1　關於杜威對於經驗學習的想法，在《學校與社會》（暫譯，原文：『学校と社会』）（1899）、《民主主義與教育》（暫譯，原文：『民主主義と教育』）（1916）、《經驗與教育》（暫譯，原文：『経験と教育』）（1938）等著作中有詳盡說明。

第三部分

流程設計：
拋出問題，促進創造式對話

第四章

工作坊設計

4.1. 何謂工作坊設計

現代社會與工作坊

本書到第三章爲止，解說了以提問設計爲出發點的「課題設計」方法。從第四章開始解說的內容爲，從舉辦工作坊，讓問題當事者參與其中，並透過有創造力的對話，到引導解決課題的「流程設計」的方法。

工作坊成爲促進創造式對話的手法受到矚目，因此實踐的對象領域不斷擴大。形式雖然相當多元，但一般形式是會集結 10 至 30 位參加者，並以四至五人爲單位分組，深化討論或對話內容，並透過實際動手、身體力行的過程中有所發現或產生創新。

這種型態的特徵是，被稱爲引導者的主持者，一面以俯瞰的方式觀察現場，一面拋出適宜的問題，並在一同與參加者共同深化問題的過程中，扮演陪跑者的角色。要能撼動存在於企業、學校、社區既有的「認知與關係僵化的弊病」，工作坊是個有效的處方箋，因此深受各界重視。

工作坊在全世界發展至今，雖已有超過 100 年的歷史 *1，但在日本，特別是最近這 20 年廣泛普及。

工作坊並非是主辦方單向傳達資訊的場合，而是以參加者爲主體參與其中，透過動手或活動實作中相互學習的場域。在工作坊中，注重的是透過參加者間的對話，讓討論的目標產生新意義，並從中學習的過程。

在企業、學校、社區等各種場域中，讓工作坊試辦試驗的黎明期已經結束，最近在企業的事業計畫，或是規畫學校課綱、公共設施建設等計畫中，從最初階段就將工作坊的概念引入其中。

在當今的企業，恐怕會因爲至今僅依循既定規範，事前疏通套招，僅是走個形式，致使無法激盪出新點子而困擾。此時，在高舉開放式創新（open innovation）的旗幟下，對於工作坊的期待是，可以創造不同於過往會議的觀點。有時也會應用在工作型態改革或員工研習等，改善組織文化的人事策略方面。

而在學校等教育現場，也會運用在沒有唯一答案，以學生爲主體的探索學習或職涯教育的場合。從工作坊與主動式學習的相容程度來看，不僅是學生，教師也能從中獲得主動學習的機會，因此在教師進修等場合，也愈來愈常見到工作坊型的研習活動。

社區活動引進工作坊的歷史，比企業或學校更早即廣爲人知。

工作坊中設定的目標如後所述，是將焦點放在學習，和期待激發新點子的情況等類型，不論哪種類型，都是在參加者之間主動交流之中，以當事者立場，接受工作坊主辦單位揭示的主旨或主題。

在此最重要的是，關注當事者的發言，必須摒棄過度重視所謂專家發言的偏重知識主義。工作坊參加者在面對共同狀態的情況下，必須以問題當事者身分，一起將「感覺到什麼？」「追求什麼？」化爲具體語言。

工作坊本質上的特徵

在工作坊某種程度已成爲一種流行，並逐漸廣爲人知之際，開始出現對於僅注重表面形式而覺得討厭的聲音。不少人認爲，工作坊就是在一般的會議室中，攤開模造紙，把意見寫在五顏六色的便利貼上講出來，就是所謂的工作坊了。

儘管如此，若要用形式來正確定義工作坊，確實是相當困難，這也

是事實。說穿了，工作坊這個概念，若借用哲學家維根斯坦（Ludwig Wittgenstein）的說法就是，可以看做是一種「家族相似性」（Family Resemblance）。儘管家族全員並無共通的，一體適用的特徵，但就如同一般常聽到父子相像、母子相像、兄弟也相像、父母彼此也相像的說法，透過部分共通之處所連結的集合體，就稱為家族相似性。

維根斯坦在其著作《哲學研究》中，藉由家族相似性來說明「遊戲」（game）定義的困難程度 *2。工作坊正是如此，在藝術、設計、戲劇、社區營造、學校教育、諮商等各種領域之間，不論是工作型態、工具、思想等，總會存在部分共通之處，然而若硬是要在其中找到一個共通的特徵，就會發生一部分定義已脫離本質，或是定義失去具體而變得抽象的情況。

在本書，工作坊的理論式系譜與思想特徵，儘管如前所述難以定義，但還是將在現代實施的工作坊定義如下：

工作坊的定義

善用跳脫與平時不同的觀點提出創意，並藉由對話學習與創造的方法

在上述的定義中，涵蓋了工作坊迄今超過 100 年歷史中，所培育出的幾個本質特徵。那就是「非日常」、「民主」、「協調」和「實驗」（【圖 4-1】）。

四個特徵之中，「民主」這個特徵，雖然在思考工作坊的本質時很重要，但一般很容易被誤解成，單純把各位參與者的意見寫在便條紙上變成可視化的內容，為了提高現場的理解度，彙整每個人意見的形式。

不過，「民主」的本質應存在於稍微深層之處。所有領域的工作坊的共通點，就是以面對既有方式的一種「對抗文化」並加以實踐。特別是面對「從上到下」（top-down）的類型，決策上意下達，萬事就能順利進行的近代高效率方法論，工作坊這種「由下而上」（bottom-up）的類型，透過討論進行的方法尤其受到矚目 *3。

非日常	**協調**
工作坊設定為，參加者平常不曾體驗過，運用與平常不同的觀點或方法，以因應主題或活動的形式	並非仰賴具備高度專業知識或能力的個人，而是重視透過多元集團之間的合作產生的創新
民主	**實驗**
排除公權力，尊重課題相關人士（利害關係人）或參加者的意見	不是事先準備好設計圖或正確答案，重視的是，透過場域的程序探索答案的態度

【圖 4-1】工作坊的四種特徵

因此，工作坊並不是被哪位擁有「權力」的人強迫接受答案，並且在毫無批判的情況下乖乖順從，這並非正確。畢竟如果上司的意見一定比部屬正確，就不需要爲了解決問題而「對話」了。自日常權力關係中解脫並進行溝通，找出平常看不到的全新意義，這才是工作坊所重視的創造式對話的關鍵所在，也是「民主」的意義所在。

不過，這裡儘管是以「民主」稱呼，但並非是指以多數決決定。所謂的工作坊，原本就是一種爲了針對既有的方法論「重新提問」的手法。

關於各領域中都在使用的「工作坊」一詞的背景，有研究指出其原意是指，相對於大量生產廉價產品的「工廠」的製造，更應該重視在小空間中從事手工製作產品的「工作坊」的態度，而開始使用「工作坊」這個名詞 *4。不是預先規定好應該製作什麼，不是在高效率且準確大量生產製品的「工廠」（factory），而是製作者本身在試錯過程中，逐漸發現自己想做產品的「工房」（workshop），這點和工作坊的精神有共通之處（【圖 4-2】）。

這樣看來，所謂工作坊的本質，應該也可以解釋爲，並非小組作業或創作活動等形式，而是在於真正「由下而上型的思考方式」。

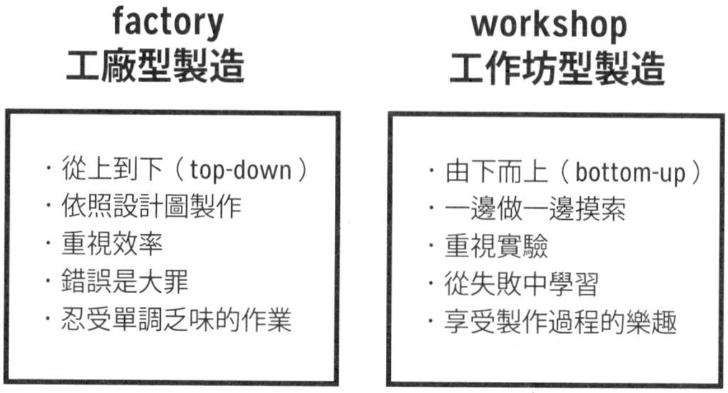

factory
工廠型製造

・從上到下（top-down）
・依照設計圖製作
・重視效率
・錯誤是大罪
・忍受單調乏味的作業

workshop
工作坊型製造

・由下而上（bottom-up）
・一邊做一邊摸索
・重視實驗
・從失敗中學習
・享受製作過程的樂趣

【圖 4-2】工廠（factory）與工作坊（workshop）的差異

　　以往的企業改革、學校教育、社區活化，一直以來都是採取「從上到下」的模式。現在，工作坊因為可以對這些從上到下的切入方式提出異議、喚起由下而上（bottom-up）的學習力、帶來革新的手法而受到矚目。

為何創意無法從腦力激盪中產生？

　　不過，即使是引進工作坊，也不一定能夠立刻想到新點子。畢竟學生並不會立刻因此變得能深入思考，整體居民也未必能馬上達成共識。就算拋出「請思考這世界前所未見的新服務」、「請自由發揮，喜歡的東西都請提出來討論」、「這個城鎮將來應該成為什麼樣貌呢」這些問題，員工、學生、居民也不可能那麼迅速就加深思考的層次。

　　引導工作坊進行，將參加者的話題焦點導向直逼問題核心的議論，這就是引導者的角色。相較於工作坊應用的需求急速增加，有足夠實力擔任引導者的人數卻仍然不足。這結果，會導致有些情況是由主辦方，或參加者其中一人有樣學樣，自告奮勇擔任引導者的角色，結果似乎無法帶領參加者深入思考及對話層次，反而形成壓力。

　　引導者這個角色，從流程規畫到進行，細節繁多。除了要致力於，營造讓參加者舒緩緊張心情，願意打開心扉討論的氣氛之外，還要注意時間

的掌握，確保一切活動依預定好的時間表確實進行。像社區營造工作坊等情況，對於這類需要集合之前未曾謀面的人的場合，引導者的控場能力應更是備受重視。

首先是必須透過稱爲「破冰」的小活動，稍微舒緩氣氛，並讓齊聚一堂的參加者能盡速打成一片，因爲能否強化彼此的合作，將是左右工作坊成敗的關鍵。

在工作坊中，爲了獲得原本個別參加者難以想出的創意，引導者會準備各種活動。眾所周知的其中一種活動，就是奧斯本（Alex F. Osborn）的腦力激盪（Brainstorming）。世人又多以簡稱取代正式名稱，但究竟原本是誰所發明的，又需要什麼基本原則才能稱得上是「腦力激盪」，這些內容就幾乎不爲人知。

偏偏經驗較不足的引導者，有時候只會在討論前給一句「那麼就針對這個主題，先進行十分鐘腦力激盪試試吧，請開始！」就把一切交給參加者自行發揮。但是，如果沒有先讓大家充分了解到「不去否定任何人意見」的基本原則，就會出現「這實在太花錢了！」「不，這應該要謹慎評估」等等，會受限於參加者原先抱持的知識或先入爲主的觀念，最後成爲一場意見發表大會。然後，還會將責任歸咎於是腦力激盪法本身的限制，說「腦力激盪已經無法刺激創意發想了，這個手法太老舊」。

但是，問題有可能是發生在進入腦力激盪之前，引導者一開始所拋出的「提問」或「提問方式」考慮不周所造成的，也說不定（【圖 4-3】）。

「請自由地想像這世界上前所未見的嶄新服務」、「關於商店街的活化規畫，有什麼意見都可以，請和我們討論」。這種聽起來好像很美好的「自由」、「什麼都可以」的出題方式，有時候反而會讓參加者面面相覷，疑惑不知道該說什麼。原先引導者的腳本是，參加者會依序將想法寫在便利貼上，並且依序貼在白板上，開始進入總結階段，但實際情況是，如此會讓引導者原先準備好的腳本，逐漸瓦解。

促進自由腦力激盪的提問

· 請自由地開始腦力激盪
· 請思考這世界前所未見的新服務
· 不論什麼想法都好，請提出來討論

參加者感到困惑、對話及思考無法深入

【圖 4-3】腦力激盪效果不彰的原因，在於考慮不周的提問

到底問題出在哪裡？之所以會變成僅是參加者之間相互發表個人經驗，漫無目的的議論，難道不是因為引導者拋給參加者的，是意圖不明的曖昧「提問」嗎？

「不知道呢，老師可是不會告訴您們答案的喔。大家只要思考看看，應該就會找到答案」。對於這樣的詢問，學生們刻意讓動機低落，並持續進行膠著的討論，難道不是因為大家早就看穿這是個試圖引誘大家掉入隱藏陷阱的「提問」嗎？

工作坊設計中提問的重要

工作坊設計，不僅要在事前準備計畫，也包括道具的使用、使用場地的空間等學習環境的設計。工作坊重視的不只是活動本身，還包含要以怎樣的步驟進行活動，此外，是否能準備好因應各個活動進行的空間等因素。

不過，本書注重的項目，主要是關於工作坊設計的方法論中，與活動內容或空間設計等因素同樣重要的「主題」，也就是在最一開始就對參加者拋出的「提問」。如果是資歷豐富的引導者，能從工作坊的開始到最後階段，配合活動進行之際，一邊觀察參加者的討論是否陷入膠著或失焦，並

巧妙地因應情況，分別使用多種「提問」提供協助。

　　爲了創造出進行創造式對話的場域，必須讓參加者意識到自己原本認知到的隱含前提，並拋出一個強而有力的「提問」，足以撼動，甚至摒除那些前提意識。

　　例如，當參加者的思考已經受限於課題解決的制約條件時，直接詢問參加者「如果沒有這個制約條件，我們可以做什麼？」「話說回來，與其去思考什麼不能做，我們更應該思考的是可以做到什麼，不是嗎？」這樣一來，或許可以突破僵局。

　　對於平常逃避面對、蒙混過去的事實，大膽提問「這究竟是誰的問題？」「我們所有人對此都達成共識了嗎？」或許會讓所有參加者瞬間回歸當事者的立場也說不定。

　　能夠讓擁有不同立場、經驗和價值觀的參加者的緊張感瞬間凍結，誘導對方發揮出像是長年爲此煩惱似的深度洞察力，提出達到引起共鳴的「問題」，應該可以說是身爲工作坊引導者最高超的技巧吧。

　　史丹佛大學設計學院（d.school）的婷娜・希莉格（Tina Seelig），在培養創新與創業家精神的課程上，對學生提出「請使用裝進信封中的種子基金（seed money）思考賺錢的方式」這道有意思的問題 *5。

　　雖然整個過程可以花上四到五天計畫，但只要一打開信封，就必須在兩個小時內運用手中的金額，盡可能賺得愈多愈好。事實上，放入信封中的不過只有五美元。並不是五萬美元這樣程度的金額，而是限制以五美元，規定要在兩個小時以內，這樣極端的條件之下，激發學生創造多元的商業模式，這一點就是這道問題中的精彩之處。

　　雖說這樣想也很自然，但如果只是聚焦在「什麼是只靠五美元在兩個小時內可以做到的」思考，創新根本無法延伸。注意到這一點的學生們，一改原本只將現金當作資本額的想法，而是將重點放在，最符合自己學生身分，最容易取得的「資源」上。

甚至不需要花到五美元，就可以透過人海戰術，提供知名餐廳的預約代排權，或是不用兩小時都專心上課，只需將最後在課堂上報告最精華的三分鐘發表時間賣給企業，就是反思將少量資源視爲限制條件，而不斷推出創新的企畫。

而隱藏在提問背後的意義是告訴學生，即使不花費自己手頭現金，只要多留意身邊的資源，就能重新評估自身可提供的價值，這樣的反思是很重要的。這道問題，其本身就是一種機會。婷娜在這樣的信念下，設計出一道，讓學生親身體驗並理解到，從不同觀點重新檢視原有的限制條件，解決原本存在的設定框架，正是啓發創意的第一步的提問。

此外，在提問的過程或是一個個階段，必須考量的不只是「問什麼」，而是「怎麼問」。以提出水平思考方式而聞名的保羅・史隆（Paul Slone），認爲腦力激盪之所以會失敗，原因在於並未遵守以下被稱爲四大原則的基本型，也就是「排除判斷或結論」、「自由奔放的意見」、「重量不重質」、「結合與改善夥伴的創意」[*6]。也就是說，全體參加者對於提問，只要有「讓思考層次更深入的關係」的自覺，腦力激盪至今依舊是在創意思考中暢行無阻的強力工具。

腦力激盪發明者奧斯本（Alex Osborn）著有《你的創造力》（*Your Creative Power*），可能鮮爲人知的是，在全書 38 章中，僅有數章篇幅是在描述小組或組織等。奧斯本認爲，不去急著提出會限制創意自由度的判斷或是結論，而是應該獎勵奇特的思考方式和獨特的創意等，因此反而花比較多頁數在論述關於個人如何培育自身創造力。

在「大量創意可培養優質創新」的假設下，追求的是，從多元角度提出種種不同的創意，再將兩、三個創意結合，增加新奇的想法。可以說，在個人層次先有了「培育問題」的基本型態之後，在此基礎之上產生的問題，最終也會擴及整個群體。

應用／代理、擴大／縮小、變更／再利用、逆轉／轉用／結合等技

巧，以及在工作坊現場，爲了讓那些儘管不知道出處，也能自然運用的創意更具廣度，所準備的確認清單，都應視爲，在擴大探索個人創意時運用的技巧 [7]。

不是只關注在「問題」這單一詞彙上，而是在最初即顧慮到如何深化思考層次，如何整合幾位夥伴的創意，連結創新，對這個過程有充分的考量後，才能眞正將「問題」的力量，在個人心中、小組內部發揮出來。

所謂工作坊，是經驗的流程設計

關於工作坊中問題的設計，又該如何進行才適當呢？究其根本，設計工作坊的含意，究竟是要設計什麼呢？

在拙作《工作坊設計論》中，將工作坊分成事前的「企畫」、當日的「經營」，事後的「評價」三個階段，包含將本次的評價結果反映在下一次的企畫中，這樣的循環流程才是所謂的工作坊設計 [8]（【圖 4-4】）。

另一方面，光是有這個循環模式，還是不清楚在工作坊設計中想設計

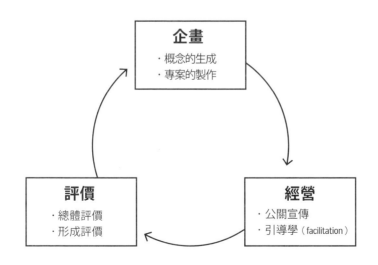

【圖 4-4】工作坊設計的循環（出處：安齋勇樹等人《工作坊設計論》）

的內容為何，也不知道和其他設計領域不同的「工作坊」中，固有的設計對象與性質。

例如以「商標設計」而言，以視覺化的效果表現企業的定位，就能形塑一家公司對內對外的品牌形象，成為溝通媒介，這就是商標本身可達到對既有的設計對象與性質進行說明的功能。

那麼工作坊設計的情況是如何呢。一言以蔽之，可以理解為工作坊設計的特徵是設計「經驗的流程」。這裡的經驗是指，人們會先注意到什麼，接著小組內發生變化，進而創造嶄新的想法，這樣一連串的變化過程。小組跳脫日常經驗，從不同於日常的觀點，針對定義好的課題進行思考，當事者之間透過對話，不斷產生新的創意。在這個過程中，小組成員所掌握到的認知和關係也會持續重組。能引導出這樣的經驗過程，就是工作坊設計的本質。

由於人類的經驗無法透過第三者直接操作，因此為了促使經驗得以形成一套流程，必須設計出可形成經驗的「環境」。這個思考方式可稱為「學習環境設計」。所謂的學習環境設計，並不是單方面的傳達知識，而是將學習者視為「有主動意願學習的個體」，將學習環境分成「活動」、「空間」、「共同體」、「人工道具」，並將其各自連結進行設計的思考方式（【圖 4-5】）。

換句話說，工作坊設計就是依據，什麼樣的參加者（共同體），在哪裡（空間），使用什麼（道具），依據什麼樣的順序（活動），以利進行體驗的設計過程。在設計工作坊的學習環境之際必須檢視的項目，基本上例子愈舉愈多，永無止境。舉凡參加者的對象與人數、會場選擇、家具的陳設規畫、道具或素材、人員的配置等，這些都是在針對環境進行綜合設計時必須考量到的。

專案的基本構造

在學習環境設計的四要素中，最受到經驗品質影響的變數是「活動」

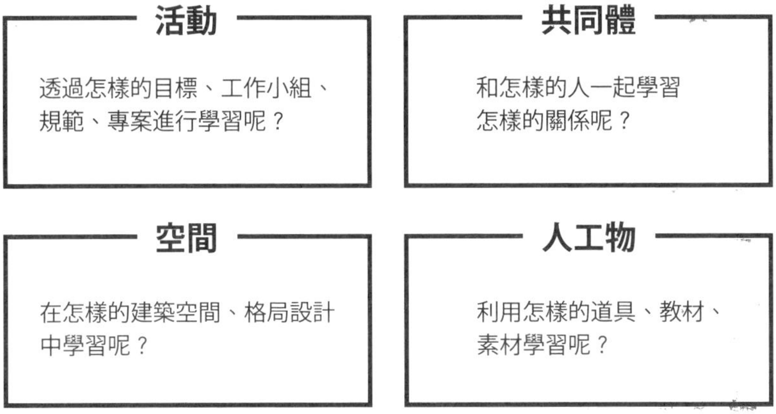

【圖 4-5】設計學習環境的四要素

（將什麼樣的內容依據什麼樣的順序進行）的設計，也就是「計畫」的設計。在工作坊設計中所指的「計畫」（program），是指將多個活動經排序之後，規畫而成的時間表。

　　在拙著《工作坊設計論》中，參考工作坊理論的宗師約翰・杜威（John Dewey）的經驗學習理論，與將之公式化的大衛・庫柏（David Kolb）的經驗學習模式 *9，將工作坊計畫的基本構造分成四個階段「引導」、「理解」、「創造」和「總結」並加以定義。

> **工作坊專案的基本結構**
>
> ① 引導
>
> 由引導者說明工作坊舉辦的主旨與概要，設定活動進行的脈絡。在破冰活動中，讓參加者透過自我介紹，藉此緩和緊張，建立關係。或是根據主題，彼此分享過往的經驗與意見、多元的案例等。
>
> ② 理解
>
> 透過授課或資料的調查等，蒐集新的資訊，藉由相互討論變成知識。

並善用相關知識，回顧過去的經驗，為了下一個階段「創造」做準備。

③ 創造

透過四到五位成員組成的小組彼此對話，創造全新的定義。多數時候需要活動手和身體，共同製作出新的內容。這是工作坊中的主要活動。

④ 總結

最後各組發表製作的成果並分享。並且回顧整場工作坊的活動，賦予經驗意義，並針對下一次的行動進行檢視。

工作坊主要的活動，雖然是要創造嶄新的意義，但也並不代表直接在小組中突然進行「創新活動」。

前段的「引導」和「理解」，換言之，是為了「創造」而「準備」的活動。

已習慣日常生活的參加者們，透過「引導」受邀進入工作坊的非日常世界中，為了創造新的意義，藉由「理解」以獲得新觀點或知識。正是因為歷經這段如播種般的準備，才能在「創造」的階段，讓原本難以在日常誕生的新意義發芽。

如同為了做出美味料理而必須做好事前準備的道理，工作坊的經驗要能成立，需要事先做好準備迎接新知識與觀點的產生，這個準備指的是「引導」和「理解」，並在「創造」和「總結」階段賦予新的意義，進而將這些經驗活用在日常生活中（【圖 4-6】）。

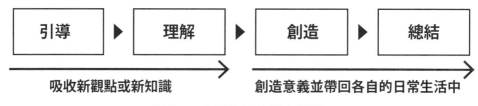

【圖 4-6】工作坊的基本構造

關於工作坊基本的流程，為了讓概念具體化，在這裡以前述用樂高積木設計的未來咖啡館 Ba Design Workshop 案例來說明。

首先在「引導」部分，引導者以「在今天的工作坊中，我們會針對場域的設計讓思考層次逐漸深入。」「原本的場域設計，究竟是指什麼樣的設計呢？」「所謂優質的場域，究竟是指怎樣的場域呢？」「透過分組試著打造未來咖啡館，邊動手邊進行思考吧」等，從引起參加者興趣的開場白開始，說明當天活動的具體時間表（【圖 4-7】）。

此外，在破冰活動中，讓參加者圍成一個圓，加上自己的姓名或是所屬單位，共同分享自己「喜歡的場域」，並進行自我介紹（【圖 4-8】）。

在「理解」階段，應用前述「學習環境設計」的框架，或是說明自 18 世紀起延續至今的巴黎咖啡館歷史，與營運實際狀態等（【圖 4-9】），針對如何設計自身所屬的周圍環境進行分析（【圖 4-10】）。

在「創造」的階段，善用從「理解」獲得的知識，思考在未來會出現怎樣的咖啡館才會有趣，以小組構思企畫，使用樂高積木等素材，實際上進行咖啡館迷你版製作（【圖 4-11】）。在「總結」時，全體小組彼此分享各自完成的作品，並相互訴說感想（【圖 4-12】）。之後，針對主題「所謂場域設計，究竟是指什麼呢？」「而優質的場域，指的是什麼呢？」有清楚的認知後，回顧自身經驗，將可運用在日常生活中的觀點化為言語，結束工作坊。

這計畫的基本結構並不僅限於「工作坊」，在會議或活動、課程等，只要運用工作坊的要素，也可以援用到其他的活動設計中。不論是一小時的會議，還是兩個小時的談話活動，甚至是只有五十分鐘的課程，並不是毫無目的地耗費時間，而是如何在有限的時間中，盡可能讓參加者多少感受到內容豐富的體驗，來策畫活動計畫。這就是流程設計的基本。

【圖 4-7】引導：開場白

【圖 4-8】引導：破冰

【圖 4-9】理解：提供話題

【圖 4-10】理解：分析切身案例

【圖 4-11】創造：以樂高積木製作咖啡店

【圖 4-12】結論：發表完成的咖啡店作品

4.2 工作坊的提問設計

工作坊提問設計的流程

至此可以理解到，工作坊設計的本質，是引導出參加者的「經驗流程」，因此，爲工作坊設計「計畫」，無疑是重要的前置作業。

關於計畫的設計方法雖然形形色色，但在本章，主要是從本書的主題「問題的設計」觀點出發，思考工作坊的計畫設計本質。

工作坊問題的設計，指的是在計畫中各階段，預先設定向參加者提出的適當提問。即使同樣是以「未來有怎麼樣的咖啡館才會有趣呢？」這樣的大哉問爲主題舉辦的工作坊，在「創造」的階段詢問參加者「所謂自在的咖啡館是什麼樣的呢？」或是提問「雖然危險但自在的咖啡館是什麼樣的呢？」在參加者的對話過程中，會產生很大的認知落差。

此外，提問設計最重要的，不僅是設定「創造」的主題。從工作坊最初的「引導」階段開始，就會因爲引導者對參加者提出怎樣的問題，而影響到參加者興致高低。因此需要準備好，能引起參加者興趣，進而將課題當成是切身之事去思考的提問。

在破冰階段中，也不能只是當作單純的自我介紹而疏忽了。雖說大膽地對參加者說「請各位自由地介紹自己吧」的放任態度也是一種方式，但如果能善用提問的力量，也是可能先做好細節上的準備。

如果詢問「對於這個課題您生氣的點是什麼呢？」或許就能將課題當作是切身之事也說不定。但反過來說，也有可能更加深緊張感。此外，若是詢問「您的拿手絕活是什麼呢？」或是問「您意外的弱點是什麼呢？」可能會造成當日工作坊參加者之間，對彼此印象或關係有所落差。因此，隨著期待之後的發展會出現怎樣的溝通情況，破冰階段提問的適切與否也會產生變化。

此外，儘管事前已決定提問的內容，但隨著提問方式和表現方式不同，參加者的思考和溝通也會有所不同。例如原本想詢問參加者「您的職場課題是什麼呢？」但問出口時，卻是用稍微下功夫的方式詢問「如果以疾病或受傷來比喻，您的職場課題是什麼呢？」又會變成如何呢？可能會讓參加者對於問題，在故事內容的闡述上會比較豐富也說不定。

在工作坊的尾聲，提問仍然是重要的。但並不是隨口詢問參加者「覺得今天的工作坊怎麼樣呢？」而應該是「透過今天的工作坊有什麼新發現，或是不太清楚的地方嗎？」「從明天開始，可以採取實際行動的內容是什麼呢？」如果能提出可聚焦的問題，或許就能將在工作坊中學習到的內容，應用到日常生活中也說不定。

像這樣，工作坊活動從最初到最後，隨著提問設計不斷累積，將大幅影響參加者的思考與對話本質。就算能設計出直指問題本質的課題，如果工作坊的提問設定過於鬆散，那麼爲了解決課題而設計的創造式對話，就無法再深入。

那麼工作坊的提問設計究竟該以怎樣的流程進行呢？開始的提問，破冰的題目等，計畫從頭開始的順序，究竟該怎麼思考提問比較適當呢？

事實上如果只是這樣思考，便無法順利設計工作坊活動。首先應該要做的是，將有明確定義的課題設定爲思考出發點，接著明白告知參加者，爲了解決課題，需要具備怎樣的「參加者經驗」，將「課題」翻譯成「經驗」來解釋。然後，以做爲引導出參加者經驗的催化劑，思考怎樣的提問是必要的，並替換多種提問，進而構成一分計畫。

具體而言，依據下列三個階段的流程，應該就能順利完成提問設計。

工作坊提問設計的三個流程

流程（1）：檢視引導出解決課題的必要流程

流程（2）：製作對應經驗的問題集

流程（3）：整合多個暖身問題構成一個完整的計畫

流程（1）檢視引導出解決課題的必要流程

將課題用「創造經驗」的區塊分解

首先，為了解決在「課題設計」中所定義的課題，要從對於參加者而言必須具備怎樣的經驗開始檢視。

例如，以第一章介紹的，車廠的「汽車配件」部門為例來思考看看。將「為了支援自動駕駛社會的『乘車時間』，活用自家技術研發出全新的汽車配件」來定義為應該解決的課題。如果直接將該課題設定成工作坊的問題，直接詢問參加者「為了支援自動駕駛社會的『乘車時間』，可活用自家公司技術研發新的汽車配件是什麼呢？」實在是太亂來了。因此如果能活用跳脫一般思維的構想加以引導，引導者本身也不會太過辛苦。

為讓課題解決的流程落實到工作坊計畫中，在解決課題之際，參加者需要具備怎樣的「經驗」，這些都需要轉換成參加者的角度來重新闡述。工作坊的經驗核心，是透過對話創造新意義的經驗。為了解決課題，要檢視「有什麼是必須創造的嗎？」將課題用「創造經驗」的區塊加以分解。在多數情況下，為了解決單一課題，必須運用多項「創造經驗」。

例如，為了讓參加者思考「支援自動駕駛社會的『乘車時間』」，必須先讓參加者先針對課題的前提「自動駕駛技術一旦實現，究竟會變成怎樣的社會呢？」讓其發揮某種程度的自由想像力，先構成藍圖。如果不這樣做，恐怕對於生活者而言比較難想像，在有自動駕駛技術支援之後，相較於之前的乘車時間可能發生怎樣的變化。而且，以小組而言，究竟想要實現怎樣的「乘車時間」，應該也需要先分享自己的創意或是要求、堅持，這

些對於構思願景而言也許是必要的。

　　有這樣的前段鋪陳，在針對構思「活用自家公司技術研發汽車配件」，才算是眞正完成準備。在思考問題之際，還須解決「爲達成支援自動駕駛社會的『乘車時間』，進而活用自家公司技術研發汽車配件」的課題，對於參加者而言，必須具備的經驗，可分解成【圖 4-13】的三種「創造經驗」。

　　基本上，每對應一種「創造經驗」，就需要設計一套「工作坊計畫」。如果是以上述課題爲主題，可能需要設計三次工作坊所組成的方案才適當（【圖 4-14】）。像這樣光是運用多種「創造經驗」變換主要課題，嘗試建立順序，應該就能稍微具體看出，爲解決課題所設計的方案中大致的流程吧。

　　在定義課題之際，必須事先重新確認，這些已經明確訂定的成果目標、流程目標、願景，是否爲根據確實可落實的經驗流程設計而成。

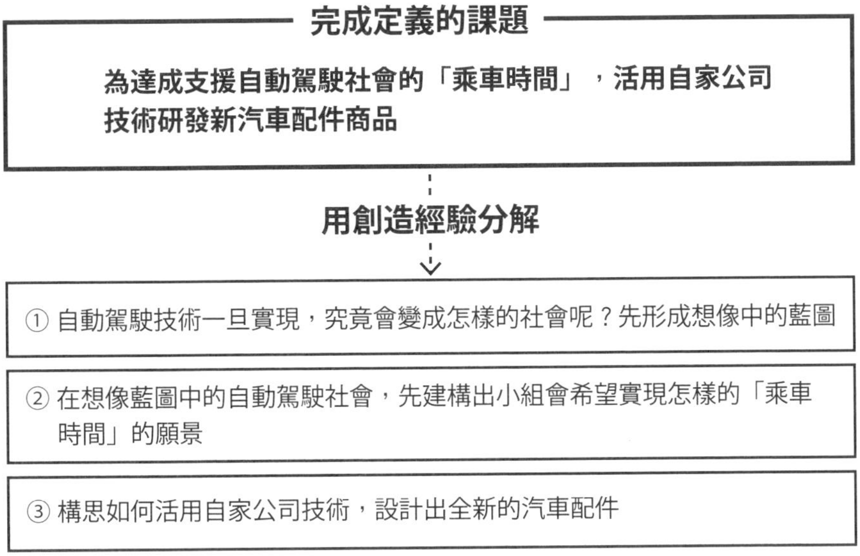

— 完成定義的課題 —

**為達成支援自動駕駛社會的「乘車時間」，活用自家公司
技術研發新汽車配件商品**

用創造經驗分解

① 自動駕駛技術一旦實現，究竟會變成怎樣的社會呢？先形成想像中的藍圖

② 在想像藍圖中的自動駕駛社會，先建構出小組會希望實現怎樣的「乘車時間」的願景

③ 構思如何活用自家公司技術，設計出全新的汽車配件

【圖 4-13】將課題用經驗分解

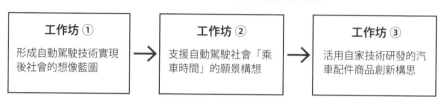

**為達成支援自動駕駛社會的「乘車時間」活用自家公司
技術研發汽車配件新商品的方案**

工作坊 ①		**工作坊 ②**		**工作坊 ③**
形成自動駕駛技術實現後社會的想像藍圖	→	支援自動駕駛社會「乘車時間」的願景構想	→	活用自家技術研發的汽車配件商品創新構思

【圖 4-14】根據多個工作坊組成的方案設計

拆解經驗，是製作流程的要點

下一個步驟是，將各自的「創造經驗」區塊，細分成更為具體的經驗，規畫一次工作坊所需的經驗流程要點。這並不是突然就將計畫分解成「引導」、「理解」、「創造」、「總結」基本構造，而是先大致分成「必須做好怎樣的知識或觀點準備」，以及檢視「為了創造新的意義，必須考量什麼」，將經驗分解。

例如，先試著檢視前述「①自動駕駛技術一旦實現，究竟會變成怎樣的社會呢？先形成藍圖」這樣的「創造經驗」（【圖 4-15】）。

假設原本參加者缺乏相關背景知識，那麼光是要想像「實現自動駕駛技術」可能就有難度。在這情況下，有必要先準備「了解關於自動駕駛技術的背景知識」的說明。

此外，就算擁有充分的自動駕駛技術知識，但因為創造對象本身，是在用詞上較為抽象的「社會」層面，因此具體而言是要針對哪部分建構想像，或許較難以理解。要將「社會」一網打盡，又要具體細分，並不是一件容易的事情，例如先定義好可能和自動駕駛相關的項目範圍，再用「個人價值觀的變化」、「社群的變化」、「政治與經濟的變化」、「基礎建設的變化」等主題分解呈現，應該能增加具體的程度。

像這樣，在這階段盡可能地具體呈現經驗愈有效。關鍵在於，參加者

```
┌──────────────── 創造經驗 ────────────────┐
│ ① 先形成藍圖：自動駕駛技術一旦實現，究竟會變成怎樣的 │
│    社會呢？                                        │
└──────────────────────────────────────────┘
                    ┊
                    ┊
                  拆解經驗
                    ▽

┌──────────────────────────────────────────┐
│ 先了解關於自動駕駛技術的背景知識                      │
└──────────────────────────────────────────┘

┌──────────────────────────────────────────┐
│ 自動駕駛技術一旦實現，想像哪些生活者的價值觀會發生變化呢？│
└──────────────────────────────────────────┘

┌──────────────────────────────────────────┐
│ 自動駕駛技術一旦實現，想像社群會發生怎樣的變化呢？      │
└──────────────────────────────────────────┘

┌──────────────────────────────────────────┐
│ 自動駕駛技術一旦實現，想像政治或經濟會發生怎樣的變化呢？  │
└──────────────────────────────────────────┘

┌──────────────────────────────────────────┐
│ 自動駕駛技術一旦實現，想像基礎建設會出現怎樣的變化呢？    │
└──────────────────────────────────────────┘
```

【圖 4-15】運用多個經驗拆解「創造經驗」（1）

自身在腦海中所浮現的場景，是否出現具體的畫面，對於參加者而言，是否成為可能實現的經驗，這些都需要仔細地確認。

雖然可以理解用詞的意義，但如果無法浮現是指怎麼樣的經驗，或成為不切實際的經驗，可能是引導者的表達方式還是太抽象。在這樣的情況下，就必須讓經驗更加具體，或是分解更細。

同樣的要領，也能應用在「②在想像藍圖中的自動駕駛社會，先建構出小組會希望實現怎樣的『乘車時間』的願景」的「創造經驗」，並加以拆解（【圖 4-16】）。

透過對話，為了構思出小組本身對於「乘車時間」的願景，每位成員，都必須針對自動駕駛社會的「乘車時間」，先在腦海中描繪各自的創新或要

```
────────── 創造經驗 ──────────
② 在想像藍圖中的自動駕駛社會，先建構出小組會希望實現怎樣的
  「乘車時間」的願景
```

拆解經驗

對於當前的「乘車時間」有怎樣的不滿或是壓力，分享彼此的經驗

在自動駕駛社會中，生活者的「乘車時間」究竟希望成為怎樣的體驗
呢，想像個人的願景，彼此分享想法

小組認為希望實現的自動駕駛社會中「乘車時間」的願景，形成共識

【圖 4-16】運用多個經驗拆解「創造經驗」（2）

求、堅持等「願景種子」。

　　然後一面分享「個人思想種子」，一面注意彼此意見的異同之處，透過對話產生全新的意義，毫不保留地呈現讓小組整體都能接受的願景藍圖，在形成小組共識而言，這是必要的步驟。

　　如果對於個人形成創新種子的步驟有疑慮，那麼先分享「現在」利用汽車或交通機關乘車相關的不滿或問題的經驗，也可能有助於形成個人意見。

　　如同上述內容，為了引導出解決課題的流程，需要先盡可能地具體列出相關經驗。而要讓參加者應該依照怎樣的順序體驗，則需將書寫出來的種種經驗，依照時間軸整理，針對應該在工作坊中實現的經驗流程製作要點（【圖 4-17】）。

　　為了讓工作坊的經驗得以成立，以分解的經驗當成「引導」開場白來

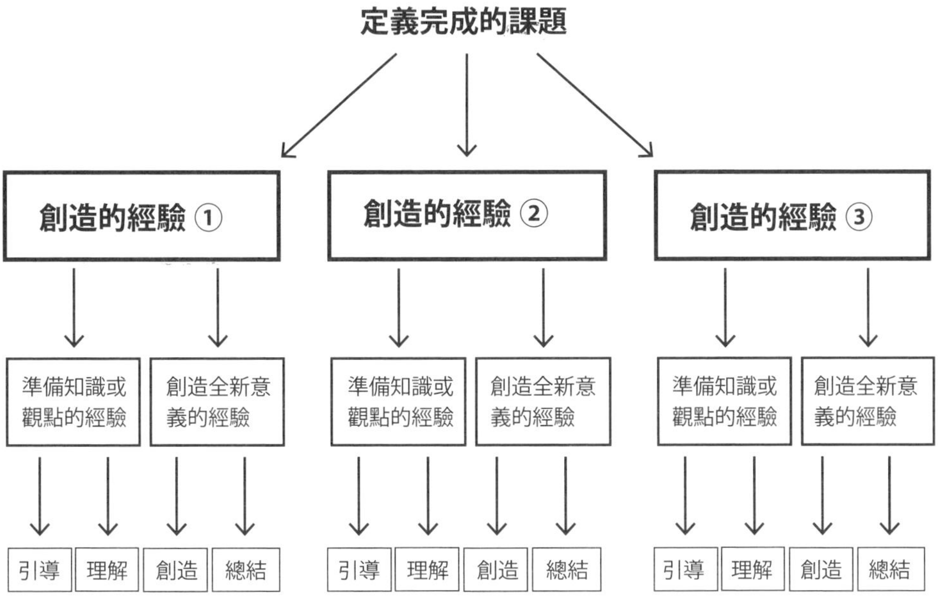

定義完成的課題

創造的經驗 ①	創造的經驗 ②	創造的經驗 ③

準備知識或觀點的經驗	創造全新意義的經驗	準備知識或觀點的經驗	創造全新意義的經驗	準備知識或觀點的經驗	創造全新意義的經驗

引導	理解	創造	總結	引導	理解	創造	總結	引導	理解	創造	總結

【圖 4-17】將課題落實到具體經驗的流程

說，怎樣的主旨或是破冰活動是必要的呢？以「總結」而言，如何將創造的意義和參加者同伴分享，連結到下一個行動呢？在最初與最後都要先加上必要的後續觀察經驗。這個部分是在設計工作坊提問時，一開始就應該做的事項。

　　像這樣，將定義好的課題轉換成「創造經驗」區塊，並將具體的經驗流程加以細分，預先掌握工作坊的流程。如上述案例，必須以多個「創造經驗」解決課題的情況下，要整合數次工作坊的方案，以設計整個流程。以實施方案的情境，根據情境的不同，在工作坊與工作坊之間加入其他手法（如研習、實地考察等研究方法）也很有效。不論哪一種，爲了設計活動流程，必須先網羅所有必要的經驗，再加以篩選。

流程（2）製作對應經驗的問題集

如果要將定義完成的課題，用參加者的具體經驗換句話說，就來到工作坊問題的製作步驟了。根據流程（1）中寫到，爲促進參加者分享經驗，一面檢視需要怎樣的契機或推力，一面檢視具體的提問。分解之後的經驗以一問一答的方式製作問題集，但也可能發生單一提問，就能促進多個經驗成立的情況。

製作之際可分成「探索的對象」、「限制」、「表現」這三個重點檢視：

製作提問的三個重點

① 決定探索的對象

② 設定限制條件

③ 檢視表現

提問的製作 1 決定探索的對象

工作坊中製作提問的基本作業，是透過提問決定想要促使進一步探索的對象。

如同在第一章所確認的，提問，不僅是刺激接受提問的參加者的思考或情緒，還會引發小組討論或是對話，進而透過各種形式促進溝通。可以確認的本質是，隨著設定問題的不同，促成的思考或溝通本質也會改變，就結果而言，受到引導的答案也可能因此改變。換句話說，隨著引導者拋出提問，能促使參加者參與各種形式的探索活動。

例如被問到「對於至今的乘車方式覺得不耐煩的原因是什麼呢？」您會展開怎樣的探索呢？恐怕在回顧至今坐車或搭電車等交通方式移動的經驗中，特別容易想起的，都是很有壓力的經驗對吧？也就是說，隨著提問，會引導對方去探索「過去的經驗」。

　　一起來想想別的案例。如果是詢問「從東京車站到札幌車站最便宜的移動（乘車、搭機）方式是什麼呢？」這問題的主旨，恐怕並不是要當事者從過去的經驗尋找具體的事例，而是參考自身關於搭飛機或新幹線移動等相關知識，或在網路上搜尋自身能考量到的選項，尋找最適合的解答才對。因此，這就是促進當事者探索「知識或資訊」的提問。

　　如果將「請想出三個『優質移動』的條件」的提問做為小組合作的主題，覺得如何呢？對於每位參加者而言，關於「優質移動」的條件應各有不同。因此雖然是回顧各自「過去的經驗」，但必要的應該是，探索關於經驗好壞的「價值觀」。在這基礎之上，小組為了要達成「三個條件」的結論，就需要相互溝通，探索小組的共通點。

　　在工作坊中，參加者對於接收到的提問，雖然共通點是在於促進參加者探索內容，但事實上探索的對象各有不同。是過去的經驗呢？是知識或資訊呢？抑或是價值觀？或者是方法？小組的共識點在哪裡？因此需要先明確定義探索的對象為何。

鼓勵俯瞰式的角度比較好，還是鼓勵站在個人立場觀察呢？

　　在決定好探索的對象之後，為了解決課題，接下來要檢視的是，參加者應該運用怎樣的觀點進行討論最有效。

　　例如，假設只是希望參加者針對「優質移動」思考，但如果提出的是「對於日本社會而言最適合的移動方式是什麼呢？」這樣的問句，或是詢問「對您而言什麼是從容不迫的移動？」，即使這些提問和「優質移動」相關，但對於參加者的思考模式或是溝通的基礎而言，是完全不同的。

　　前者是將「社會」視為主詞進行提問，重點是放在從總體觀點進行俯瞰式思考的問題。可以想像得到，上述提問會引發「這就是問題所在」、「應該這樣做才對」的客觀思考。另一方面，後者是以「您」做為主詞進行提問，重視的是個人角度感受到的現場感的問題。因此可以期待參加者的回答，

將是從「我想要這樣做」、「我不希望這樣做」，以情緒和欲望為出發點的主觀思考。

　　為了引導出解決課題的經驗流程，問題的探索對象，會因為著重的是社會或組織等總體觀點，或是重視個人觀點的不同而有不同結果。這兩者究竟應該重視哪一方面，實際上也和課題性質或流程的設計有關。問題若偏向「社會‧組織層級」，討論的內容就不會偏向「自我」，另一方面，提問如果太偏向「個人層級」，可能很難與今後社會的嶄新想法，或組織的課題解決產生連結（【圖 4-18】）。

　　有趣的是，工作坊所處理的問題傾向，經常反映出引導者本身的志向。例如可能有引導者擅長從「社會‧組織層級」進行提問，也有其他引導者比較傾向從「個人層級」提問，像這樣，每個人的角度各有不同。雖然尊重個人興趣或志向，但不可忘記的是，要從策略的角度，檢視有效解決課題的提問觀點。

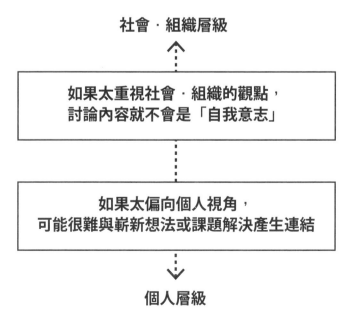

【圖 4-18】問題觀點層級的不同

是回顧過往，還是展望未來呢

此外，工作坊的觀點是回顧過往，還是展望未來，也會影響到問題探索的對象有所不同。如果只是以「個人／社會」這樣的主軸設計提問，觀點不論如何只會聚焦於「現在」，因此延伸時間軸的廣度也是相當重要的。將橫軸插入「過去／未來」，讓提問的觀點如【圖 4-19】一樣，試著用矩陣理解。

在個人層級聚焦過去，目的就是詢問參加者「過去的經驗」。將設定好的題目變成切身問題，從過去的經驗探索提示，在分享價值觀之際，也必須包含此觀點的提問。

在社會或組織層級聚焦過去，說得極端一點，就是聚焦「歷史」。不論是思考社會課題解決的創新，還是思考組織的未來，關注一個社會或組織如何發展的歷史是有益處的。這其實是商品開發或組織開發類工作坊容易遺忘的角度。

從社會或組織層級展望未來，指的是構思、描繪「願景」的態度。雖然讓未來成為切身之事的提問，或是聚焦過去的提問都很重要，但在商品開發或組織開發的方案中，最終都不能遺忘願景。

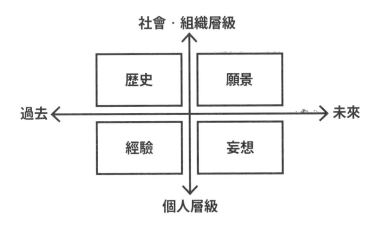

【圖 4-19】問題觀點的矩陣

在個人層級思考未來，雖可以說是個人的願景，但也包含跳脫社會或組織發展的「我想要這樣做」，「如果能這樣那就好了」這種單純的感想，倒是可直接將之視為「妄想」。

在設計工作坊計畫之際，無法只靠單一類型的提問建構整個活動。在最終考量「願景」時，例如像是將提問視為切身之事，詢問個人的「經驗」，誘導個人腦海中的妄想」以展望未來，並反覆琢磨組織的「願景」進而形成共識，整合多個觀點，以支援經驗流程的設定（【圖 4-20 】)。

在流程（1）中檢視的經驗流程要點中來回驗證，一面檢視關於適切提問中的探索對象或整合方式吧。

提問的製作 2 設定限制條件

在決定提問探索對象的過程中，需連同問題的限制條件一併檢視。所謂限制，是設定一個探索範圍，替參加者的思考與對話決定方向。

如同本書至此重複論述的，「什麼都好，請自由思考」這樣毫無限制的提問中，無法達到影響參加者既有的認知或關聯的目的，自然也無法連結到創新思考或對話。請試著想像以下的提問情況，例如「關於『移動』，您的想法是什麼呢？請以自由開放的態度討論吧」。在有限的時間內，這樣的提問能達成有實質內涵的對話嗎？

> **詢問個人的「經驗」，將之變成切身事務**
> ↓
> **詢問個人的「妄想」，將觀點聚焦未來**
> ↓
> **詢問組織的「願景」，形成共識**

【圖 4-20 】整合多個觀點的案例

如果不爲提問設定限制條件，意思就是不爲參加者設限思考範圍。沒有限制，可能從旁人觀點來看有利於參加者進行思考或對話，但其實從參加者的角度而言，卻是「毫無頭緒」，不知道應該從何處開始思考，或是出現每個參加者的觀點太過多元發散，難以收斂思考或對話內容。

因此，在一面使用下列技巧之餘，另一方面也需針對提問設定合適的限制條件。

設定提問限制條件的技巧

① 在提問中使用反映價值基準的形容詞

② 表現正面或負面

③ 指定特定時期或期間

④ 加上意料之外的限制條件

⑤ 規範產出形式的條件

---

① 在提問中使用反映價值基準的形容詞

對於探索對象使用反映價值基準的形容詞，是爲思考或對話固定一個明確方向的基本技巧。例如對於「優質移動的時間」，檢視的是探索個人經驗或價值觀的提問。就算關鍵字是「優質移動」，但關於「優質」的價值基準就各有不同。如果能使用表現具體價值基準的形容詞「愉快自在」，讓提問變成「對您而言，『何謂愉快自在的移動時間』呢？」之類，如此一來就能固定思考方向。

經驗豐富的引導者，會徹底堅持加上這種限制條件的表現。原因在於，即使同樣都是提出「優質移動」的問題，只要使用表現出微妙差異的價值基準的形容詞，像是「何謂自在的移動時間？」「何謂便利的移動時間？」「何謂從容不迫的移動時間？」等等，被詢問的對象所浮現的思考或情緒也會因而不同。如果稍微迂迴一點，在提問中加上「意外覺得自在的

移動時間是什麼呢？」這樣的表現，感覺又是如何呢？稍微變化提問的語感，限制的含意也會隨之改變吧。

② 表現正面或負面

當成反映上述價值基準技巧的應用版，這部分是預先準備好，在提問中使用表現正面價值基準的形容詞，與表現負面價值基準的形容詞的技巧。

例如，準備好「最棒的移動方式是什麼？」「最糟的移動方式是什麼？」兩個完全相反的提問，並分別請參加者思考，就能拓展參加者的思考廣度。

在社區營造工作坊中，以引導參加者思考「盤點地方資源」的經驗進行提問，準備「這個地方的魅力是什麼呢？」「這個區域目前面臨的課題是什麼呢？」兩個問題，再請參加者在不同顏色的便利貼上寫出自己的想法，這樣的實作，是工作坊中經常使用的技巧（【圖 4-21】）。

③ 指定特定時期或期間

一旦沒有限制條件，探索範圍過於發散的情況下，若加上特定時期或期間的時間條件，也是有效的技巧。

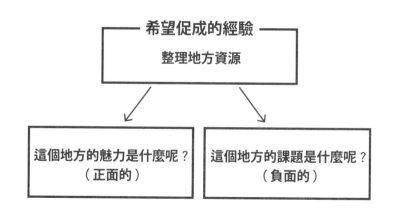

【圖 4-21】測量積極價值與消極價值的問題

例如，試想「一實現自動駕駛技術，個人價值觀會發生怎樣的變化呢？」這個提問。這是讓參加者探索關於社會層次的未來，也就是「願景型」提問。

但是，由於沒有指定時間條件，因此有某部分的人可能會無法想像，當自動駕駛技術完全普及的數十年後的社會景象，也可能有部分的人想到的是這幾年的變化也說不定。即使是同樣的願景型提問，想像數十年之後的人，和想像幾年後的人之間，只要對提問的前提未達成共識，對話可能就出現落差。

「在自動駕駛技術已經普及的 2030 年，個人的價值觀會發生怎樣的變化呢？」之類的提問，因為加上時間的限制條件，就可以避免這樣的分歧。

④ 加上意料之外的限制條件

因為充分運用提問的限制條件，便能激盪出在原本不設限的情況下未能喚醒的，超乎意料之外的構想。

接著，試著用「自動駕駛」相關的提問範本來思考吧。首先，假設提出「何謂自在的移動（乘車）時間？」的問題時，試著想像一下可能會有怎樣的談話發展。因為主題是自動駕駛，所以話題內容應該有很大的可能，是圍繞在「汽車（包含巴士和計程車）的移動」吧。

但是，在發展這個話題的過程中，對於期待能產生創造式對話的引導者而言，可能會有些不足也說不定。原因是，正是因為知道自動駕駛技術可能會為社會生活型態與基礎建設帶來巨大變化，即使是對於不坐車的行人，或是騎單車的人而言，也都有可能會受到影響。

因此，在這思維下，如果大膽為問題增加「在自動駕駛社會中，對於行人／自行車使用者而言，自在的移動時間指的是什麼呢？」的條件限制，指定了可能超越參加者原先想定的探索範圍，又會如何呢？這樣的提問，動搖了容易以汽車本身觀點發展的話題框架，或許會激發出超乎想像的創

新也說不定。

如前所述「什麼是雖然很危險但很自在的咖啡店？」的問題，其實就是這種思維。目標經驗如果是設定「規畫一間前所未見的咖啡店」，雖然很直白地提問「什麼是前所未見的咖啡店？」也是一種方式，但能否藉此引導出新奇的創意，可能會打上問號。因此，才會大膽使用一般評估咖啡店的的價值基準「自在」完全相反的「危險」，當成限制條件，希望藉此引發參加者給出意外的答案。

⑤ 規範產出形式的條件

根據提問的結果，參加者的思考內容可能變得發散，在促進收斂意見或形成共識之際，事先針對問題回覆的產出形式給予限制條件，可能比較有效。

例如，以「讓移動（乘車）時間更加自在的三項條件是什麼呢？」這樣，限制結論的數量，又或是「如何以起‧承‧轉‧合來表現自動駕駛技術帶來生活型態變化的階段？」這樣，先為產出形式規範結構，就能促進小組在經過不斷嘗試錯誤的過程中，收斂原本發散的意見。

如前所述「什麼是雖然危險但很自在的咖啡店？」這樣的提問，也是需要設定產出形式的限制條件，在工作坊實務上，會以「用樂高積木製作出雖然危險但很自在的迷你版咖啡店」為課題發展。進行方式不僅是透過言語談論，還會藉由動手操作，一面製作，一面成為思考製作課題的形式，藉此將思考變成具體可見的內容，成為深化對話的契機，達到刺激新點子的目的。

一面運用上述技巧、一面設定能深入探索的限制條件。

針對提問產出的形式下功夫

在前項介紹過的提問產出形式的限制條件，因為還有很多地方需要下

功夫，在這裡補充。具體而言，是運用以下的三種模式。

> **經常使用的產出形式範例**
> ① 以紙張彙整回答
> ② 以作品表現回答
> ③ 以身體傳達回答

① 以紙張彙整回答

這是規定要將針對提問的對話結果紀錄於紙上的類型。

在要讓小組內部收斂達成共識結論的情況，準備工作表單是很常見的方式。如【圖 4-22】，先設定多個輸入欄位，就可以要求針對課題進行多個項目的檢視。但如此一來，這樣的「創造」就變成需要進行書面作業的缺點。

另一方面，就算是像【圖 4-23】簡單的工作表單，應該也比直接要求參加者在完全空白的紙上寫下結論，更能引起動機。

如果能事先設定成果呈現的形式為「製作海報」、「製作傳單」等特定課題，也會有效果。

對於提問的答案，如果不希望是在強迫收斂答案的情況下完成，就在桌面上攤開大張的模造紙，一面做筆記一面讓參加者展開自由對話，之後在「總結」的階段，讓大家發表「剛剛討論了怎樣的話題」即可，這也是一種方式。

② 以作品表現回答

這是以製作作品為課題的類型。像是利用樂高積木、黏土、繪畫用紙等素材做出立體作品，或用雜誌、繪畫用紙剪貼而成的拼貼畫作品、又或是使用電腦或手機所拍攝的素材製作的動畫作品、照片作品，其他藝術作

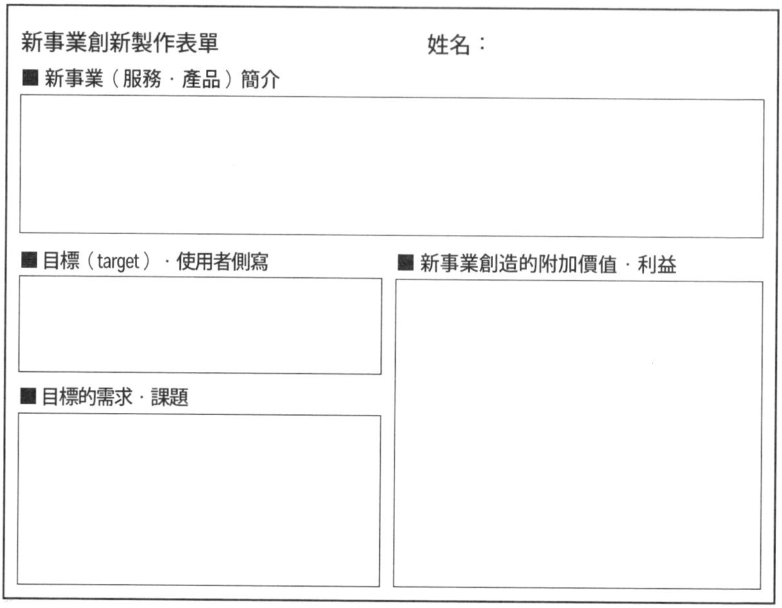

新事業創新製作表單　　　　　　姓名：

■ 新事業（服務‧產品）簡介

■ 目標（target）‧使用者側寫　　　■ 新事業創造的附加價值‧利益

■ 目標的需求‧課題

【圖 4-22】設定多個欄位的工作表單案例

EVENT FOR KUMIKO

TITLE

CONTENTS

【圖 4-23】簡單的工作表單案例

品等，可以想出各式各樣的形式。

　　以作品製作課題的用途爲主軸，會出現兩種類型。一種是針對問題，首先先讓小組內加深對話層次，並將其彰顯的意義，落實於作品中，另一種則是，將個人對於問題表現出的感情或意見反映在作品，並分享給小組成員，藉此加深對話的層次（【圖 4-24 】）。

　　前者類型符合「用樂高積木打造自在的咖啡店」等的案例，由於目的是要讓小組構思的概念具體呈現，一邊動手一邊讓意義化爲實際形體，可防止對話變得抽象。

　　後者類型則是，針對相對少言的參加者，或是無法立即將對於主題的想法轉化爲言語表達出來的參加者，首先藉著讓個人的想法成爲具體可見的形體，藉此形成後設認知與言語。概念是，例如用黏土表達「對我而言這個小組的價值是什麼呢？」一面與小組分享，一面對於「這個小組的價值是什麼？」進行對話。

③ 以身體傳達回答

　　並非製作一個作品，而是直接透過身體表現當成課題的類型。像是用身體的姿態表現抽象的情緒或狀況，或是用短劇演出的方式說明服務或產

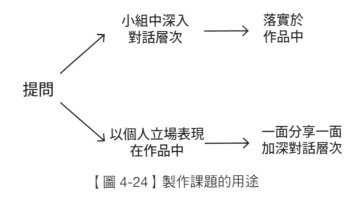

【圖 4-24 】製作課題的用途

品的創新應用情境，可以想出多種形式。

提問的製作 3 檢視表現

確定好探索對象，設定適合的限制條件之後，關於工作坊計畫的關鍵部分，也就是提問的製作，就幾乎完成了。最後，就是檢視提問的表現是否恰當，或是有無更妥善的表現方式。

如是否明確呈現提問的意圖呢？是否過於重視技巧層面？或是，會不會變得過分冗長？或者，會不會反而變得太短呢？這樣的提問方式，能否充分引發參加者試圖思考的衝動，或是產生在日常生活中想像不到的創新呢？仔細檢視如何最大程度活用提問本身的潛在可能，並落實在可以認同的表現中。

最重要的是，從參加者的觀點出發，仔細推敲當參加者面對拋出的問題時，可能會有的思考或情感，並且不斷調整提問的表現方式，直到最後。

流程（3）整合多個暖身問題構成一個完整的計畫

暖身問題的重要

針對在流程（1）配置順序的經驗，流程（2）是對應經驗設計好提問組合，如果完成這兩個流程，接下來只要檢視每個提問所需的時間分配，並做成時間表，就能完成計畫了。

但是，如果能在提問組合中追加「暖身提問」，其實會讓整個經驗過程的接續更加順暢，也可能更有效果。所謂的暖身提問，意思是，雖然不見得直接與課題解決的經驗連結，但有助於讓在流程（2）中設計的提問發揮效果的「為活用問題的問題」。

筆者（安齋）將以之前曾舉辦過，以經營者為參加對象的工作坊案例為題材，說明暖身提問的有效程度。這是發生在這場，集結多位企業經營者，構思自家公司下一步願景的方案中的小故事。

在這個時候，參加者所必須具備的經驗是，對於自家公司在社會的的價值，自我觀察理念。在那樣的情況下直接導引出的提問是，「自家公司應該在社會中產生的價值是什麼呢？」這樣簡潔的問題。由於現場參加者都是企業經營者，因此這個問題既包含「社會・組織層級」的總體觀點，同時也包含必須從切身觀點思考的「個人層級」個體觀點，如果順利進行，應該有機會將對話引導至更深入的層面。

然而，「社會整體價值」這句話太過宏遠。如同第一章所闡述的，如果不先舉具體事例說明，只是一味以抽象層次的意義解釋進行交流，對話層次無法更加深入。這個問題如果就這樣不假思索地拋出，參加者的思想圖像停留在模糊的情況下，恐怕只能進行抽象的對話。為了避免扼殺問題本身具備的潛在可能，什麼樣的「暖身提問」是必須的呢？

筆者在歷經試行錯誤的結果，決定在破冰的階段，安插一個不一樣的作業。我首先提出幾個眾所周知，且實際存在的具體企業商號或知名活動，詢問參加者「這些組織活動，您覺得在社會中產生多少的價值呢？滿分是一百分，請試著評分」。

為其他公司的做法進行評分的作業，某種程度恐怕是從「旁觀者角度」，思考關於「社會整體價值」主題的問題。話雖如此，在突然質問「貴公司的企業價值是什麼？」之前，先提出所有參加者都能回答的「其他公司的價值」的問題，其實就是為了連結到原問題的，所謂「聲東擊西法」。

當時我所舉例的企業商號，有像 Google 這樣的全球企業，擁有高超技術的日本百年老店、廣受年輕人喜愛的手機遊戲製作商、知名募資活動、香菸製造商等。

參加者認為「如果只有評分，那很容易啊」，非常迅速地針對各個企業做法進行評分。但當參加者和小組成員分享評分結果時，卻讓每個小組都產生些許騷動。原因是什麼呢？因為這評分的結果，反映出人與人之間的想法差異之大，令人驚訝。

「免費提供如此便利服務的 Google 為什麼不是一百分？」

「確實過去的 Google 令我驚艷，但考量到現在的 Google，以及對於今後進化的期待，我決定給予這樣的分數。」

「坦白說，就算沒有手機遊戲，對我的人生幾乎不會造成什麼影響，所以是零分。」

「手機遊戲意外地為我的生活增添不少色彩。」

「雖然我對這個募資活動的印象是持續做善事，但事實上並不是很了解這個組織運作的實際情況，所以給六十分。」

「雖然對於這家製造商究竟是生產什麼產品沒有概念，但總覺得有種安心感，應該可以是七十分。」

「香菸有害健康，不該是負分嗎？」

「如果沒有香菸，工廠產能就下降了！」

　　像這樣，將各自依喜好評分的「其他公司價值」與他人分享，就能引起如此熱烈的討論。筆者一面暗自竊喜，接著拋出另一個「暖身提問」。

　　「為什麼同樣一間企業獲得的分數會如此懸殊呢？」「背後究竟有什麼樣的評分基準呢？」「請將心目中認為會左右分數的關鍵因素，盡可能地寫在便利貼上吧」

　　讓參加者轉換思緒，就每個人評分結果的懸殊進行有趣地觀察思考，紛紛寫下「為社會帶來幸福」、「紓解痛苦」、「印象深刻」、「不花什麼成本就能使用」、「廣泛普及」、「成為基礎建設」等盡可能想到的「價值」評價基準。

　　一轉眼，桌子已淹沒在彩色的便利貼堆中。筆者推算時機差不多之後，便向參加者提出為解決課題而安排好的問題「貴公司想要在社會中創造出什麼樣的價值呢？」（【圖 4-25】）

　　直到眞正提出這個問題之前，參加者面對「社會整體價值」這個詞彙，已經歷過從多元題材、多元價值基準檢視的過程，因此思想圖像爲高解析度狀態。就結果而言，參加者能以非常具體的內容交換意見，並將對話層次帶入超乎預期的深度探討。

　　工作坊流程設計的根本，就是整合多個問題，串聯參加者的思考與對話。並不只是在流程（2）時設計好的問題組合而已，爲了能讓原本的問題發揮價值，也須事先設定幾個「暖身提問」，並有效地活用吧。

　　事實上，正是由於引導者這個身分立場，才能在現場直接提出「暖身提問」。

　　一般而言參加者在小組中討論得愈是熱烈，通常會愈難自我察覺，其實大家是對疑問帶著模糊的概念進行漫無目的的討論，或是因爲內容太過抽象而無法深入討論。若參加者愈是成功將與課題相關的問題當作切身之

暖身提問 ①

・您認爲這些組織活動在社會中創造多少價值呢？請試著用滿分一百分評分。

↓

暖身提問 ②

・爲什麼同樣一間企業獲得的分數會如此懸殊呢？
・背後究竟有什麼樣的評分基準呢？
・請盡可能將心目中認爲會左右分數的關鍵，寫在便條紙上」

↓

爲解決課題設定的提問

・貴公司希望在這個社會中創造怎樣的價值呢？

【圖 4-25】活用暖身提問的題組案例

事，就愈容易深陷其中，也因此在不知不覺間，視野變得狹隘而不自知。這一點或許是工作坊的對話設計本身存在的矛盾也說不定。

這時，引導者的存在就會非常關鍵。多數情況下，會來回走動於每個坐在位置上進行討論的小組的引導者，確實是做到名副其實的「俯瞰整體情況」。引導者綜觀全場，當注意到討論內容遇到瓶頸或停滯的時刻，事實上就是進行「暖身提問」的絕佳機會。

流程設計中「搭建支架」的思考方式

所謂「暖身提問」，原本是以「搭建支架」（scaffolding）的思維而延伸的詞彙。搭建支架的意思是指，如同在蓋建築物時所準備的鷹架，學習者為了解決課題，支援者提供輔助的行為。這是心理學家傑羅姆‧布魯納（Jerome Seymour Bruner），採用了為工作坊背景理論帶來深遠影響的李夫‧維高斯基（Lev Simkhovich Vygodskiy）的理論為基礎，所提倡的概念[*11]。

只要觀察那些會擔心工作坊或引導無法順利進行的初學者所設計的計畫，絕大多數都讓人有「暖身提問過於簡單」的感覺，因此暖身提問的設計也可以說是一項，成為引導者行家之前必經的課題。

通常在暖身提問設計上卡關的狀況有許多種，最常發生的狀況，就是無法提供足夠的支援，讓參加者的思考層次能在「抽象」與「具體」之間順利轉換。如第一章所述，對話會因為「具體的人事物」與「抽象意義的解釋」的來回呼應而更加深入。

例如，從一個讓當地居民參與檢視社區圖書館設計規畫的工作坊計畫為例來思考看看。關於行政層面聽取課題的結果，居民想要設計的是一個能感受到「自在」的圖書館，因此想藉著舉辦工作坊創造一次，讓居民充分表達心目中對於「自在」的提示或必備條件的經驗。

如果直率地問居民「想要怎樣的圖書館？」則毫無用心可言。即使是

拋出這樣的問題，也只會蒐集到參加者「想要增加繪本數量」、「想要有一個可以飲食的地方」、「希望可以延長營業時間」、「希望停車場不收錢」等，關於圖書館具體形式的希望條件。雖然這些也是重要的意見，但如果只是想蒐集這種程度的意見，其實只要發問卷做調查即可，沒有特地舉行工作坊的意義。

根據目前說明的內容，為鼓勵參加者發揮經驗所提出的核心問題「思考覺得自在的圖書館，請用樂高積木製作迷你版看看」這樣的製作課題來設定吧。

提問範例

思考何謂覺得自在的圖書館，請用樂高積木製作迷你版圖書館。

若是做為一項活動，可以預想到用樂高積木製作的場面會很歡樂熱鬧，但突然就拋出這個要求，還是有點急躁。且無法期待會蒐集到任何關於圖書館設計的具體提示。

不論是商品也好，服務也罷，還是像圖書館這樣的建築，所有的想法都是來自於「眼前所能看見的具體外觀」，和由此產生對於使用者與生活者而言的「意義」，這兩者相互連結之後才能成立。這樣的提問之所以「急躁」，原因在於，想在一個句子中，就把「自在的圖書館」的「意義」和「形式」問題拋給參加者思考。也就是說，其實「意義」和「形式」基本上是不同抽象程度的問題，但這兩個問題卻同時出現在一個問句中（【圖4-26】）。

這樣直接拋出問題，對於不同的參加者而言，或許能引導出類似「對我而言可以在適度的噪音中保持自處是重要的」這種，屬於「意義」層級的思考，又或者可能會從「希望書架上盡可能擺滿書籍」這樣的「外觀」層次開始思考也說不定，但這種意義究竟要深到什麼樣的程度，或是外觀要到什麼程度才能算是定案，就會變成「根據參加者的喜好」、「交給小組

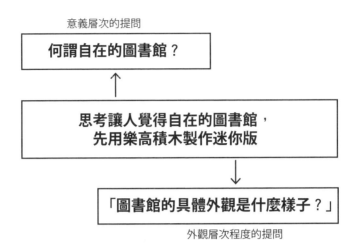

意義層次的提問

何謂自在的圖書館？

思考讓人覺得自在的圖書館，
先用樂高積木製作迷你版

「圖書館的具體外觀是什麼樣子？」

外觀層次程度的提問

【圖 4-26】一個問題中包含兩個不同抽象層次的問題

成員決定」的情況。

這時，如果是以【圖 4-27】這樣分解問題，拆成兩個階段來提問，會是如何呢？

讓圖書館的自在，確實深化成為必要的「意義」，就能思考建築物具體的外觀，這樣拆解應該會比較容易思考對嗎？至少，不會一直圍繞在「不斷深究意義本身為何，時間就到了」，或是「不去思考意義，而只是一股腦地在乎外觀細節」等，可達到防止小組的思考重心偏離焦點，而是可以期待透過不同程度的抽象思考，確實達到成果。

像這樣，將問題的抽象程度，根據階段分別，可藉此讓參加者的思考多了一道「支架」。

甚至，仔細思考在進行這道問題的暖身過程，可以注意到的是，這題是針對讓人覺得自在的圖書館要件為思考前提，意思是不僅限於圖書館，也可以思考「對自己而言自在的場域」會需要怎樣的條件，這或許也是一個有效的暖身也說不定。

環境的「舒適自在」是公共空間設計永遠的主題，試著將場域概念從

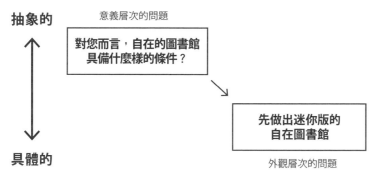

抽象的

意義層次的問題

對您而言，自在的圖書館
具備什麼樣的條件？

先做出迷你版的
自在圖書館

外觀層次的問題

具體的

【圖 4-27】將提問拆成二階段

圖書館擴大，提升抽象度之後，反而更能直視問題本質也說不定。即使如此，如果突然拋出一個抽象問題，參加者也無法給出具體的回答，因此，例如改用下述兩階段問題組合的方式如何呢？

提問的示範案例

1：至今為止您所體驗過，讓您覺得自在的場域是何處呢？

2：製作迷你版的自在圖書館。

不論是誰，應該或多或少都有過一次「待在自在場域」的體驗吧。以前段提問而言，是將探索「過去的經驗」設計成暖身提問，讓參加者說出「高中時代社團辦公室的空間很自在呢」、「常去的咖啡店那個位置真的特別自在」、「XX 的足湯真的是太棒的放鬆體驗了」等，可以期待，透過現場和大家分享各自過往具體的記憶，可直指正題（**【圖 4-28】**）。

但是，經過反覆仔細模擬之後，起碼會注意到，這種方式失敗的風險還是滿大的。因為，如果太過重視「讓人容易回答」，就會讓參加者傾向探索「具體經驗」，隨後立即將既有的「具體外觀」變成思考架構，沒有先將經驗抽象化，而是跳過過程，直接將其他設施複製到其他場域的風險。可

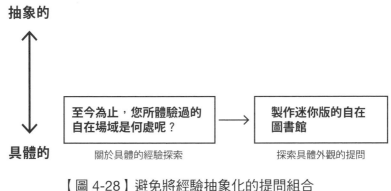

【圖 4-28】避免將經驗抽象化的提問組合

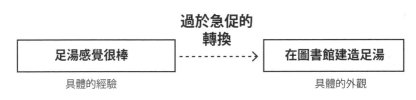

【圖 4-29】將具體經驗轉換成具體外觀的風險

能會因此變成，因為「觀光區的足湯很棒」，所以「就在圖書館內建造一處足湯吧」這種，誤導成過於草率的聯想（【圖 4-29】）。

　　當然，提出「建造足湯」這想法本身並不是什麼壞事，只是這工作坊舉辦的最終目的，是希望萃取出居民對於「自在圖書館」的提示或是要件，而實際上具體外觀的設計，還是會因為專業建築師的想法不同，在考量到現實條件的限制下建造。

　　工作坊真正希望獲得的，應該是像「居民尋求一個『彼此認識』的契機」，或是「在車站周邊進行開發之際，希望擁有一處可以感受到自然的環境」之類，屬於「意義層級」的提示，從「因為足湯很舒服，所以希望在圖書館中建造足湯」這樣的思考流程，無法學到其中的意圖或意義。

　　因此，像【圖 4-30】這般，藉由包裹抽象層次問題，從具體經驗中萃取出抽象要素，並且落實成為具體外觀的過程，是引導工作可以做到的。

　　爲了讓概念抽象化而架設的支架（暖身提問），就算不像上述是提出直率的問題，也是可以運用如【圖 4-31】的比喻，或是在用語上多花一些巧思，爲激盪出抽象的創新而下功夫，這過程本身或許也很有趣也說不定。

　　依照引導出解決課題必備的流程，應該先模擬工作坊舉辦過程中可能會出現的問題思考抽象度，確保問題概念既不會太抽象，也不會太具體，並設計出可以在抽象與具體間切換，可以流暢轉換的流程，善用提問的力道，爲問題準備適當的暖身，乍看之下很簡單，但其實是最重要的部分。

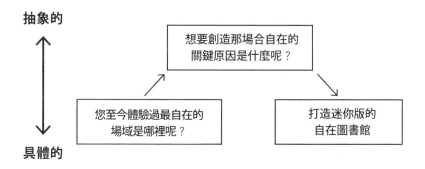

【圖 4-30】支援來回於具體與抽象層次思考的提問流程

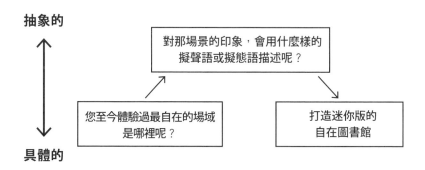

【圖 4-31】激盪抽象創意的技巧

（編按：在日文中，形容聲音的詞彙稱爲擬聲語，例如叮叮噹；形容狀態、模樣的的詞彙稱爲擬態語，例如銀閃閃；兩者有時混用，例如淅瀝嘩啦，是擬聲語也是擬態語）

暖身提問的技巧

　　關於暖身提問的設定方法，有許多技巧。連同至今介紹的技巧在內，在此先介紹幾個類型。

暖身提問的技巧

① 打分數
② 用圖表呈現
③ 制定標準
④ 虛構設定
⑤ 究其根本
⑥ 比喻

---

① 打分數

　　這是指讓參加者針對具體的人、事、物，用主觀想法給予具體分數的方式。

　　前面提到讓參加者針對其他公司的價值，以滿分一百分的評分活動，就是屬於這個方式。如果要討論一個多數人的價值觀比較模糊不清的話題，為避免對話內容太過抽象，可藉此提高認知清晰度。

　　關鍵在於，要促進參加者在評分之後和群體分享「為何如此評分的理由」。針對具體事物的評分，以及個人對於這項事物所賦予的意義，都有可能成為說故事的契機也說不定。

　　例如在詢問「您對於現在工作的滿足度大概是幾分？」之後，就會被反問「一百分的狀態是怎麼樣的狀態？」。或是當提問「您的業務技巧如果換算成分數，那會是幾分？」之後，也會被反問「如果增加五分，必須具備什麼條件呢？」。像這樣，為個人的分數賦予意義，甚至是讓人想像如果更高分會是怎樣的情況，也能藉此讓參加者反思過往自身的經驗或價值觀。

② 用圖表呈現

這是透過打分數的應用，將對於具體事物意義的變化，依時間序在圖表上呈現的方式。

最常見的範例是，「從進公司到現在，以圖表呈現您在工作上的充實度，會是怎樣變化呢？」這類問題（【圖 4-32】）。為具體事實賦予意義，並促使對方用時間來理解變化，「為何這時充實度下降了呢？」「這裡充實度突然上升的理由是什麼呢？」等等，除了比較容易就具體賦予意義的原因進行深入研究之外，也可能促進參加者發現自身的經驗或價值觀「法則」之類的意義。

③ 制定標準

對於討論前提的「價值評斷標準」，是為了事前磋商的暖身提問。

每個參加者對於具體事物，所感受到的「正確」、「優質」、「美麗」的標準並不同。像這樣和「真善美」有關的價值標準的差異，大概都和小組關係中的落差或鴻溝有關。

被問到「您在工作上的滿足度如何？」時，就算回答相同的分數，理

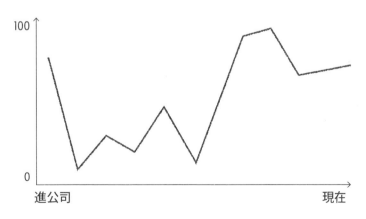

【圖 4-32】以時序做成圖表反映意義

由應該也會因人而異才對。背後正是因爲有「工作滿足度是根據什麼決定的呢？」這樣多元的價值標準存在。關於「制定標準」的提問，是強迫讓這價值標準變成具體言語。

如同前述事例，在對其他公司的價值評分之後，「爲什麼分數會有這麼大的落差呢？試著將背後的評價標準寫在便條紙上吧」這樣的提問，其實就是在爲「制定標準」暖身。整合分數和圖表之後，成爲更有效果的技巧。

④ 虛構設定

「如果是○○呢？」這是透過虛構設定促進想像的提問技巧。

爲解決課題舉辦的工作坊主題，很容易成爲以帶有現實的主題進行設定。但是對於解決課題而言，其實很大一部分是需要發揮跳脫一般常識與既有觀念的創意構想。因此在討論具體的想法之前，透過虛構的設定促進想像，注意到平常被侷限的固定觀念，就能成爲運用不同於平常的觀點思考事情的契機（【圖 4-33】）。

⑤ 究其根本

關於設定好的課題，或是隱藏在工作坊主題背後「理所當然」這個大前提的意義，反而是可以用來讓參加者深思的技巧。

例如，在「檢視讓居民參與社區圖書館的設計規畫」的工作坊中，就會提出「究其根本，圖書館是什麼呢？」「圖書館對於地方而言，爲什麼是必要的呢？」之類的提問。

這些提問，應該在「課題設計」的階段，避開課題設定陷阱「將手段變成自我目的」的階段時，就會先大致檢視到的問題。但是，爲課題下定義的引導者，與委託者之間就算已完成上述問題的檢視，在工作坊參加者之間，也不一定能完整分享上述的思考流程。反倒是將「本質問題」當作工作坊的暖身提問，避免讓對話中的手段變成滿足自我目的，打破「圖書

> 「如果您是社長，這個課題會怎麼解決呢？」
>
> 「如果學校課程可以減少一個科目，您會選擇減少哪一科呢？」
>
> 「如果可以在這個地區自由使用一百億日圓資金，您會用在哪方面呢？」
>
> 「如果業務技巧最高是一百分，您會挑戰什麼呢？」

【圖 4-33】虛構設定的問題案例

館就是這樣的一種存在」，「對於地方創生而言，當然有一座圖書館會比較好」這樣的默認前提，而能意識到課題想達成的願景，進而形成跳脫既定觀念的構想。

⑥ 比喻

希望參加者能思考的，也就是關於「探索對象」本身，並不是直接提問，而是思考如何用別的事物來比喻的技巧。如果將原本的提問「您的職場課題是什麼呢？」設計成「如果以疾病或是受傷來比喻您的職場課題，會是怎樣的情況呢？」就是符合該技巧的範例。

雖然這會稍微提高問題本身的難度，但會改變原本不好回答的問題，或是讓人不自覺想用日常模式進行符合邏輯回答的印象，可以期待藉此引發充滿玩心的某種創新，或以說故事的方式帶出具有內涵的答案。

筆者（安齋）在某企業的一次內部工作坊中，爲了改變充斥緊張感的氛圍，曾經試著提出像是在破冰活動中會進行的提問「如果用疾病或受傷來比喻職場課題，會是怎樣的情況呢？」。

於是，如果在場有人大膽提出「病入膏肓的重病患者」這樣的比喻，就會開始出現「左腳扭傷了呢。但似乎是長期累積下來的怪癖造成的」這樣的意見，幾個充滿獨特的回答，讓全場充滿了歡笑聲。這時若提出「爲了治好貴公司的『扭傷』所必須的『拐杖』，會是什麼東西呢？」善用參加

者提出的比喻，並結合原本要提出的問題，就能展開一場充滿玩心，卻又直指問題本質的對話了。

這些暖身提問，不論是哪一種，都是要打破參加者平常定型的傳統觀點，為了重新建立參加者新觀點所進行的「訓練」，事先設定「引導」或「理解」的環節都是有效的。

調整計畫的時間表

為引導出解決課題的經驗流程，必須製作一系列的問題，甚至再追加暖身問題，並將之組合，才能落實到具體的計畫，也就是時間表中。

必須花兩個小時完成一個計畫嗎，還是安排一整天呢，隨著時間長度不同，工作坊能達成的成果也大不相同。計畫中各環節時間設定的大致標準，如果將整場可利用的時間以 100% 來看，「引導」10 ～ 15%、「理解」20 ～ 30%、「創造」30% ～ 40%、「總結」10 ～ 15%，應該以此標準來分配即可（【圖 4-34】）。

根據製作的問題進行個人回答，或是透過小組對話，估算需要花多少時間，為一個個提問設計適當的時間設定之餘，一面設計時間表。由於有時間限制，設計好的問題有可能無法完全排入時間表中。在這樣的情形下，需要檢視能否透過以下的對策解決。

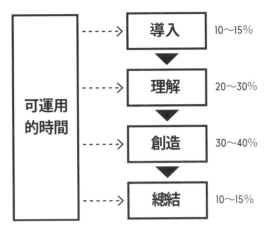

【圖 4-34】在計畫中時間分配的大致標準

計畫時間表的調整方法

① 調整個人／小組作業的時間

② 調整小組人數

③ 在分享形式上花心思

④ 分擔問題討論

⑤ 省略問題

⑥ 調整工作坊的次數

---

① 調整個人／小組作業的時間

就算是同樣的問題，比起透過小組討論達成共識給出的答案，統整個人的答案所花費的時間還是更短。在時間不足的情況下，部分的暖身問題可以讓個人作業取代小組，藉此調整時間分配。只是，如果增加太多的個人作業，就會減少小組對話的機會，必須注意。

② 調整小組人數

小組針對問題進行討論時，直到達到共識給出答案所需花費的時間，

端賴小組規模（小組成員人數）。工作坊中的小組人數，通常是以三到五人的規模進行。超過六個人，每個人發言的機會就會減少，而要給出每個人都能接受的答案，需要相當長時間的討論過程。因此，如果想縮短時間，透過將原本預定的五人小組更改為三人小組等，以較預定人數減少的方式組成小組，就能調整時間。或是在四人小組對話的過程中，前半段以兩人一組的方式各自進行討論，後半段再由四人討論等，將小組拆成更小的人數組合來調整，也是有效的方式。

　　只是小組人數如果減少太多，就無法從多元化觀點中給出意見，也可能出現難以深化對話層次的風險，需要注意。

③ 在分享形式上花心思

　　對於提問的思考，或分享產出方式的心思，都可能調整預設的時間表。

　　例如，先試著想像一系列關於設定個人作業的提問。如果只以個人為主體不斷讓參加者思考，就會出現觀點偏頗、陷入膠著的情況，在問題結束時，預留一段讓小組內部分享個人想法的時間，從學習或深化對話內容的觀點來看，是比較理想的。但從縮短時間的角度來看，在進行個人作業之際，就算不預先安排小組共享觀點的時間，也可先請每個人將各自的回答，寫在便條紙或是工作表單中，總結完畢後，再保留小組分享的時間，也是有這樣的應變方式。

　　此外，「總結」在「創造」的產出並分享的場合，其實也有花心思的餘地。讓六個小組各有五分鐘的時間，針對產出進行發表的場合，就需要 30 分鐘的時間，但如果能針對產出先附上簡單的說明，用整體傳閱的方式鑑賞成果，可能只需花費原來一半的時間。

　　將分享的方式簡化並縮短，或許可能無法充分聆聽其他參加者的意見，也沒有仔細消化的時間，在發表時也無法盡興等的缺點，但這是在時間不足的情況下的有效技巧。

④分擔問題討論

在問題製作的階段，問題項目在根據幾個觀點分解之後，結果不小心增加太多問題的情況下，還有一種方式是，讓每個小組分工，討論不同的問題。

例如，針對前述提過的下列問題，依序展開檢視，就算是個人作業也會花費相當程度的時間。

- 自動駕駛技術一旦實現，哪些生活者的價值觀會發生變化呢？
- 自動駕駛技術一旦實現，社群會發生怎麼樣的變化呢？
- 自動駕駛技術一旦實現，會發生怎樣的政治或經濟變化呢？
- 自動駕駛技術一旦實現，會出現怎樣的基礎建設變化呢？

這些是為了讓參加者想像自動駕駛技術普及之後的社會樣貌，必須討論到的觀點，但並不是所有的參加者，都需根據所有的觀點進行全盤檢視。這時，讓每個小組都分擔一個「角色」，像是由第一組探討「生活者價值觀變化」，第二組討論「區域發展的變化」，以此類推，分組討論問題。

之後，再將每個問題對應到的負責小組提出的檢視結果進行總結，重新建構之後，就能在一面參照整體觀點，一面針對「實現自動駕駛技術的社會」進行多元化的討論，就能在短時間內達到深度討論的效果吧。

像這樣，用類似拼圖的方式，將主題或資料分解並決定負責者，經過深度討論之後再彙整，並重新整合的計畫設計法，就稱為「拼圖法優勢」（jigsaw merit）。該方法也經常運用在推動主動學習（active learning）的學校現場。

⑤ 省略問題

如果使用了上述所說縮短時間的技巧，必要的問題還是無法在活動中

收斂，那麼還有一招，就是減少問題。

特別是「暖身提問」，雖說是省略，但工作坊應該不可能做到完美無缺，因此如果時間不夠，也可以檢視是否直接省略。

但是，拿掉暖身提問就意味著，對參加者而言問題的難度會提升，只是增加負擔而已。例如可能五個小組中有三組順利進行，但有兩組在討論過程中就是無法整合意見，對話也陷入停滯也說不定。像這樣當天才會遇到的「瓶頸」，都需要透過仔細觀察，用引導的方式跟進。

愈是仔細安排計畫的流程，就愈能減輕當天引導的負擔，相反地，若是設計地愈粗糙，就會增加當天引導者提供支援的重要程度。一面討論計畫如何分配時間，和自身引導的力量，一面調整平衡吧。

⑥ 調整工作坊的次數

運用縮短時間的技巧或省略提問，如果還是沒辦法收斂計畫，最根本的原因可能是在於，每次工作坊設定的時間是否太短，或是設定「創造經驗」的比例過高。如果無法延長每次工作坊的時間，在「創造經驗」這部分就需要更詳細的分解，只能分成兩次工作坊進行。為了解決課題，投資一定程度的時間是必要的。而一次工作坊究竟需要花多少時間呢，根據現實估算，設定出適當的工作坊舉行次數吧。

在不斷演練上述的功夫，調整好工作坊的時間表之後，就完成計畫了。

4.3 問題的評估方法

工作坊中的「好問題」是指什麼呢？

在設計工作坊問題之際，評估問題的角度不可或缺。工作坊成功與否，雖然實際舉行後就知道結果，但正式演出畢竟只有一次。製作的計畫

眞的能成爲有效的流程設計嗎？在工作坊中所謂的「好問題」又是怎樣的問題呢？應該必須先帶著評估的眼光加以判斷。

在「課題的設計」之中，優質課題的判斷基準已依照①有效程度；②社會意義；③內在動機，共三點完成解說（參照第三章）。

在考量到工作坊問題的評估基準之際，這套評估課題優質與否的基準雖然可做爲參考，但在工作坊中提出的問題，其實多數並不需要完全符合這套基準。例如破冰時，自我介紹的主題即使沒有「社會意義」也沒關係。在課題解決的過程中，向工作坊的參加者提出問題的評估，則必須採取和課題評估基準不同的觀點進行評估。

工作坊的提問，是參加者接觸已定義好的課題，成爲某種啓發的媒介。應該每個人都有過那種，即使商品概念很吸引人，但實際上卻不好用，不符合生活習慣的產品或服務的經驗吧。

提問的道理也是如此，就算被設定成「好課題」，卻沒有設計出「工作坊中的好問題」，無法帶領參加者熟悉課題解決的流程，就無法實現原本意圖達成的對話過程。

那麼，所謂在工作坊中的「好問題」，究竟是怎樣的問題呢？

從如此單純的疑問中，筆者（安齋）在主辦的 Mimicry Design 公開講座（以最新學術研究當成理論基礎的工作坊設計方法論，激盪小組成員的創意，引導複雜的課題解決過程）中，針對 300 位以上參與過活動的引導者（從新手到成爲行家者）爲對象，分別詢問每個人心目中對於「工作坊中好提問的條件」（【圖 4-35】）。

正如工作坊的活動本質，將每個人心中浮現的條件逐一寫在便條紙上，事實上可以看到意見五花八門（【圖 4-36】）。

同時筆者也詢問「不理想的提問有哪些共通點」，這個題目也同樣蒐集到琳瑯滿目的答案（【圖 4-37】）。

即便只是從現場的實際體驗所想到的條件，這些答案都有其道理可

【圖4-35】思考情境:「什麼是工作坊中的好提問?」

・容易理解的簡潔提問

・不會只有一個標準答案的問題

・愈是思考愈覺得有趣的積極提問

・可刺激五官感受的提問

・至今從未思考過的提問

・就算沒有相關專業知識也能思考的問題

・符合參加者問題意識的提問

等等

【圖4-36】工作坊中好提問的要素:以參加者的回答為例

```
・難以理解的複雜提問

・可以直接用「是」或「否」回答的提問

・讓對方不愉快的負面提問

・發問者心中早有答案的誘導式提問

・必須先具備專業知識才能思考的提問

・參加者感受不到和自己切身相關的提問

等等
```

【圖 4-37】工作坊中不理想提問的共通點：以參加者的回答為例

循。但有趣的是，一面比較這些寫在便條紙上的條件，一面仔細消化後，事實上每個引導者的意見相當分歧，屢屢出現在討論中發現可繼續發展提問的案例。

不理想問題的效果：「今天早餐吃什麼」是好提問嗎？

　　例如在工作坊中的破冰之際，最常詢問的問題是「今天的早餐吃了什麼呢？這個問題是「好問題」？還是「不理想的問題呢？」

　　就算工作坊的主題是以「食」為主題，對於問了一個和活動主旨完全無關的脈絡「早餐」，筆者（安齋）對此是有些批判的。因為破冰的鐵則是「後續主線的伏筆」，就該觀點來看，早餐這個問題可以說是「不理想的提問」。

　　實際上，向參加者提問早餐內容之後，這個問題的效果卻意外的強烈，因為是誰都可以回答的問題，即使是第一次見面的參加者，也能見機延續這個話題，並從中觀察其他參加者各自的價值觀與生活風格。假設即使參加者中有人是不吃早餐的信奉者，也可以接著提問「為什麼不吃呢？」對於初次見面的參加者們而言，可充分達到讓彼此找到融洽相處契機的功效。能不受侷限地活用破冰階段的提問，就能獲得一定程度的「好問題」

認可。

在 Mimicry Design 公開講座中引導者們的討論中，也針對原本被認為是「不理想提問的條件」原因的幾點，提出「能從這樣側面的角度進行觀察，意外地不是滿不錯的提問嗎？」這樣的意見為契機，在討論過程中，認為能延續發展的案例占去大半（【圖 4-38】）

最後甚至還有人分享「因為引導者一直提出『偏離主題的問題』，讓參加者很火大，和其他參加者主動進行本質上的討論」這樣的插曲，不禁讓人愈來愈納悶究竟什麼是「好問題」，什麼是「不理想的問題」。

從這段討論中了解到的是，不同於「好課題的條件」，在工作坊的場合，基本上「好問題」的評估基準非常複雜，即使設定好統一基準，事前準備的問題也不一定能獲得好的評價。

理由很明顯的，在工作坊中提出的每一個問題，都需要根據各種不同的場合加以運用，也就是說，這些提問是為了不同的目的而存在的。

製作優質的問題，大半是為了引導出解決課題的具體經驗流程所設定的，因此應該要從「能否達到誘導參加者分享經驗的意圖」來評估才對。此外，後續追加的「暖身提問」，則是應該從能否充分誘導出「下一道問題的潛力」來評估優劣。一面想著每個提問的目的，以及意圖達成的成效，能否運用不同的提問，達到誘導參加者提出怎樣的思考和對話，這些只能透過不斷仔細地重複模擬，盡可能正確評估工作坊的提問是否可行。

設定問題的「深度」

設計好的工作坊提問，究竟能否順利運作，以下介紹幾種模擬方法。

評估製作完成的「提問」，「問題的深度」是重要觀點之一。

這在整個計畫調整時間表的階段時，對於決定如何分配時間，是相當有用的觀點。

只要確認提問有「深度」，在思考如下所述的提問範例時，應該就會更

- ·難以理解的複雜提問
- → 多少會引起誤解的方法，
     反而會引發各種構想不是嗎？

- ·可直接用「是」或「否」回答的提問
- → 為了在引導階段引起參加者的興趣，
     像這樣輕鬆的問題，比較好運用吧？

- ·讓對方不愉快的負面提問
- → 會不愉快就表示問到本質，
     這樣的提問方式，不是才更能促使參加者進行深度的思考嗎？

- ·必須先具備專業知識才能思考的提問
- → 不需要知識也能思考的問題，
     不就是代表問題本身深度不夠嗎？

【圖 4-38】反思：「不理想的提問」真的有那麼差嗎？

容易理解也說不定。下列是筆者（安齋）在蒐集「好提問」的案例時找到的「提問」事例：

提問 1：「明明一天有兩次，但一年只有一次的是什麼呢？」

這個提問，其實目的不是要問出正確答案，而是所謂的「腦筋急轉彎」。本書提出這個問題並不是要讀者絞盡腦汁思考，所以就直接公布正確答案吧，這個問題的答案應該是「ち」（chi）。把「一天」（い「ち」に「ち」；ichinichi）和「一年」（い「ち」ねん；ichinen）以平假名寫出來就很容易理解，對吧？

這個問題，回答者不需具備特定專業知識，是連大人、小孩也都能回答的問題。雖然可能無法馬上正確回答，但只要頭腦稍微轉一下，應該是誰都能回答的題目，也就是說，這也算是一個「好提問」。

那麼以下的問題如何呢？

提問 2：「能追得上光速嗎？」

眾所周知，這是愛因斯坦提出的問題，考量到學術貢獻，這毫無異議明顯是「好提問」，但為了解決這個問題，直到推導出相對論，愛因斯坦事實上是花了相當長的時間，貢獻自己的心力研究。

這並不是如上所述的提問 1，只要腦筋稍微轉個彎就能解決。因此反過來說，因為這個問題是獲得解決的問題，才被判定為「好問題」，如果是在這問題尚未真正解決的階段，對於周遭而言，很有可能無法了解這問題隱藏的潛力。

不論怎麼說，隨著問題不同，到能真正獲得答案為止，所需要的觀點和時間是不同的。這就是「問題深度」不同的意義。具體而言，根據如下所述的變數，也會改變「問題的深度」。

決定問題深度的變數

• 為了提問需要牽涉到多少觀點？

• 每個人提出的解答究竟能有多五花八門？

• 要提出假設的答案，需花費多少時間？

例如，在自我介紹中常用的「今天早餐吃了什麼呢？」的提問，是以過去經驗為探索對象而提出的問題。被詢問的那一方，如果能自行探索當天早上經驗，只需數秒就能找到答案，以問題深度而言，可以說是屬於比

較「淺層」的問題類型吧。

相對來說，當被問及「有益健康的優質早餐條件是什麼呢？」必須一面廣泛檢視關於健康的定義或要件，早餐的影響等要素，一面和討論的成員對象磨合價值觀等，才能做出解答，因此比起前述的「今天的早餐吃了什麼？」問題稍有深度。如果四到五人討論，至少需要 10 分鐘吧。如果要更謹慎地討論，可能需要花上 30 分鐘。

甚至，如果主題是「為了永續發展的社會、生態系，在飲食方面的型態會是如何呢？」又是如何呢？必定會需要更多觀點和討論時間，價值觀也會因人而異，成為後勁十足的提問。這樣的問題要在 30 分鐘，或是提出能讓在場參加者都滿意的答案，是很困難的。

像這樣，同樣是以飲食為主題的提問，會根據設定問題的方式不同，而改變問題的「深度」。然後重要的是，這並不代表問題問得愈深入愈好。例如，如果在自我介紹或破冰階段，就直接提出「深度問題」，會因為不知道答案，而耗費太多時間。

在工作坊的設計中，因誤解問題「深度」的意義而造成失敗的案例，意外地還真不少（【圖 4-39】）。

模擬問題的「深度」

為了避免出現這樣「誤解」所謂問題深度的情況，在向參加者提問的瞬間，事先模擬可能會引起參加者怎樣的思考或情緒反應，或是可能會帶動怎樣的對話內容或討論流程，這個步驟是相當重要的。這感覺可想像成，當您朝向水面丟擲小石子時，可能會產生怎樣的漣漪，會丟出怎樣的軌跡，會沉到水中的哪個程度之類。

當然工作坊鼓勵具有創意的對話，因此要在事前預測當天可能會出現的情況是不可能的事情。反倒是，現場對話內容若是能超乎引導者預期，才是真正的創新。但「怎麼樣的『可能』，才是真的有可能出現的呢？」「讓

- ·在引導開場或自我介紹時，問題已太深入，難以回答
- ·原先設定要花一小時討論的主要議題，現場僅15分鐘就已有答案
- ·相反的，從主要議題開始，完全沒有參加者發表意見
- ·小組內抱持相似的意見，直到結論皆然

【圖 4-39】因誤解問題深度的含意而失敗的案例

對話有深度發展的潛力，就是真正優質的提問嗎？」「雖然熱烈討論是很好，但也是有可能出現意料之外，在思考層次還不深的時候，討論就遇到瓶頸的風險吧？」之類，先以批判角度進行事前檢視，這個步驟對於新手引導者而言特別重要。

例如，假設從一個以引導者為參加對象，針對過往經驗進行反思為主題的工作坊來思考看看。正在閱讀本書內容的您，應該已經踏進這個引導領域了，因此請一面想像著「如果是自己被問到這個問題，會有什麼反應呢？」一面試著評估這道問題的深度。

提供給引導者參考的工作坊提問構成範本

① 現在的您擁有的引導技巧是幾分呢？

② 您為何想要做引導工作呢？

③ 您的引導技巧要提升十分（滿分 100），必須付出怎樣的努力呢？

利用之前在介紹暖身提問設計技巧時提到的，結合「給分數」或「原本」類型的方式，試著構思問題。首先是從破冰階段來說，提出「①現在的您擁有的引導技巧有幾分呢？」的問題，能在促使當事者認知現狀的基礎上，進行關於「②原本，您為何想要做引導工作呢？」的主題對話，之後再以「③您的引導技巧如果要提升十分，必須付出怎樣的努力呢？」這樣，詢問

未來行動計畫所設計的提問結構。

　　既然是以反思自身經驗為目的的工作坊，那麼這個活動就不適合放進屬於組織或社會層次「俯瞰角度」的問題，而應該僅從「個人角度」構思問題。甚至，首先聚焦「現在」，之後誘導回顧「過去」，並藉此促進當事人「未來」的行動，描繪出整套觀點的發展軌跡。

　　這套提問案能否順利進行，端賴提問 1 到提問 2 的過程中，能否深化自我反思觀察與對話的程度而定。此時，先測試看看提問 1 與提問 2 的「深度」，再試著檢視提問是否適切。

　　首先，請發揮想像力，在腦海中想像當您提問的瞬間，參加者的思考或情緒反應吧。或許參加者依據各自的感受，會出現以直覺回答「七十分！」的人也說不定。若時間充足，也會有參加者是在回想最近一次參加工作坊的經歷，回顧當時的實感或滿足度、反省之處等，再決定分數的類型也說不定。就算充其量僅兩到三分鐘的思考時間，也都能進行到「回答分數」的階段（【圖 4-40】）。

> **測試提問 ① 的深度**
> 「現在的您所擁有的引導技巧有幾分呢？」

　　說不定，透過評分作業，能觸發深層反思的開關「究其根本，引導工作的評價是由什麼來決定的呢？」使得這道提問變成「無法立刻回答的難題」。如果計畫中，參加者提出希望能加入上述反思，那麼多花一些心思因應引導工作的表達方式，並一併檢視「評分的理由」，進而引發問題潛在的深度，也是一種理想的互動吧。

　　另一方面，如果有參加者認為，這道提問不過是其中一項「工作」，所以希望在評分之後，就能進入下一個問題好好對話，這個問題應該能三分鐘就結束。在這情況下，可能有必要提醒容易陷入太深度思考的參加者「這

現在的您擁有的引導技巧是幾分呢？

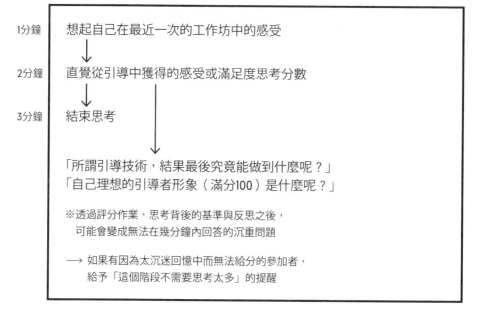

【圖 4-40】模擬提問 ① 的深度

個階段仰賴直覺決定就可以了」等，促使參加者避免陷入思考漩渦。

像這樣，透過確認提問的思考與對話的潛力，事前準備好引導指南，都是事先測試問題深度的好處之一。

接下來，我們來測試提問②的深度吧。

測試提問 ② 的深度

「您為何想要做引導工作呢？」

這裡雖然省略詳細的說明，但就像【圖 4-41】所示，可以看出提問②可能存在比提問①更多元分歧的可能。

以問題可能觸礁的風險來看，例如有參加者可能在回答「是為了產品開發」這樣一句話後就結束思考的疑慮，但這樣的主題，若能讓參加者順

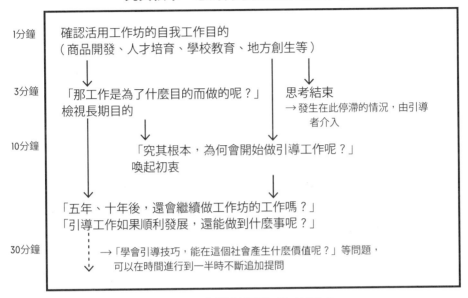

究其根本,您為何想要做引導工作呢?

1分鐘 確認活用工作坊的自我工作目的
(商品開發、人才培育、學校教育、地方創生等)

3分鐘 「那工作是為了什麼目的而做的呢?」　　思考結束
檢視長期目的　　　　　　　　　　　　　　→ 發生在此停滯的情況,由引導
　　　　　　　　　　　　　　　　　　　　　　者介入

10分鐘 「究其根本,為何會開始做引導工作呢?」
喚起初衷

「五年、十年後,還會繼續做工作坊的工作嗎?」
「引導工作如果順利發展,還能做到什麼事呢?」

30分鐘 →「學會引導技巧,能在這個社會產生什麼價值呢?」等問題,
可以在時間進行到一半時不斷追加提問

【圖 4-41】模擬提問 ② 的深度

利沿著深入思考的軌道往下深掘,大概可以將整個討論拉長到 30 分鐘,甚至是一小時。也就是說,其實可以理解這樣的題目有延伸發展的潛力。

在後半段,可以事先準備幾個追加提問,如「藉著學會引導技巧,您想要在這個社會產生怎樣的價值呢?」等。在這段時間,有必要結合可利用的時間或工作坊目的,調整深入的提問方式。

如上所述,在還不習慣的時候,藉著確實模擬一個個問題的深度,製作的問題能否成為促進目的經驗的提問,養成將可能的分歧書寫於紙上並檢視的習慣也很好。經過經驗累積愈來愈純熟之後,就算不用逐一寫在紙上,應該也能在看到問題的當下,立刻浮現參加者對話的情景,馬上測試問題的深度吧。

將問題視為探索對象與限制條件，著手分解

要讓評估製作的提問能否順利進行的眼光更經過磨練，「將問題進行因數分解」的思維將能發揮作用。雖然一半是帶著「玩心」練習，藉著分拆一般工作坊的「提問」並探詢其結構，加上模擬提問的效果，對於培養自身對於提問的鑑賞眼光也是有效的。

在此，再次將一般破冰中最常使用的問題「您早餐吃了什麼呢」當成題材，試著進行因數分解吧。

> 問題 A：早餐吃了什麼呢？

如同前面針對工作坊問題製作流程時所做的解說，提問應該要先設定成「探索的對象」與「限制條件」。這個問題 A，對於參加者而言，能促進在怎樣的限制條件下，讓他們展開怎麼樣的探索呢？這裡將試著進行精密分解。

首先仔細觀察這句話的日語描述，可以發現句子省略了時間指定條件「今天」，以及「您」這個主詞。如果將這兩個省略的條件復原，就變成「（今天，您）早餐吃了什麼呢？」

> 問題 A'（今天，您）早餐吃了什麼呢？

模擬受訪者的思考方式，對方可能會從當天早上，起床後第一口吃進的食物開始回顧，如此應該能回答早餐內容吧。如果起床時間比較晚，可能就會煩惱「這時間點吃是『早餐』嗎？還是『早午餐』呢？」也說不定。因為什麼樣的事情無法吃早餐，或是原本就是信奉不吃早餐主義的人，說不定可能就會回答「沒有吃早餐」。不論如何，該問題明顯是針對個人探索

「過去經驗」的問題類型。而以探索的限制條件而言，是設定爲「今天」這個時間範圍（【圖 4-42】）。

（今天，您）　**早餐吃了什麼呢？**
（限制條件）　　（探索過去經驗的提問）

【圖 4-42】問題 A 的因數分解

接著，以其他問題做爲案例來思考看看。同樣的早餐系列，如果以「這個月當中，吃過最好吃的早餐是什麼呢？」來做爲提問，又是如何呢？

問題 B：這個月當中，吃過最好吃的早餐是什麼呢？

這個問題，將探索的期間拉長到「這個月」，以及加入「最美味」當成評估基準。因此詢問的內容不僅是早餐菜單，也包含需要回顧享用當下的印象經驗，因此可能需要花一些時間才能給答案。儘管如此，就像剛才一樣，可以理解爲，是以「讓受訪者探索過去經驗的提問」爲基準，加上兩種「限制條件」而形成的問題（【圖 4-43】）。

限制條件 ②
這個月吃過　最美味的早餐是什麼呢？
　限制條件 ①　　　　（探索過去經驗的提問）

【圖 4-43】問題 B 的因數分解

如果問題中包含多個問題，會變得更複雜

稍微改變一下問題的性質，變成「這個月當中吃過最豐盛的早餐是什麼呢？」的提問，又會如何呢？

問題Ｃ：「這個月當中吃過最豐盛的早餐是什麼呢？」

　　乍看之下，這問題和先前的問題Ｂ是同樣的問題結構，但對受訪者而言，回答的難度可能稍微提高了。原因在於，「最豐盛」這樣抽象度較高的限制條件中，還包含「所謂『豐盛的早餐』是指什麼？」的提問。

　　這是屬於探索「個人價值觀」的問題類型，如果只是純粹探索具體的「過往經驗」，無法特別鎖定單一解答。受訪者面對「這個月」的時間探索範圍，並探索早餐相關「經驗」，同時還需要探索關於豐盛早餐的「價值觀」，必須往返於這些提問中，找到可以接受的答案（【圖4-44】）。

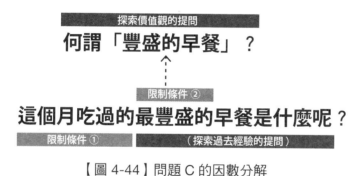

【圖4-44】問題Ｃ的因數分解

　　像這樣，乍看之下像是「一個提問」，但其實加上限制條件，在問題之中還包含幾個小問題。這就是不自覺將問題變複雜的主因之一吧。

分解複雜的提問，補充暖身提問

　　那麼，看過一連串破冰問題中以「個人」為對象的提問之後，來思考看看在工作坊中有可能成為小組作業題目的提問吧。

問題Ｄ：豐盛早餐的三個條件是什麼呢？

　　例如，提出「所謂豐盛早餐的三個條件？」這樣的問題如何呢？基礎雖然和問題 C 一樣，但從小組合作的脈絡來看，這問題省略的是「（以小組思考）」的限制條件。

　　受訪成員首先會彼此提出各自的意見，例如「和誰一起吃早餐應該也很重要」、「花一段時間仔細品嘗也很重要」、「果然味道和價格是無法排除的條件」、「自己很期待當令食材」、「早上希望讓胃休息」進行小組討論。會討論到提出全員都能接受的答案爲止嗎？或是提出幾個選項以多數決決定呢？決定答案的方法可以想出好幾個，但不論如何，只要沒有找到「小組共識」，討論就不會收斂（【圖 4-45】）。

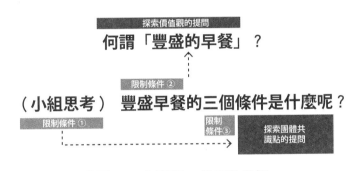

【圖 4-45】問題 D 的因數分解

　　問題 D 是單次探索「個人過去的經驗」、「個人的價值觀」與「小組的共識」，因此乍看之下雖然簡潔，但要當作小組作業的課題，可能負荷量還是稍大也說不定。

　　如果要降低小組討論的負擔，可以先分解問題，例如首先從問題 C「這個月吃過最豐盛的早餐是什麼呢」當成「暖身問題」，先詢問個人經驗之後，之後再以小組形式因應問題 D 等方式等，藉著依循計畫結構中的各個階段，以免過於複雜。像這樣在整理問題結構的過程中，因數分解是能發揮作用的。

看穿隱藏在問題背後的默認限制條件

接著，來思考看看「爲了有好氣色，早餐應該要吃什麼？」這個提問。假定的提問對象，不限於個人或是小組。這個範例，主要是針對提問設計的難度，給予一些啓發。

問題 E：為了有好氣色，早餐應該要吃什麼呢？

首先，當您自己被問到這個問題，腦海中會經歷怎樣的思考過程呢？請試著想像看看。

如果您過去有過蒐集關於美容的資訊，在飲食生活中也下了許多功夫的經驗，透過探索「知識」與「經驗」，對這個問題應該就能獲得解答也說不定。但反過來說，如果您過去沒有關於美容的知識或經驗，那麼恐怕也只能透過什麼方法蒐集資訊了吧。於是您會在網站或書籍等「外部資訊」搜尋（【圖 4-46】）。

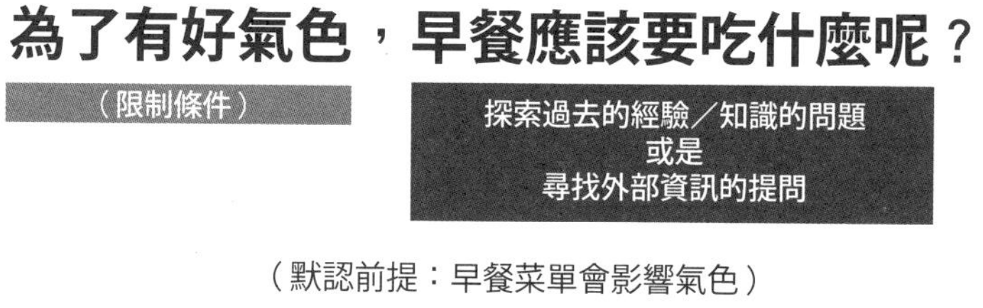

為了有好氣色，早餐應該要吃什麼呢？

（限制條件）

探索過去的經驗／知識的問題
或是
尋找外部資訊的提問

（默認前提：早餐菜單會影響氣色）

【圖 4-46】問題 E 的因數分解

這個現象，可能可以運用第二章所介紹的「工具思考」說明。即使是同樣的問題，隨著受訪者本身擁有的知識或經驗的程度不同，解釋問題的方式也會有所改變，以結果而言，「探索對象」也可能截然不同。

甚至，如果您是個「生性多疑」的人，說不定可能會出現這種想法。

「究其根本，早餐的菜單，究竟會對美容造成多大的影響程度呢？」

「難道不必檢視午餐和晚餐嗎？」

「除了飲食之外，難道沒有其他應該要做的嗎？」

不論是哪一個問題，都是相當正確的指責。在此可以思考的是，屢屢提出的問題中，其實都存在沒有明文寫出的「默認前提」。而麻煩的是，設計這些問題的引導者，很多時候也沒有意識到這些問題本身即存在前提。

因此不論是在問題製作，還是進行評估，引導者必須事先理解提問的性質，必須事先了解問題背後存在的默認前提，事實上會隨著情境不同，而成為一種「限制條件」。而且，被問問題的參加者，也不一定會遵循前提。參加者對於引導者提問的前提重新提問，並形成新的提問，這樣的發展在創造式對話中頻繁出現。

預先發覺阻礙對話的原因

接著，來思考看看關於下述這樣期待能提出解決課題的想法的問句。

> 問題 F：所謂高齡者的早餐菜單是什麼呢？

雖然不限脈絡，但先預設是在一家經營餐廳事業的某家企業中舉辦工作坊，如果目的是著眼高齡化社會而進行新商品研發，可能會更貼切。

和自我介紹的提問不同，這裡指的「早餐」，定位是可提供給高齡者怎樣的附加價值的途徑。也就是說，這個提問範例，可說是以「探索解決對策類型的提問」為基礎（【圖 4-47】）。

排除工作坊的參加者本身即是高齡者，或是從事高齡者照護工作者，對於相關問題擁有可當成線索的知識或經驗，被問問題的那一方，不需探索「親身經驗」，或是「自己的價值觀」。

但是，如果不先釐清高齡者本身的煩惱或需求的情況下，究竟該解決

【圖 4-47】問題 F 的因數分解

什麼項目，問題本身是一片空白。為了思考解決方針，必須檢視透過準備早餐可能可以解決的，關於高齡者正面臨的問題實情。

在課題設計的階段中，即使引導者和顧客之間在「應該解決的課題」已達成共識，但實際上在工作坊中，對於參加者所考量的「解決對策」而言，還是可能出現，課題設定本身仍十分抽象的情況。

從原本問題的描述中，因為已經沒有更多線索可參考，被問問題的參加者，說不定會有種種關於「高齡者對於早餐的要求是什麼呢？」「一般高齡者早餐都是吃什麼呢？」「高齡者通常會花多少錢買早餐呢？」等等的疑問。

因此如果將焦點放在，透過「早餐」可直接聯想到的具體課題「健康」上，就會出現新的問題「高齡者對於健康的煩惱是什麼呢？」。像這樣，如果對於問題的探索對象設下的限制條件難以發揮效果之際，參加者就得自行構思新「問題」。換句話說，在這範例本身「高齡者」的限制條件，也可以解釋成「探索相關問題」的功能。

假設，從問題 F 探索「相關問題」，將問題重新設定成「可以協助高齡者保持健康的早餐菜單是什麼呢？」再進行討論吧。以下是問題 F' 的內容。

問題 F'：可以協助高齡者保持健康的早餐菜單是什麼呢？

問題 F' 比起問題 F 檢視的目標更明確，但即使如此，從參加者的角

度而言，課題設定依舊很模糊。爲了讓應該解決的課題輪廓更加明確，必須搜尋高齡者各種健康問題與相關原因的「外部資訊」，以蒐集問題與解決方案相關的線索。如此一來，在工作坊中應該要因應解決的課題就浮現具體樣貌，這個問題的結構可以拆解成，被問問題的參加者，先提出幾個「解決方法候選選項」，探索可讓團體或小組成員都能接受的「解決方法」當成「團體共識點」。

但是在處理這個問題時，有一個疑慮是，「高齡者」這個詞彙所涵蓋的目標族群太過廣泛，可能較難以限制課題。在政府的人口調查中，是以「65歲以上」當成高齡者的定義，但 65 歲和 85 歲的高齡者面對的問題並不相同，此外，這是需要照護的臥病在床的高齡者呢？還是希望維持健康，仍有活動力的高齡者呢？隨著事先假設的對象不同，課題本身的意義也會隨之改變。如果無法先取得共識，就直接進行對話，要探索解決方式是極爲困難的。

也因此，這個問題的限制條件中，就會在「這裡所指的『高齡者』的定義是怎麼樣的年齡層呢？」的問句中，又包含「探索用詞定義的問題」。甚至再更追根究柢一點，對於問題設定的「高齡者」定義，以及根據蒐集到的線索內容，有可能連「健康」都需要檢視定義（【圖 4-48】）。

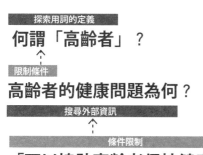

【圖 4-48】問題 F' 的因數分解

實際上在對話過程中，像這樣「探索言語定義的問題類型」經常被忽略。要注意的是，只要覺得疑惑的參加者沒有明說「原本對於『高齡者』的定義是什麼？」的情況下，如果引導者也沒有意識到要主動定義用詞，就會不斷發生認知落差的對話。

如同目前所提到的，對於言語定義的不同，很多都是造成對話落差的原因。像這樣，將複雜的問題進行因數分解，發現阻礙對話的關鍵因素，藉此改善計畫，就能持續精進引導工作的應對水準。

根據上述要領，仔細分解一個問題中包含的要素之後，應該就能培養評估製作問題的眼光了吧。

破冰階段的問題才是真正的關鍵

那麼，到目前為止，已經針對在破冰階段中常用的「今天早餐吃了什麼呢」的問題為題材，說明了問題的評估方式。破冰階段的問題，多數是安排小組成員自我介紹，或是用「早餐」這類比較容易討論的問題為基礎，讓當天一起參與活動的參加者們先認識彼此。

首先，筆者（安齋）本身是不會在工作坊的破冰階段中詢問「今天早餐吃了什麼」的問題。因為筆者認為，破冰階段的提問，必須要讓參加者感覺是「賺到」的內容，雖然很容易被當作單純「舒緩緊張感」的過程，但考量到工作坊本身的特殊性質，以及為了引導出解決課題的經驗流程，破冰階段的提問其實是非常重要的起手式。

對於參加者而言，在計畫中的「引導」，可以說是最初的直球對決。在解說了工作坊設計的本章的最後，補充說明關於破冰階段提問的評估方法。筆者認為，以「優質的破冰提問」的條件而言，最重要的是以下四點。

> **優質的破冰提問要點**
> ① 打破參加者的固定觀念
> ② 動搖既有的組織關係
> ③ 解除警戒心與緊張感
> ④ 能延續主題

① 打破參加者的固定觀念

在工作坊中，主要是讓大家發揮與日常角度截然不同的創新，因此是將日常變得「特殊」的場域。「特殊」是指跨出舒適圈，如此一來，才能打破過往透過日常各種經驗固定下來的認知（默認前提、信念、價值觀、專業知識、習慣、規範、常識等），能獲得日常生活中不會思考的洞察和創意，是工作坊真正的奧妙之處。

破冰的功能，在於引導參加者脫離日常生活，讓思考與身體習慣進入一個非日常模式之中。因此，用比較不同於平常的模式，回顧自己過去的經驗，或是也可以將原本認為「理所當然」的默認前提，在工作坊中變成具體的問題，成為自我介紹的主題。

② 動搖既有的組織關係

工作坊，除了打破日常所形成的團體關係，對於建構新的關係，又或是對於提升關係的品質，都有意義。如同前述重複提及的內容，在企業、學校、地方蔓延的問題，很多都是因為僵化的組織關係所造成的問題。開啟議題討論的人，整理條件的人，總結意見的人等，根據各自擅長的技能，自然而然地決定了自身的人際關係，而這在企業或學校這樣特定的組織中，尤其容易定型，討論的大方向也容易因循守舊。

也因此，參加者如果將日常的關係網絡帶入工作坊中，那麼就有必要

在破冰階段時，加入能讓其他人了解，在日常角色所背負的關係中較不易看到的意外一面的問題，藉此讓外力動搖既有的關係，或透過刻意交換立場的方式等，帶入讓小組關係重建的要素。

③ 解除警戒心與緊張感

以最低限度的條件而言，「舒緩緊張感」確實是重要的。對於參加一個，要脫離日常生活，進入非日常狀態的工作坊活動，應該也有不少人是帶著一定程度的不安、戒備和緊張感的。因此，如果無法確保參加者的心理安全感，也就無法期待能進行深層對話，或是創造出充滿創新的想法。以及，如果無法保證心理安全感，恐怕得到的答案也多半是傾向保守且中規中矩，事實上還有可能發生掩蓋隱約察覺到的不自然等情況。

不僅是透過言語活動，也可以安排引導參加者動動手腳的活動，以容易引起歡笑的失敗經驗分享等為主題，讓彼此在完成自我介紹之後，透過拍手等方式營造出認同彼此的氛圍，除了舒緩緊張狀態之外，也能讓參加者具體了解「這個場合有怎樣的人參加」，是有利於確保心理安全感的做法吧。

④ 能延續主題

最重要的是，雖然是要打破在日常生活中形成的「固定觀念」、「既有關係」、「警戒心與緊張感」的三大「冰塊」，但破冰本身並不是為了個人目的，而是確實成為計畫設計的過程中，一個自然形成的過程。

如同本章一開始所描述的，如果把與主題不相關的創新獨立出來並設定成問題之一，從參加者的立場來看，就會出現「為什麼非得要做這個討論不可呢？」「現在，我們才是那個要被破冰的對象嗎？」的疑問，雖然是破冰活動，但反而讓參加者對於活動有不自然感，甚至引起後段認知的疑慮，這都是失敗的破冰。工作坊因為時間有限，必定是一個接著一個主題

不斷延伸，為了滿足破冰的要件，必須先進行設計。

　　關於破冰的具體技巧和訣竅，可說是不勝枚舉，但其實本質在於，必須一面帶著「為了什麼要進行破冰活動」的意識思考，一面設計問題，這才是最重要的。

　　以上第四章的內容是，關於工作坊計畫的設計方法說明內容。下一章，將針對引導者如何活用計畫設計的技術進行解說。

第四章注：

*1　1905 年，喬治・貝克（George P. Baker）將哈佛大學舉行的實驗型戲劇教育場所 47Workshop 稱為工作坊（Workshop）。

*2　維根斯坦（Ludwig Wittgenstein）著、藤本隆志譯（1976），《維根斯坦全集　第 8 卷 哲學研究》（暫譯）；日文版：『ウィトゲンシュタイン全集 第 8 卷 哲学探究』，大修館書店

*3　真壁宏幹（2008），〈近代重組的工作坊：或是「教育的零度」〉（暫譯），慶應義塾大學藝術中心主編《工作坊現況：邁向近代重組》（暫譯）；原名：「古典的近代の組み替えとしてのワークショップ：あるいは「教育の零度」」、慶応義塾大学アート・センター編『ワークショップのいま：近代性の組み替えにむけて』慶應義塾大学アート・センター

*4　高田研（1996），〈工作坊的課題與展望：從形成共識與解放身體的觀點出發〉，兵庫教育大學碩士論文（暫譯）；原名：「ワークショップの課題と展望：合意形成と身体解放の視点から」，兵庫教育大学修士論文

*5　婷娜・希莉格（Tina Seelig），《學創意，現在就該懂的事》（*inGenius: A Crash Course on Creativity*），繁體中文版由遠流出版（2012）；日文版：高遠裕子譯（2012），『未来を発明するためにいまできること：スタンフォード大学　集中講義Ⅱ』，CCC Media House

*6　保羅・史隆（Paul Sloane），《別讓直覺騙了你》（*How to be a Brilliant Thinker*）；日文版：黑輪篤嗣譯（2011），『ポール・スローンの思考力を鍛える 30 の習慣』，二見書房

*7　奧斯本（Alex F. Osborn）著（2007），《創造力》（暫譯），原名：（*Your Creative Power*）；日文版：豊田晃譯（2008），『創造力を生かす―アイディアを得る 38 の方法』，創元社

*8　山内祐平、森玲奈、安齋勇樹（2013），《工作坊設計論：從實作中學習》（暫譯）；原名：『ワークショップデザイン論―創ることで学ぶ』，慶應義塾大学出版会

*9　Kolb,D.A.(1984)*Experiential learning: Experience as the source of learning and development,* Prentice-Hall, Inc.

*10 這個表單是在本書第四部分的「三浦半島觀光概念的重新定義　京濱快速電鐵」工作坊

中，實際使用的內容。

*11 Wood,D., Bruner, J.S. &Ross,G.（1976）The role of tutoring in problem solving, Child Psychology & Psychiatry & Allied Disciplines, 17(2)

第五章

引導的技巧

5.1 引導的定義與實態

引導究竟是什麼？

　　如果要設計工作坊中的計畫，那就實際召集參加者，舉辦工作坊就能明白。以事前準備工作而言，選定適合計畫的會場，並且決定桌椅等家具擺放位置等，準備一個容易發揮活動效果的環境。為了當天活動順利進行，會牽涉到支持計畫運作的背後支援、紀錄與宣傳等諸多工作，但那位站在所有參加者面前，一面拋出預先規畫好的問題，一面進行工作坊的「引導者」這個角色，特別重要。

　　所謂引導者，是執行引導工作的人物，或者是指能發揮這樣角色的人。facilitation 這個詞彙，在英文中是指「催化」、「使變得容易」的意思，從本書中的文章脈絡來看，這是指催化設計出一套在企業、學校、區域進行課題解決的流程，並使得執行步驟變得容易的行為。

　　廣義來說，在不斷聽取問題當事人的意見之後，重新認識問題的本質，並且定義應該解決的課題，設計工作坊，並輔以課題解決的流程執行。透過上述這些所有的準備功夫，也能進一步了解引導工作整體概念的方式。

　　像這樣先從廣義了解引導工作，就不必將本章提及的引導技巧看做是獨立篇章，而是將第五章視為表達本書所敘述的，課題解決與創造式對話的整體引導概念。

　　本書雖然是將所有設計問題的流程，都視為「引導者的工作」，但在第五章中，則是會從技巧角度，以較為狹義的角度詮釋「引導工作」。在課題解決的過程中，以擔任企畫工作坊的主持人站在眾人之前，向參加者提出問題之際，也提供參加者夥伴之間進行創造式對話流程的支援協助，這樣的行為就是所謂的引導（【圖5-1】）。

　　依循事前規畫好的計畫，活動不僅能順利進行，也有時間能仔細觀察現場情況，可以從容因應小組或是參加者各自不同的進度，或是意外情況，有時可以彈性調整，例如修正計畫，或是延長時間等，並在資訊傳達的方式上下功夫，或是透過影響參加者既有關係網絡的穩定程度，都可以為解決課題而促進一段有創造力的對話。

　　工作坊的參加者，會藉由引導者的話語，遇上許多設計好的問題。引導者身為匯集各種問題的平台，擔任的是如何發揮問題潛力的重要角色。

　　就算設計出來的問題已經過周延的準備，然而引導者如果無法充分傳達問題的目的，而只是生硬地覆述問題，可能無法提升參加者本身在參與活動與對話的積極度吧。明明應該是要帶領進入主要問題的「暖身提問」，卻因為引導者沒有做好問題與問題之間的連結工作，對於參加者而言，恐

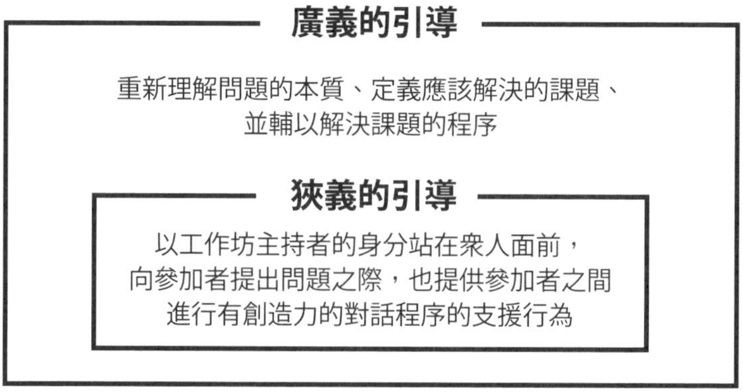

廣義的引導

重新理解問題的本質、定義應該解決的課題、
並輔以解決課題的程序

狹義的引導

以工作坊主持者的身分站在眾人面前，
向參加者提出問題之際，也提供參加者之間
進行有創造力的對話程序的支援行為

【圖5-1】引導的構造

怕只會覺得「多此一舉」。

此外，不論活動前多麼認真測試「問題的深度」，對於活動當天的創造式對話深度，本質上是不可能預測的。究竟會發生什麼事情？能夠依照原本的意圖進行嗎？會不會大幅偏離原本的目的呢？雖然原本沒有規畫這部分，但參加者能從其他意外的角度切入課題討論嗎？要能做到準確判斷「再這樣下去就糟了」，並且重新切換船舵方向，就像航海員一樣，要具備能從空氣與海浪微妙的不自然中，判讀氣象與潮流變化的能力。

不論是能激發還是扼殺問題的潛力，當天引導者本身的言行舉止就掌握了整場工作坊的關鍵。透過本章，一起來思考擔任提問的引導者所需具備的思維與技術吧。

引導的難處和痛點是什麼？

筆者常接受來自各式各樣背景的人詢問「希望能提升自己的引導水準，應該要怎麼做？」的諮詢。「所謂厲害的引導，究竟是怎麼樣的概念呢？」「為何您的引導無法順利發揮效果呢？」在對方一面提出問題之餘，我一面嘗試解開這次諮詢的背景，發現，現場事實上是有各式各樣的關鍵因素相互影響，才會造成「引導工作無法順利進行」這樣的情況。

看起來不論如何，現場就是有「引導工作很難」這樣根深蒂固的共通認知。確實引導工作應該是困難的，而引導者本身扮演的角色確實是模糊曖昧且具備多種含意的，無法直接以一句「如果這樣做就可以」簡單地為行動下定論。

例如，突然向參加者提出主題與問題，僅僅只是擔心能不能照預定時間進行，那麼這只是「守時人」的行為而已。另外，引導者也不只是誘導參加者發表意見，並進行意見彙整而已。如果活動中還要求引導者必須擔負教導參加者知識的「指導者」（instructor）角色，也有可能會被要求需要擔任和地方社區組織進行合作的「協調者」角色。在肩負多元化角色，必須

四處奔走的引導者技巧，就是活動現場參加者們達成默契，共同尋求解方的對象，外界認為這一點是難以用言語形容的共識 *1。這就是長年將工作坊視為專業的筆者們，對於引導者認定為「百變姿態」的原因之一也說不定。

引導工作，為什麼會被認為是「困難」的呢？

究其根本，引導工作真的是那麼「高難度」的嗎？

筆者發揮自身得意的「單純直接的思考」、「批判思考」特質，進行關於引導工作「困難度」某種程度的基礎調查 *2。

在這分調查中，並不是要針對現場引導者的「客觀課題」進行調查。只是對於有現場經驗的引導者，進行「引導者的那一個部分是讓您覺得困難的？」「為什麼會那樣想呢？」這樣的「主觀認知」。

在引導工作中感受到困難的原因，究竟是在工作坊計畫中的「引導」、「理解」、「創造」，還是「總結」呢？或是說，覺得困難的點是在於計畫以外的部分？為企業商品研發而舉行的工作坊，以及社區發展工作坊，引導者在這兩種工作坊所感受到的難度是一樣的嗎？同樣是以學習為導向的工作坊，這裡所感受到的難度，和學校課程、企業進修的難度是一樣的嗎？心中帶著「單純直接的疑問」，開始進行現場實際情形調查。

調查時間從 2017 年 6 至 11 月，配合問卷與訪談調查同步進行。問卷調查中，受訪對象不限於是否從事工作坊相關領域或是經驗年數，而是以有工作坊經驗為主的實踐者為對象，透過網路進行線上調查。除了詢問關於工作坊實行領域與經驗年數等基本資料之外，設計了五種難度，詢問當事人關於當天工作坊的場景，以及工作坊計畫的各個階段所感受到的難度。

工作坊的計畫名稱，為了讓受訪者更容易理解，將「引導」分成「開場介紹」（introduction）和「破冰」（ice-break），「理解」與「創造」，則各自以「支線活動」和「主活動」代換，最後的「總結」，則是分成「發表」與「回顧整體活動」，此外追加「活動開始前」與「活動結束後」的階段。

此外，關於在五種難度中最高程度的「非常困難」，則是需要以自由敘

述的方式回答理由。

透過社群平台（SNS）或是引導者發送清單等方式將這分問卷寄出之後，回收了 152 分問卷。其中在經驗年數的畫分依據，是參考成熟的先行研究 *3 分類爲，以第一至三年爲新手（52 位），第四至十年爲中堅（78 位），第十一年以上則爲資歷豐富者（22 位）。舉行工作坊的領域也十分多元，以企業內部人才培訓爲主（44 位）、學校教育（21 位）、商品開發（30 位）、社區發展（15 位）、藝術（9 位）等主題領域進行彙整，至於上述主題以外的領域，則以「其他」表現（【表 5-1】）。

	企業內部人才培訓	教育（學校·大學）	商品開發	社區發展	藝術	其他	總計
新手（第一至三年）	12	10	13	6	1	10	**52**
中堅（第四至十年）	24	8	15	8	4	19	**78**
資歷豐富（第十一年以上）	8	3	2	1	4	4	**22**
總計	44	21	30	15	9	33	**152**

【表 5-1】問卷調查回答者詳情

在結束問卷調查之後，針對 16 位引導者，進行更深入的訪談調查。根據在問卷調查中得到各階段遭遇到困難的難度值結果，以及自由描述的回答方式爲基礎，依據困難發生的背景、關鍵原因、因應對策等項目，進行訪談（【表 5-2】）。

		經驗年數	工作坊領域	年齡		職業
新手	A	3	人才培育	49	女性	上班族
	B	3	教育	31	男性	工會職員
	C	3	商品開發	33	女性	上班族（大公司設計部門）
	D	3	商品開發	32	女性	顧問
	E	3	商品開發	35	男性	服務設計者
	F	3	商品開發	33	男性	網路廣告
	G	1	社區發展	28	女性	一般社團法人職員
中堅	H	4	人才培育	53	男性	自由業
	I	8	教育	36	男性	醫師
	J	9	商品開發	45	男性	上班族（研究人員）
	K	10	商品開發	44	男性	進修引導者
	L	9	社區發展	32	女性	上班族
資歷豐富者	M	27	人才培育	54	女性	上班族（人才開拓）
	N	11	教育	41	男性	上班族、大學職員
	O	12	教育	29	男性	工作坊設計者
	P	26	藝術	57	女性	大學教員、舞台藝術服裝師

【表 5-2】協助訪談者資料

阻礙引導的六大原因

根據 152 位引導者的問卷回答統計，計畫的各階段中引導之所以困難的原因，如【圖 5-2】所示，呈現類似雙峰型的形狀。

從中可以了解到，對於引導者而言最困難的階段在於「主要活動」，也

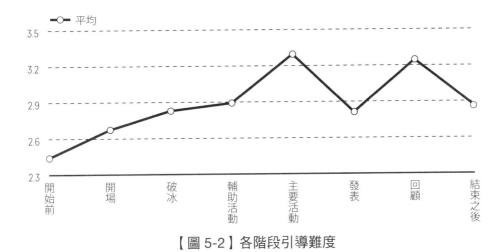

【圖 5-2】各階段引導難度

就是「創造」，接著是在「總結」中的「回顧」活動。其他比較不會認為困難的階段，則是在「活動開始前」與「引導」的「開場介紹」。

　　為什麼會導引出這樣的結果呢？為了確認在這調查結果的背後反映的困難本質，接下來是藉由訪談調查逐一深入挖掘關鍵因素。

　　結果，對於認知中的難度，實際上是存在「34 種」不同類型的困難。大致可分類成「賦予動機・現場氛圍的營造」、「適宜的說明」、「對於溝通上的支援」、「把握參加者的狀態」、「因應意外發生的事態」、「調整計畫」、「其他」總共七個項目（【表 5-3】）。

在引導過程中感受到的難處

【賦予動機・現場氛圍的營造】

為參加者賦予動機・營造現場氛圍等，對於要讓現場活絡起來的相關措施覺得困難。開場的氛圍創造，為詢問「理解」的話題提供創造動機，活動整體的氛圍創造、和參加者的關係建立、在發表總結時的氛圍創造等，對於計畫整體的實施都覺得困難。

【適宜的說明】

在整個計畫進行的過程中，因無法進行適當的說明而感到困難。在開場時的活動主旨說明、說明詢問背景、問題與問題之間的聯繫說明等難處。

【溝通上的支援】

主要是在「創造」的小組工作中，很難形成對話的共識，無法從對話中產生新的創意，無法控制參加者多元化的意見表達等諸多難處。此外，關於介入小組工作，可能會有「介入太多」疑慮的人，或是抱著「無法充分介入其中」想法的人，究竟應該要介入到什麼樣的程度，似乎可從中看出感到兩難的情況。

【掌握參加者的狀態】

藉由觀察與介入，要能及時把我參加者的狀態有其困難。參加者人數只要一變多，就無法詳細掌握各自的活動情況，或是參加者的思維、學到的經驗等，比較內心層面的狀態比較難掌握，這一點是覺得困難的部分。上述也可以說是在「適宜的說明」與「協助溝通上的支援」覺得困難的原因吧。

【因應意外事態】

這一段是指在設計專案項目階段時，沒有預測參加者行為，或是有關如何因應麻煩的困難。工作坊的創造式對話計畫，當然無法在事前做好所有的預測。對於「創造」階段中所產生的想法，大家給予的回饋或是評論內容，或是機器設備的障礙，或是要如何因應參加者妨礙行動等，提到多項困難。

【計畫的調整】

事前設計的計畫，要能配合當日的狀況和進度進行調整的困難度。在落後預定時間的情況下調整時間表，或是問題難以發揮功能的情況下，

要如何更改計畫等，似乎也遇到不少困難。

依據以上六大性質不同的「困難」，可看出引導的難度呈現雙峰狀的理由（【圖 5-3】）。

對於現場引導者而言備感困難的「主要活動」，背後有兩個關鍵因素，一個是，難以提供參加者在進行小組作業時「溝通支援」。另一個是對於小

小組	感到困難的部分	場面範例
賦予動機・現場氛圍的營造 6	營造氛圍、賦予動機、舒緩參加者的恐懼、和參加者建立信賴關係	開始前、開場、輔助活動、發表、整體
適宜的説明 4	無法傳達想要傳達的是像、無法清楚説明作業與作業的關聯	整體、開場、輔助活動
對於溝通上的支援 9	建立參加者同伴之間的人際關係、適時參與討論、無法坦率面對參加者關係	整體、主要活動
把握參加者的狀態 2	無法掌握討論的情況、無法掌握參加者從工作坊中學習到的經驗	主要活動、回顧
因應意外發生的事態 5	總結（彙整）討論結果、對於發表給予的評論、因應意外事態／參加者	輔助活動、發表、回顧、整體
調整計畫 4	在有限時間下的發表、難以重新調配時間的計畫設計	發表、回顧、整體
其他 4	促進參加者將學習到的成果用言語表達、工作坊的效果・成果如何持續、自身的心理層面問題、不了解哪裡是困難點	回顧、結束後、整體

【表 5-3】引導，究竟難在哪裡？

組作業中「掌握參加者狀態」的困難，這時引導者也會順勢提到「賦予動機‧營造現場氛圍」、「調整計畫」等狀態，多種不同情況的困難疊加，於是出現「主要活動的引導工作很困難」的認知。

接著，在讓人覺得困難的「彙整」與「回顧」部分，因為在此時間點上不清楚參加者內心的感受，覺得「掌握參加者狀態」很困難，加上不確定對參加者的發言內容應給予怎樣回饋的「意外事態因應」，甚至是在整場活動到尾聲已經超出預定時間，必須花心思「調整計畫」的困難，相互交錯。

另外，認為難度相對低的「活動開始前」和「開場」，大多數認為的困難點主要僅有「賦予動機‧營造現場氛圍」，相較於「主要活動」與「回顧」，可以解讀為多數人認為這部分相對容易掌握。

計畫設計與引導的互補關係

那麼，這分調查之所以有趣的部分，是接下來的內容。根據上述問卷調查的結果，並依據從事引導工作的經驗時間各自整理之後，就呈現如【圖5-4】的結果。

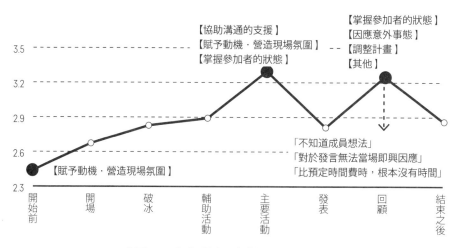

【圖 5-3】各階段引導難度的原因分析

　　看新手的折線圖表現，在「主要活動」與「回顧」有兩個難度高峰的「雙峰型」，且整體平均的圖表形狀呈現類似走勢。中堅者和新手保持同樣的折線特徵，整體而言對於困難的認知有下降趨勢。經過數年的實際經驗累積之後，引導技巧更成熟，已經不像當初新人時期所認知到的困難程度，但覺得困難的點，呈現相同的傾向。

　　然而，看經驗豐富者的折線圖走勢，與新手或中堅相較則有相當大的差異。整體而言，經驗豐富者和新手、中堅的難度認知走勢相較，整體難度偏低，有意思的是，經驗豐富者反而認為在「開始前」和「結束後」是最為困難的階段，而在新手和中堅覺得困難的「主要活動」和「回顧」階段，對經驗豐富者而言並不那麼困難。

　　此外，中堅族群認為難度較低的「開場」困難度，從經驗豐富者的角度來看，應該會更低才對，沒想到卻呈現較高的數值。針對「開場」的難度，協助受訪的經驗豐富者 P 氏（藝術領域、引導工作資歷第 26 年）表示：

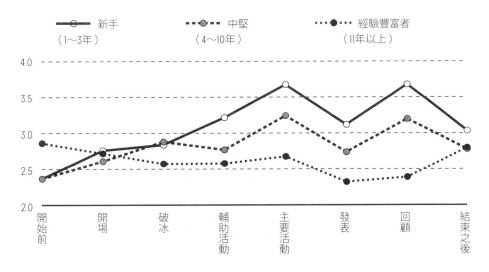

【圖 5-4】引導者年資與各階段引導難度的比較

在設計計畫的時候，因為無法實際看到參加者，不了解參加者究竟帶著怎樣的想法參加這次的活動，所以很難先做出假設。（中略）參加者的動機因人而異，雖然事前已經設想了好幾套內容，但也有過那種，在活動當天看到參加者的瞬間，就想要更改開場的情況。（中略）例如看到參加者環抱雙臂的樣子，就會有種強烈拒人於千里之外的感覺。如果這樣的人占多數，那麼就會需要從身體開始引導放鬆，或是說一些讓參加者放下警覺心的話語。

P 氏認為，因為無法事先在計畫設計的階段，就決定好使用哪一套特定的開場或是進行方式，因此必須先準備好幾套備案選項，根據當日觀察到的參加者情況，決定要用哪一套。適當的開場進行方式，是根據參加者而異，可以明白，適當的判斷對於賦予參加者而言是重要的。

根據訪談調查的結果，新手與中堅在「開場」之際，會在「賦予動機‧營造現場氛圍」上特別著墨，相對來說經驗豐富者不僅會顧慮這一點，也會觀察現場參加者每個人的狀況，一面推測事前準備的計畫，是否如「測試」一般順利發揮機能。至於新手以及中堅則是在經歷不同的嘗試錯誤之後，在大腦中高速思考加以因應。

經驗豐富者和新手不只是在這個地方有所差異。在新手或中堅強烈感受到困難的「主要活動」或是「回顧」上，經驗豐富者並未出現特別覺得高難度的情況，應該可以解讀為，某種程度，經驗豐富者能保持冷靜進行引導。這應該可以推論出，在評價一個人引導技巧的高低之前，預先做好計畫的策略設計，就能達到「活動當天就不必慌張」的原因吧。

例如，協助受訪的中堅引導者 L 氏（社區發展領域、引導工作資歷第九年），指出他認為引導工作之所以困難的原因，如下所述：

坦白說，我其實不清楚引導工作究竟是什麼內容。（中略）經常聽

到誰很會引導，或是誰不會帶領討論，但當我聽到這其實是因爲計畫的規畫不佳所導致時，我就理解了。

也就是說，引導者認爲「無法順利引導」之際，並非全都是因爲引導者能力不足所導致。如第四章所述，影響工作坊能否順利進行的關鍵，在於計畫設計階段時所規畫的提問設計。

引導者在工作坊當天出現「在創造階段，很難引導」的感覺，關鍵很有可能是在於計畫設計時，課題設定太過簡單所致。甚至，在討論工作坊設計之前，不排除可能就是在「課題設計」階段出現問題。

在工作坊設計之中，引導與計畫設計無法切割。引導者在所有環節中感到「困難」的原因，不能只單靠引導者的能力或是心思去解決，而是要將每一次引導過程的反省點與注意點，反映到下一次的「課題定義」，或是「計畫設計」中，讓其愈成熟，這才是最重要的。

大致而言，提問設計的新手，比起課題設計更重視流程設計，然後在流程設計之中，比起事前計畫的準備，更關心的是當天的引導過程。另一方面，當對於提問設計的流程愈來愈熟練之後，雖然也重視當天的引導，但也理解到光是活動當天很努力地執行，也有可能發生無可挽回的情況，因此會多花心思準備事前的計畫，並且認知到位處源頭的課題設計，才是決定問題能否成功解決的關鍵，因此關注焦點可能更往上回溯。

引導者真正的角色是什麼？

雖是這麼說，但根據調查結果所述，引導資歷年數較豐富的老手，並不只是在計畫設計上的技巧高超，而是能從新手或中堅看不到的角度掌握現場的情況，並同步解讀。只靠計畫並無法解決，但可能因爲當天有引導者這個角色，而得以發揮優勢所在。那麼，從提問設計觀點來看，所謂當天的引導者角色，究竟指的是什麼呢？

首先，這個角色機能指的是，將計畫設計時所製作的提問，用最適當的傳達方式，告知參加者。然後，在引導者拋出問題爲起點，仔細觀察如何引發參加者思考與對話的過程。

狀況如果不那麼令人滿意，就要藉由修正原先準備好的問題，在調整成更好的過程中，加入讓問題能更深入的時間設定，在這情況之下，引導者須適時完成新的提問並拋給參加者，讓對話流程繼續進行。

不僅是要用客觀的方式傳達事先準備好的提問，包含引導者本身在內，在場的所有人，都必須創造一個，能讓各自將題目當作切身之事加以理解並且充分對話的場域。

如果對話順利進行，各自小組中對應問題的答案，應該就能在獲得嶄新定義的情況下成立吧。引導者再以綜觀大局的角度解讀，並以此打破既有的觀點，透過重新詮釋之後，制定有關課題解決的具體行動計畫，或產生具可發展的主題，爲發生在非日常情況下的工作坊，畫下句點。

必須注意的是，引導者終究只是協助解決課題的「助攻者」。由於參加者才是「主角」，要讓主角集中在問題本身，就必須維持場域的心理安全，以及協調出一個適宜的環境。

5.2 引導的核心技巧

引導者的核心技巧是什麼？

在前一節提到，爲遂行引導者的功能，可以從「簡單思考」、「批判思考」、「工具思考」、「結構思考」、「哲學思考」來掌握問題本質，工作坊的「計畫設計」技巧也是理所當然，除了上述思考方式之外，引導者還必須具備以下六項核心技巧。

> **引導者的六項核心技巧**
>
> 1. 說明力
> 2. 現場觀察力
> 3. 即興力
> 4. 資訊編輯力
> 5. 重建框架力
> 6. 控場力

　　以下針對六大核心技巧，進行具體解說。

核心技巧（1）說明能力

　　說明能力是指，用最簡單易懂的方式傳達對於參加者而言必要的資訊。在多數的工作坊中，引導者要站在參加者眾人面前，在開場時就清楚說明這次計畫的目的與概要，為參加者賦予動機之後，誘導進入課題解決的流程中。

　　從破冰或者是「理解」的「暖身問題」，到「創造」的「主要活動」，將事前製作好的提問拋給參加者，有的時候，還要說明關於「為何會有這個問題」的背景，讓參加者能在最自然的情況下專心思考問題，此外，以問題為起點，為了讓創造對話更加深入，也必須明確傳達必要且充分地資訊。

　　一般而言，提到引導者，可能是因為那種仔細傾聽現場意見，並引導參加者意見的角色既定印象太過強烈也說不定，反而會輕視說明能力這部分。但是，當引導工作進行不順，只要一看到正在煩惱的新手的實踐成果，就會發現，很多時候是因為說明的說服力，或是不夠清楚，使得製作的問題意圖無法順利傳達，參加者對於事前設定的課題不感興趣，使得計

畫未能如預期發揮功能，也無法發揮問題的潛力。在引導工作困難之處調查中，也反映出第一線引導者多認為「適當的說明」的高難度。

為了要清楚傳遞問題意圖，首先，就必須要明確傳達問題焦點（【圖5-5】）。

例如，如果提問「您至今體驗過住起來最自在的場域是怎樣的呢？在舉出具體案例時，一面針對共通點進行討論」，對於參加者而言，這就是一個明確規範問題探索對象與條件的提問，思考或是對話也容易聚焦吧。

但是，如果只是問了一個很曖昧的「何謂自在的場域經驗呢？」的問題，那麼可能就是沒清楚傳遞問題意圖也說不定。

第二，傳達問題文字敘述之外的背景意圖是很重要的。關於所有的問題，雖然必須添加太多不必要的，彷彿說明般的長篇大論，但對於這個問題設定的引導者意圖，以及與課題之間的關聯，僅須增加一兩句話說明，也會讓參加者對於問題中產生的文章脈絡更容易思考，也有利於在犯錯後馬上找到原因修正，以進行下一次試驗。

第三，在這之前，要補充和問題相關的連結。特別是，善用「暖身提問」的情況下，如果不說明其中的關連，很多時候，在前一個問題所思考的內容，就無法在下一個問題活用。

雖然可能提出一道堪稱「得意之作」的問題，讓在回答暖身提問的參加者注意到，這是和正式提問之間有所連結的題目，但這其實需要相當熟

---

1. 明確傳達問題的焦點

2. 傳達不在問題本身技術的背景意圖

3. 補足與先前提問之間的關連

【圖 5-5】清楚傳達問題意圖的要點

練的程度才能達成。而引導者的角色就是在於連結計畫中各項要素。

　　讓參加者受到計畫的吸引，賦予動機，首先要做的就是，基於好奇心吸引「注意力」（【圖 5-6】）。對於參加者而言，能激起他們「似乎很有趣」、「想要想想看」等興致盎然的想法，就能吸引他們注意力。

　　定義課題的過程中，使用五種思考方式（參照第二章），重新理解問題的經驗，或許可以在此處運用也說不定。當拋出了前述的這個問題「您至今所體驗過的自在場域是怎樣的場域呢？」如果能適時提出：「明明乍看之下是很自在的空間，但其實很難讓人靜下心來在此處久待，您有過這樣的經驗嗎？對人類而言的自在，是依據什麼樣的條件成立的呢？」等等，加入相關的輔助問題，就能簡單地引起「對啊，究竟是為什麼呢？」這樣覺得不可思議的情緒，進而被問題吸引也說不定。

　　第二，讓參加者意識到，問題和自己有關連。人類在面對問題之際，不論是經過多少功夫完成的問題，假如認為和自己本身無關，就不會積極去思考。透過提出一些補充敘述，讓參加者回顧親身體驗可能較願意思考，或是認為對自己日常生活或許有所幫助，也比較可能讓參加者有思考的動機。

　　另外，在活動進行中投影 PPT 或是 Keynote 等簡報資料的情況中，簡報設計也需要考量到說明能力。參加者經常會出現在交流時，過分注重枝微末節的問題，而忘記主幹問題的情況。這時，就要在簡報上明確標示希望參加者持續思考的問題內容，並且簡要註明希望參加者能意識到的問題

1. 基於好奇心吸引注意力

2. 讓參加者意識到，問題和自己切身相關

【圖 5-6】讓問題吸引人的要點

相關背景，或是需要注意的重點等，讓參加者不要迷失在討論之中。

核心技巧（2）現場觀察力

所謂的現場觀察力，是指蒐集來自參加者提出的資訊，並針對現場目前是處在怎樣的狀況，課題解決的流程是否順利進行，有無讓創造對話更加深入討論，參加者每個人是否都有參與討論的動機等情況，並仔細觀察參加者的思考或對話流程以掌握現場狀態的能力。

傾聽參加者對話內容，則是觀察力之一。當現場有多個小組的時候，那時，雖然可以將注意力集中在關注的小組，並仔細聆聽一個一個參加者的發言，但就無法同時掌握其他小組的情況。

此時，注意現場聲量大小，也能達到某種程度掌握現場情況的目的。當現場的回應不太熱絡之際，可能就是暗示討論陷入瓶頸的警示，如果是很大聲熱烈地討論時，也可能是討論已經脫離主要問題的警訊。聲量的大小，會成為讓引導者判斷需要仔細觀察重點小組的線索。

基本上，拋出的問題究竟該如何傳達給參加者，對話應該怎麼樣進行，不斷和事前「測試」時模擬的結果相互比較，可以判斷出，是依照原定計畫發展，還是發生了問題，又或是，雖然現場是意外狀況，但從解決問題的觀點來看，出現符合期待的發展等。

在這裡應該注意的要點是，觀察的結果，充其量應只是做為「解決課題的流程是否達到符合期待的效果」的判斷依據。

例如，眼前的小組中，明顯有一個發言機會比較少的「安靜的參加者」。當事人已超過 15 分鐘都沒有發言。如果您是引導者，對於這位參加者會採取怎樣的行動呢？

若是引導者本身資歷尚淺，對於這樣的情況可能會「這樣下去就糟了」立刻往最壞的方向設想，就會開始思考如何讓「文靜的參加者」發言的因應對策，便以一個活絡現場氣氛的角色介入，開口詢問「有什麼想要表達

的意見嗎？」想要改變討論的氣氛。

　　然而這樣的介入行為，以結果論或許會發揮良好的效果，並不能稱得上是一種適當的介入方式。引導經驗尚淺之際，很容易誤將高聲討論，氣氛熱烈，視為一次成功的工作坊。

　　在必須解決複雜課題的創造式對話環節中，「沉默的時刻」不代表一定發生什麼棘手的情況，有的時候這是必要的情境。關鍵在於，眼前「安靜的參加者」為何不發言的理由。私底下究竟抱持著什麼想法呢？要掌握對方「不發言」的原因才是重點所在。

　　在要掌握參加者深藏的一面之際，觀察對方的表情、姿勢、視線等小地方，想像對方的心理。在其他參加者身體前傾展現出興味盎然之中，只有那位參加者的上半身仍靠在椅背上，環抱雙臂，眉頭緊鎖，可能是有哪裡不太理解，而覺得焦慮也說不定。如果就這樣不說出焦慮而只是沉默，這時突然詢問「您有什麼樣的想法嗎？」或許可能會是個誘導對方說出自己意見的契機。

　　或者是，對方一直盯著桌上鋪開的模造紙上書寫的問題，時而望向天花板，時而沉思，看到這樣的情況，可能是對方正在嘗試如何將大腦中產生的思緒轉化為言語也說不定。

　　如果是這種情況，若是急著讓他發言，可能就會妨礙到他正在自我嘗試錯誤的過程。認為有哪裡無法認同的人，或者是無法完全消除心中焦慮的人，可能會是決定接下來對話方向的一大轉折點。正當準備結束一段輕鬆容易的討論之際，從部分的自以為是開始，而對於小小聲的反映視而不見，只一味地按表操課進行下一階段，就會受到要順利完成討論的衝動所主導，而忽視那樣的微小焦慮。筆者們認為，能將那樣與「寧靜變革者」面對面，結合創造式對話的情境，才是引導者展現自身真正實力的關鍵。

　　所謂觀察，是廣泛蒐集客觀可觀測到，與「事實」相關的資訊，並加以整合「解說」。參加者的發言、對其發言內容做出的反應、會話交流、表

情、姿勢、坐著的姿勢、站著的樣子、在便利貼或工作表寫下的內容或字數等,用眼睛與耳朵多方蒐集「事實」資訊就能當成解釋狀況的線索。

當參加者人數變多的時候,引導者一個人要盡善盡美地觀察所有參加者的情況,有的時候也是不切實際的吧。這時,就增加善用便利貼或是工作表的機會,讓參加者寫下對於問題的意見,透過目視的方式讓資訊蒐集更加方便。從計畫設計階段時就做好準備,也是很有效果。

雖然後續會再詳談,這裡先簡單提出,事先指定每個小組都有一個桌長,以掌握整體組員的狀況,引導者再向桌長確認情況,就等於是整握整體動向,這也是很有效的方式。

對於事實的「解釋」,可以同時使用「蟲的眼睛」和「鳥的眼睛」兩種模式進行也很適合。蟲的眼睛是指,透過眼睛對於每個參加者本身,精細地觀察對方心理層面究竟有什麼樣的思考或是情緒流動的模式。鳥的眼睛則是指,掌握參加者整體情況,判斷現在「現場」處於怎樣的氛圍中。

這時,用擬態語來描述現場的情況,該使用怎麼樣的比喻,也是一種解釋的訓練(【圖 5-7】)。當各自意見踴躍地相互呼應,這個情境應該是用「煩躁」,還是「興奮」,又或者是「嘈雜」來形容呢。如果是在較為安靜的情境,是「播種耕耘」的狀態,又或者是「正在萌芽」的狀態,還是「澆

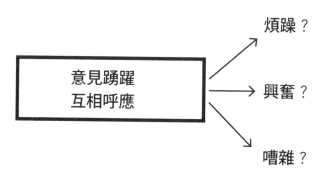

【圖 5-7】判斷情境

灌太多水，快要窒息」的情況呢？

在進行引導的工作中，需要累積一定的經驗值，才能即時善用「蟲眼」和「鳥眼」兩種模式作出適當的解釋。在還是新手階段的時候，每一場工作坊結束後，趁著一面回顧照片或影像紀錄時，一面練習解釋當下的事實情況即可。

核心技巧（3）即興力

所謂即興力，指的是可以不受到事先安排好的劇本束縛，而得以因應現場狀況彈性應對的能力。一般而言，即興（improvisation），通常是在戲劇或是音樂等表演藝術的世界，跳脫既定框架，自在表現的手法。

尊重每個參加者為主角的創造型流程工作坊，正是不斷重複上述即興演出的過程。一面依循僅寫下大概流程的粗略腳本，配合透過一面「觀察」而察覺到的細微變化，更改原本預定好的提問表現方式，增加適當的補充說明，調整原先的時間設定，大膽抽換成其他的問題提問等，修改問題的設計，對於已經熟悉工作坊模式的資深引導者而言，乃是家常便飯。

既是專攻即興劇（improve）研究的大學教授，同時也以資深引導者身分活躍於工作坊圈的高尾隆，針對即興的本質，做出以下說明 [4]：

> 即興劇的本質，並非依照各人各自的喜好，想到什麼就演什麼的「鬧劇」。而是將每個人發揮的創新，透過彼此都能接受並理解的方式，讓意義發酵，創造出至今前所未見的全新故事內容。但是，儘管已經創造出來了，都能接受了，也讓其進行發展了，這些「努力」，也可能無法發揮如預期想像中的效果，這就是即興劇的難處，但也是令人興趣盎然的地方。因此放棄「努力地」即興吧，就讓他順其自然，或許反而會更加順利也說不定。

　　對於那些擁有高度即興能力的引導者，會去想像是怎樣的人、又會做出怎麼樣的行為嗎？如何巧妙地因應突發狀況，面對參加者提出的意見，能作出圓融的評論，當小組討論遇到瓶頸時，又能給予具有創新的想法，或許大家想像到的，是上述這般理想的引導者也說不定。

　　但反過來說，如同高尾的論述，事實上並沒有必要為了即興因應那些無法預知的意外，而勉強自己去努力。也不要對於眼前發生的麻煩直接定義為「麻煩」而拒絕面對，或是壓制對象。面對參加者的創意，不會硬是要擺出架子，「必須拿出更加有品味的評論或是有趣的創意」。這就是讓每一次即興的引導都能發揮效果的基本態度。

　　即興劇的世界中，這樣的基本態度很常用「YES和AND」（是的，而且）來表現。在眼前發生的樣態，就算發生不願的意外事態，也不會立刻用否定的方式解釋，而是先以「YES」的態度接受。再根據不勉強自己的直率反應，以「AND」的態度提案。

　　所謂意料之外的事態，反過來說，是指參加者本身的想像力，超過提問設計者本身的程度。「原來如此，會往那個方向思考啊」用這樣的態度接納發生的意外，並樂在其中。那就是發展有創造力的對話，即興陪伴的必要態度。所謂創造就是一種破壞。正是因為它存在於破壞自己當初預想的瞬間，因此會要求這種願意積極接受創造種子萌芽的態度。

核心技巧（4）資訊編輯力

　　所謂資訊編輯能力，是指整合多種資訊，並彙整出帶著嶄新意義的資訊的能力。

　　工作坊的後半段，對於提問，參加者的想法，在對話中所產生的意義，都會在現場立即顯現。例如在三個小組中，就會發表出三種承載各自不同意義的結論。

　　對此，如果只是簡單一句陳述「出現了三種不同的意見呢」當成總結，

應該很難期待後續會出現具備深度的對話吧。

　　因此對於這樣的情況，如果是拋出「雖然有各自不同的意見，但其實這些想法有共通點呢」、「這兩個意見雖然方向上相同，但和另一個意見卻是對立關係呢。有沒有什麼方法可以克服這樣的情況呢？」類似這樣的評語，就能連結各自存在於資訊之中深層的意義，並提升層次，並且賦予全新的定義，產生新的問題，並透過回饋給現場，就能更加促進課題解決的流程。

　　具體而言，以下四種資訊編輯的功夫是有效的：

> **資訊編輯的功夫**
> ① 找尋共通點
> ② 發現相異點
> ③ 將資訊結構化
> ④ 探索觀點的不足

① 找尋共同點

　　透過在多個意見中找尋共通點，是個可以找出全新意義的方式。針對同一個主題交流討論的結果，儘管會出現多元的意見，但在本質上應該總會有想要珍惜的價值觀，或是值得發現的特徵等，幾個共通的要素。為了讓投入在自己小組對話的參加者，能注意到和其他小組提出意見中的共通點，如果引導者可以點破這個思考方向，也會凸顯自己參與的小組所提出的意見。

　　但是，被提及的關鍵字或內容，並不是單純因意見的表現方式而產生的表面類似點，重要的是，觀察出隱藏在各種意見背後的價值觀與主張、意見的結構等本質上的共通點。

　　例如，在思考未來的汽車配件會有什麼新奇產品出現的工作坊中，出

現「人工智慧的技術，應該能讓人類更享受駕駛的樂趣吧？」、「希望透過人工智慧技術，能自動調整在駕駛或啓動自動駕駛時的車內環境」這樣兩種意見。

對此，若將焦點放在言語上的表現方式，雖然可以得出「兩個意見都是活用了人工智慧技術的想法呢」的結論，但如果將焦點放在，探究意見背後的主張或是目的，就會變成「就算自動駕駛技術普及，人類還是存在『想要駕駛』的欲望呢」之類，就能立刻讓全場注意到這層更加深刻的意義。

② 發現相異點

和找尋共同點的作法一樣，探詢相異點也是重要的。在多元意見相互交流的過程中，不同之處無論如何都是列舉不完的，雖然乍看之下很多是類似的意見，但其實如果從觀點或個人主張中，找到雖然微小但是關鍵的差異，並著眼於此，就有可能成爲產生全新問題，加深對話層次的契機。

③ 將資訊結構化

尋找意見夥伴的共通點或是相異點的同時，透過「結構思考」的方式整理意見與意見的關係，也是相當有效的。在這裡所指的結構思考，是指縱觀多種資訊，分析‧整理資訊之間的關係，並以結構方式理解整體意見輪廓的思考方式。

不同於課題設計的階段，因爲沒有時間能讓人仔細將意見書寫於紙上的空閒，因此有必要一面傾聽參加者的意見，一面在腦中掌握對方意見表達的構造。

④ 探索觀點的不足

當意見結構化之後，就會注意到整體還有尚未被檢視到的「遺漏觀點」或是「偏頗意見」。

如果只是將參加者的意見陳列出來，可能聲音大的人的意見會優先獲得重視，如果都只是列出贊成的意見，可能就會傾向用多數決討論。

此時，若能將資訊經過結構化的整理之後，掌握資訊間的平衡，就能期待藉此防止論點過度簡化，並發揮探索不足的功能。如果能發現觀點上的缺漏，就能直接發展出下一個提問。

例如，針對未來汽車配件的創新，如果注意到觀點是偏向「喜愛開車的駕駛人」，就會改變角度，用「不妨從覺得開車很麻煩的生活者觀點來思考看看？」來提問，如此就會動搖原本的思考框架，進而創造出全新對話內容的契機。

核心技巧（5）重建框架力

重塑框架的能力，就是在第三章「目標的重新設定」中介紹的重塑框架能力。工作坊當天的引導工作，隨著參加者的對話展現這種能力的意義，如果是善用其他認識的框架以重新理解，也會改變賦予的意義。

活用核心技術中的「現場觀察力」，傾聽對話的流程或是參加者的發表內容，就會發現有什麼樣的關鍵字和用語是重複出現，或是注意到特定的觀點特別強勢等等，藉此發現參加者本身，或存在於現場某種程度的「癖好」。

而這樣的「癖好」，很多時候都反映出，這是對參加者自身而言，希望重視的價值觀或是主張。隨著不斷加深自動自發的對話，某種程度對於引導者而言也是希望能好好珍惜的特色。

另一方面，參加者的「特殊習慣」，換句話說也可能是成為認知僵化的關鍵因素。也可能出現「特殊習慣」感染給整個現場，進而產生觀點偏頗，妨礙創造式對話的情況。

在這樣的情況下，善用第三章談及的十種重塑框架技巧，以身為引導者的身分進行思想動搖，會更有效（【表 5-4】）。

① 利他型思考	意見偏向利己時，用利他角度引導
② 莫忘初衷	意見著重執行方法時，確認初衷
③ 正向態度	意見負面消極時，重新用正向態度理解
④ 跳脫框架	意見中規中矩時，採取天馬行空的意見
⑤ 分解成小目標	意見都很抽象時，分解為數個具體意見
⑥ 用動詞換句話說	關鍵字都是名詞時，改用動詞「換句話說」
⑦ 定義詞彙	重複出現尚未定義清楚的詞彙，確認詞彙的定義
⑧ 改變主體	特定的主體增加發言次數時，從別的主體重新理解
⑨ 改變時間單位	意見集中在特定時間點時，改變測量時間的單位
⑩ 尋求第三條路	陷入二元對立時，尋求「第三條路」

【表 5-4】重建框架的十種技巧

　　為充分發揮重塑框架的能力，也有必要同時運用其他的核心技術「現場觀察力」、「即興力」、「資訊編輯力」相互輔助。為了解決課題，能自在純熟地活用「重建框架力」，應該就是證明熟悉引導技巧的證據吧。

核心技巧（6）控場力

　　向資深引導者詢問引導者本身扮演的角色，多半都會得到「控場」的回答。hold 原意是指「持有」、「抓住」、「掌握」的意義。事實上，「控場」有時也會用「hold 住全場」、「掌握全場」說明。

　　但事實上，並沒有用手握住什麼實質的物體，所以只是一種隱喻用語，以日語用法來說可能比較難想像也說不定，但就像是在將水汩汩注入大瓶身的過程中，在未溢出一滴水的情況下，兼顧各方平衡，抵達目的地的概念。

在工作坊中，和事先設定好明確議程的會議不同，就算事先準備好目標與專案項目，也會因為跳脫固定觀念的創新，或是為了給予從對話中創造多元意義過程的獎勵，屢屢發生超出原訂計畫內容的意外發展。

另一方面，如果是變成「處處皆有可能」的局面，就這樣大幅脫離原先目標，就有可能遭遇「時間不夠」的風險。如果是在這樣的不確定情況下，參加者應該也沒辦法安心發揮創造力吧。

一方面要讓參加者能集中精神自由發揮創意與對話，一方面又要達成在課題設計之初所設定好的工作坊整體目標，擔任支持課題解決流程的角色。這就是所謂掌握全場的意義。

對於在注滿水的瓶身之中自在游泳的參加者而言，支持瓶身的引導者的存在，或許就像是避免讓認知議題成為問題也說不定。但是，引導者如果逃避瓶身存在，手不再緊抓支撐，那麼水就會即刻灑出瓶身。

這做法就和誘導參加者，或是和控制現場明顯不同。引導者充其量不過是一個，創造讓參加者能充分自動自發和創新環境的「助攻者」，為了避免現場傾斜任何一邊，透過實際感受現場有怎樣的動作正在發生，確實地給予支持。

透過觀察，仔細掌握現場地狀態，有時運用「即興能力」更動計畫，發揮「重塑框架能力」，改變現場討論的觀點，嚴守在時間內達到目標。

並不是強迫參加者一定要達成目標，直接介入導引議論方向，而是在解決課題的過程中，以參加者在工作坊中發揮全身、全心、全靈的能量為原則。

所謂掌握全場，或許可以說是，在全力用上自身所學習到的核心技術後，不斷延展開來的引導工作本身。

5.3 引導的風格

引導的風格是什麼？

透過運用上述六大核心技術，向參加者提出設計的提問，並且靜觀問題不斷深入的過程，因應必要情況調整提問，並拋出新問題，就是引導者基本的角色。

然而，並不一定要讓所有的核心技術都達到出類拔萃的水準。例如不擅長「即興能力」的人，只要在事前花費心思仔細設計計畫內容，減少意外發生機率等，也可以彌補在引導上較不拿手的部分。

此外，和擁有其他核心技術的引導者搭配，以雙人一組的形式進行引導工作也是一個選項，可望相互支援彼此較不拿手的技巧。以引導者身分而言，不必將所有的技巧都掌握到完美的程度也無妨。

為了成為更有歷練的引導者，雖然鍛鍊自己較不拿手的技巧也是重要的功課，但其實更有意識地升級自身擅長的技術也很好。為了讓引導工作更加純熟，事先理解每個引導者都有各自「風格」的這點，也很重要。

筆者（安齋）所實施的，針對資深引導者技巧相關調查研究中，也確認到了這樣的事實，那就是在工作坊當天引導者本身的言行舉止、背後的價值觀，都會因為引導者本身的歷練，而各有不同面貌。

在這裡，先來解釋關於引導者的「風格」吧。

決定引導者自身的「風格」的要素，可以分解成三個項目「溝通態度」、「武器」、「信念」來理解。

引導者的風格

（1）面對現場的溝通態度
（2）擁有「掌握現場、觸發變化」的獨特武器
（3）抱持打造學習與創造場域的信念

風格（1）面對現場的溝通態度

引導者類型總的來說，有的引導者很會聊天，有的則是幾乎不開金口。有一開始就會主動詢問參加者日常煩惱的引導者，也有自行製造契機，引導參加者進入非日常時空的類型。有偏好邏輯整理的引導者，也有以現場的情緒為基準進行活動的類型吧。

上述這些，都是在描述對於現場反應所展現的不同溝通態度。引導者溝通態度的不同，可整理成如【圖 5-8】的二軸矩陣。

縱軸是，「面對參加者時，會主動積極製造效果，以觸發現場反應進行活動的類型」，還是「傾聽參加者的意見或是對話，在與參加者的表達產生共鳴的情況下進行活動的類型」。

橫軸則是，「現場互動時，重視邏輯溝通」，或是「現場互動時，重視

【圖 5-8】現場溝通矩陣

情感交流」。

　各自的類型特徵彙整如【**表 5-5**】。

　每個引導者個性各有不同，如果要將所有的類型都找到明確對應人物，那麼應該也有屬於「溝通雖偏向情感型，但這會觸發現場情緒反應或是產生共鳴，則是隨對象或是課題改變」。

　有趣的是，愈是在新手階段，就愈容易憧憬和自己原本的溝通特質完全相反的引導者類型。例如，如果自己不是主動發揮領導力、向參加者搭話的個性，那麼儘管平常在職場或和友人之間的溝通，是屬於「共鳴 X 邏輯類型」，但因為對優秀引導者抱持既定的觀念「引導者在真情流露之際，也必須積極主導現場氛圍」，反而會以和自己原本擅長的情況完全相反的狀態為目標。

① 觸發 X 情感型	藉由主動提案以激發參加者內在動機，引導加入活動中的類型
② 觸發 X 邏輯型	面對現場，提出具有說服力的切入點或結構，刺激思考的類型
③ 共鳴 X 邏輯型	客觀接納參加者分享的內容，並整理思緒的類型
④ 共鳴 X 情感型	傾聽參加者真正的聲音，在產生共鳴的情況下創造對話的場域類型

【表 5-5】引導者四種溝通類型

　如果硬是勉強運用自己不擅長的溝通狀態，反而會暴露出不自然的言行舉止。理解自己在怎樣的溝通狀態下比較容易發揮演出，並且活用特質進行引導工作即可。

風格（2）擁有「掌握現場、觸發變化」的獨特武器

第二是，實際在掌握工作坊現場氛圍，創造出學習或是創意發想之際，以引導者角色而言究竟應該要以什麼做為強項，事實上與個人風格大有關係。

有的引導者會善加利用前述引導者四種溝通類型，也有不少引導者是以特定的技術或是專業知識做為「武器」。例如「即時以圖解方式分析對話流程」、「對於行銷方面的知識與方法相當嫻熟」、「非常了解最新的科技趨勢」、「是金融專家」、「擅長漫談」等。

在前述引導者六項核心技巧中，如果有幾項是相較於其他引導者更擅長的項目，那麼就可以直接將之視為「武器」。最理想的狀態是，結合溝通狀態、核心技術、專業知識等多元長處，確立屬於自己獨特的武器即可。

由於兩位筆者本身職業是大學教授，溝通態度又是屬於「觸發 X 邏輯類型」，因此，結合來自研究所獲得的廣泛知識，以及原本就擅長的「批判思考」所組成的「重塑框架能力」，就是筆者的武器。

風格（3）抱持打造學習與創造場域的信念

最後，則是與存在於工作坊實踐的背後有怎樣的信念有關，對於引導者而言，這種信念也是包羅萬象，自然而然也影響到各自的風格。

所謂信念，換句話說，就是與希望透過工作坊能獲得什麼，在學習或創造的過程中，理想的狀況應該是怎麼樣等價值觀。

流程中令人期待的部分，雖然是根據定義好的課題所規範的，但若是以工作坊理想的狀態應該是怎樣的，引導工作又應該如何進行為前提思考，這樣的價值觀也會影響到現場氛圍，並透過引導者本身的風格呈現。

例如，以第一章介紹的「社會建構主義」為例來思考看看吧。在考量到對話的重要程度之上，背景理論是社會建構主義，但這個概念，對於重

視彼此產生共鳴理解的引導者，和相對不太重視的引導者之間，在個人信念上就會出現很大的變化（【圖 5-9】）。

您是抱持著哪種信念的引導者呢？

所謂的社會建構主義，思考邏輯是，我們對於現實的認知，並非能經由客觀評估獲得，而是經過關係者溝通後產生意義，並達成共識之後形成的。

與社會建構主義思維相對的理論之一是「個人主義」。個人主義認為，現實或創新存在於「個人的腦海中」，並不重視由對話產生意義或是團體的關聯。

在不知不覺間，以「個人主義」當成價值觀前提的引導者，會將工作坊當成是蒐集個人創意的場域，或是投票的場域。以結果而言，會讓參加者直接在工作表單中填入個人想法，儘管會保留讓小組成員間彼此分享想法的時間，但其實重點不在於透過小組工作，交流彼此所賦予的意義，也不在於創造出嶄新的意義，而是將重點放在如何讓個人想法更加精益求精。

此外，在組織層級的問題解決方案，或地方創生行動計畫中，相關人

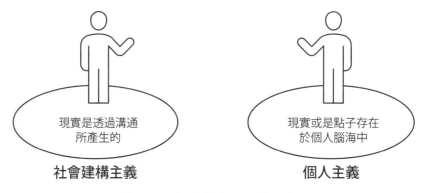

您是抱持著哪種信念的引導者呢？

現實是透過溝通
所產生的

現實或是點子存在
於個人腦海中

社會建構主義

個人主義

【圖 5-9】引導者不同的信念

士想要達成共識的手段，並不偏好透過對話，自然是採用多數決等，進行對個人意見的投票，依其結果進行決策。關鍵在於，已預設每個人心中都有答案。

以「社會建構主義」為信念的引導者，在看過以「個人主義」為信念的引導者所舉辦的工作坊之後，應該會對於「感覺像是集體面談」、「像選舉投票一樣」等不自然感記憶猶新吧。

相對的，以個人主義為信念的引導者，在看過以社會建構主義為信念的引導者舉辦的工作坊展示的成果之後，也會因為不知道整場論點究竟是以誰的意見為主，創新的定位不明，或許會感到不暢快、不舒坦。

至於筆者們的立場，自然是以社會結構主義為信念基礎的。筆者認為組織的「問題」是存在於關係之中，畢竟筆者親眼見證過無數個透過以提問為起點所進行的創造式對話，逐漸解決問題的過程。

當然，也有不少是因為一個人提出的卓越創意，顛覆了現場的既定認知的案例，然而一旦過度執著個人創意，集體思考恐怕漸漸難以超越當事者。於是，在歷經關係變化的過程後改變了個人，而改變了的個人，因本身發生變化，又改變了與他人的關係。這個循環才真正是創造式對話運作的機制。

其他還有關於「在工作坊中，什麼部分可以理解成『參加』？」「可以認為工作坊是希望所有參加者都能積極發言的活動嗎？」「引導者應該要積極介入現場討論到什麼程度呢？」「計畫應該要多自由呢？」之類的想法，其實都反映在引導者的實踐觀念或是信念中。

像這樣，在工作坊中規定「期待什麼呢？」這樣的信念，其實就是從青少年時期所形成的價值觀，加上經過工作坊實踐經驗磨練累積的過程中，所獲得的結果，因此，如果是資歷豐富的引導者，必定會擁有多種信念。

這樣的信念究竟該如何內化成自身的態度，或當成專長加以發揮，可

以說是基於背後的判斷基準。不知不覺間，相信的是怎樣的價值觀呢？思考、學習或創造的過程中應該如何表現呢？只要像這樣，保持定期檢視自身信念的機會即可。

上述是從三種類型「溝通狀態」、「武器」、「信念」來分解引導者本身的「風格」，並整理出「何謂風格的定義」。

所謂「風格」，指的是「藝術的樣態」或是「獨特韻味」。可以理解為，不只是指個人本質上的內在所擁有的特性，還加入在後天所獲得的技術與方法論所揉合的成果。

所謂「個性」其實很難改變，而且也不需要改變，雖然常讓人有這樣的印象，但是「風格」則是可以透過不斷嘗試錯誤的過程中學習，這一點是最重要的關鍵。就像演員或藝人在自身職涯中發展更加成熟的過程裡，逐漸改變自我風格一般，引導者也可以將自身風格當作重要支柱，不斷提升具有可改變的潛力，這才是最重要的，不是嗎？

5.4 深入對話的引導技術

本節將在解說至前一節為止的引導者核心技術與風格論述基礎上，具體說明如何遵循工作坊中計畫中進行引導的過程。

「開場」的引導

首先，是關於在工作坊計畫最一開始的階段「開場」。「開場」的引導，對於資深引導者而言，是投注最多心思的階段。

培養參加工作坊的態度

在「開場」時的引導應該做的事情是，第一，仔細說明關於該工作坊的背景，培養參加計畫的態度。

如果很唐突地，從計畫的流程等事務內容開始說明，會無法讓參加者感受工作坊舉辦的意義，只能以被動的參加態度面對。稍微花一些時間，詳細說明工作坊從籌備到舉辦的過程等背景故事，我們正在面對怎麼樣的課題，該推動怎樣的進程，因此才規畫了這次的工作坊。有必要將「課題設計」階段思考的內容，詳盡地與參加者分享。

所謂的工作坊，就是從不同於一般情況的觀點理解主題的非日常情況。參加者稍微脫離日常的框架，或是日常工作場合的會議模式，為了引導參加者思考，引導者如果能以「今天就讓我們從比較不同的角度來思考吧」、「一面聆聽他人的意見，一面仔細來思考這個主題吧」，將設定好主題的切入點的趣味，仔細對參加者說明，引起參加者的興趣和關心程度即可。

如果主題太過遠大，變得比較偏向組織或是社會層級的觀點，在介紹或是破冰階段時，就先以「您認為……」、「大家認為……」這樣「第二人稱的文法」有意識地提問，促使參加者感受到和自己切身相關也很重要。

雖然能以簡單一句話就引起大家興趣的問題是最理想的，但並不是強迫一定要用一個問題就引起大家的注意力，針對定義好的課題，不斷拋出多個提問，也是很有效果的。

例如，至今不斷重複介紹的「場域設計工作坊」（ Ba Design Workshop），「所謂的現場，是指什麼呢？」「會讓人產生『很美好的情況』的念頭，那個『很美好』，具體而言是從哪裡讓人有這樣感覺的呢？」「所謂的設計場域，是指什麼概念呢？」「這和空間設計又有什麼不一樣呢？」諸如此類，從多種角度提問，引起參加者對於主題興趣之際，也可以透過案例引導，例如「大家雖然日後不一定會經營咖啡店，但是本日的活動主要是設計未來的咖啡店，希望能從現場的設計開始思考」。

對於賦予參加者參加動機的這個階段，是必須周到因應而不能省略的部分。筆者（安齋）也曾經發生過在開場時，粗略帶過動機說明，使得後續花費心思設計的計畫無法順利發揮作用的經驗。就是在前述提及的 Ba

Design Workshop，這是一場以樂高積木設計未來咖啡店爲主題的工作坊，參加者是透過公開招募的方式舉行。

筆者當時認爲，在選擇參加這個工作坊的時間點，參加者本身應該就已經思考過「關於使用樂高積木設計未來咖啡店」的動機了。

然而，在某一次工作坊的開場階段中，有參加者的表情很明顯充滿不安。當筆者說明工作坊主旨的時候，那位參加者即環起手臂歪著頭，一臉疑惑的樣子。就算進展到「理解」，也只有那位參加者，不僅書寫便利貼的速度很慢，也很明顯不太專心。就算筆者詢問「發生了什麼事嗎？」「有什麼地方不清楚的嗎？」對方也只是回答「嗯……」眉頭完全深鎖，很明顯就是一副無法理解這個活動的樣子，當筆者詢問「有什麼地方是您很在意的嗎？」對方回答「我不知道爲什麼非得要做這個咖啡店不可」。

當時筆者對於這個回答非常驚訝。因爲筆者一直以爲，參加者在閱讀活動內容，決定是否要參加的時間點，應該就已經同意這個活動的進行內容了。

當筆者試著詳細詢問對方的想法後，對方的疑問意外直白單純，內容是「我對於設計場域非常有興趣，也很期待能參加這個工作坊。但是，在場域內這麼多的要素之中，爲什麼一定要建造咖啡店呢？這是我不懂的地方」。

筆者向對方說明，因爲筆者自己喜歡咖啡店，也認爲這是一項對於多數人而言比較熟悉的題材，在巴黎的咖啡店文化中，也是給予許多場域設計靈感的來源。

於是，那位參加者在聽完後瞬間像是明白了什麼似的，「原來如此，我知道了。」在接下來的工作中，彷彿就像變了一個人很專心地投入其中，並提出許多饒富趣味的咖啡店創新。

工作坊參加者的參加動機因人而異，被活動內容吸引，「因爲看起來很有趣所以想要嘗試」而前來參加的情況下，通常都是對於主題「想試著思

考看看」、「想要更深入學習」也有興趣。引導者在開場時應該做的，是讓背景經歷多元的參加者，能擁有一致的目標，建造一個讓全體參加者都能理解「為什麼要參加這個工作坊」的情境。

現場表明引導者的立場

在「開場」的引導工作中，第二項應該要做的事情是，向在場的參加者表明引導者的立場，這是很重要的。

事前幾次和客戶的聯絡窗口承辦人或負責人對話後，就算是以不帶任何上下的關係完成「課題設計」，對於在工作坊當天第一次見面的參加者而言，引導者這個身分，經常會被誤解成是，只要提出問題都會給出答覆的專家，或是諮詢顧問之類的角色。

筆者們也經常接到來自多元專業領域的提問設計或是工作坊設計的案件委託。有的時候確實是會接到自己擅長領域的委託，但也有時候完全是不擅長的領域。

在這裡，我們將比較引導者在一無所知的領域中進行的引導工作，以及在自身專業領域中的引導工作的情況，逐一解說。

在一無所知的領域中的引導工作

這裡就以近年發生劇烈變化的金融業界所委託的工作坊說明吧。筆者們在開場時，就明確表態「我們不是金融領域的專家，實在無法代替各位回答」。

雖然和主辦單位持續開會討論細節，是必要的事前準備，但是部分參加者在聽到筆者們的直言時，一瞬間也露出驚訝的表情。但筆者們隨即表示「但我們將從各位平常從未思考過的觀點出發，和各位一同創造能讓各位徹底進行深度思考的時間」，當筆者們說完之後，感覺自己在引導的過程中已確實傳達參加這場工作坊的意義。雖然答案可能和主題並不相符，但

引導者是陪同參加者一起將思考層次更深化的角色，在一面掌握現場的情況下，試著與參加者建立關係。

「全新的信用觀念」、「一秒授信」，這是最近銀行主管研習或新進行員研習中，接到最多委託的工作坊主題。在當前金融的世界中，已經存在一種服務是，可透過消費者的網路交易紀錄中，秒速判斷該消費者有無還款能力。這對於既有的銀行而言，無疑是一大威脅。

筆者當然不是金融專家，並沒有接觸過銀行工作細節。因此筆者可提出的替代概念，像是「在找全新餐廳的時候，大家判斷的標準，除了是權威排行榜的星星數，還是美食網站的評論分數，哪一個是比較有信用的呢？」

參加活動的銀行員在面對自身的專業領域時，表情相當嚴肅，可能是不願輕易相信的情緒吧，又或者是容易帶著批判的警戒態度，當這問題在不知不覺間突然變成日常生活的話題落到眼前，那個突然理解時代變革的瞬間就來臨了。於是筆者們又緊接著詢問：「那麼，金融世界中的美食評論網站指的是什麼呢？」對於金融知之甚詳的參加者，開始將那些新誕生的機制當成切身之事思考。

身處毫無所知領域的引導者，雖然必須下功夫準備工作坊的開場說明，一旦採取行動，其實也是會發揮讓參加者當成切身之事看待，深入思考的效果。

另一方面，如果引導者堅持自己必須處於客觀立場，會和主題有太明顯的距離感，反而變成「他人之事」袖手旁觀，這是絕對行不通的。引導者雖然是扮演解決課題過程的「助攻者」，但還是必須對課題解決的過程抱持責任感。

以下是，筆者（安齋）過去曾擔任某個地區舉辦的課題解決工作坊的引導工作時發生的經驗。筆者因為是這個地區的「外來者」，所以關於這個地區的課題，筆者是抱著不要給出干涉太多的意見的心態，有意識地站在

客觀的立場參與其中。

　　結果，一位長年居住在該地區的參加者，突然對筆者怒聲喝斥「您的意見又是怎麼樣呢！」

　　筆者在一面覺得困惑之餘，一面這樣反省說「對於站在局外人角度的我而言，對於這個地區有這樣的感覺，有這樣的想法」，另外又說「但是因爲我只不過是個外來者，所以請各位討論出一個彼此都能接受的答案，我會負起責任在這過程中協助各位」這樣，在陳述自己的意見之際，也再度表明自己身爲陪伴者的立場。

　　雖然這個答案並不是如其所願，但表明在這段找到最終答案的過程中，會負起責任的立場。能和現場的參加者彼此認識這樣的立場，也和掌握全場的角色息息相關吧。

　　如同在第一章提及，在工作坊中所拋出的任何「提問」，都是一個引起對方回答的「詢問」，和爲了吸引學生注意而給予的「發問」截然不同，是一個引導原本在場的參加者，在原本渾然不覺的情況下找到答案的開關。

在擅長領域中的引導工作

　　如果是在自己知之甚詳的專業領域中舉辦工作坊，情況又會是如何呢？例如，以筆者們的經歷來說，如果是要設計關於學習環境或機器人、資訊、傳統產業等專業領域工作坊，馬上就會在腦海中浮現學生時代爛熟於心的無數篇論文中，具體的模型或是研究學者的姓名。其他像是汽車、家電、資訊服務、住宅等相關工作坊設計的委託也不少，結果就是讓自己對於第一線課題或最先進的技術有更詳盡的了解。

　　儘管如此，還是會擔心是否會將專業領域主題的知識或業務經驗，錯誤傳達給參加者的情形。或是擔心和參加者之間的關係，不小心變成指導者與聽課者這種單向且固定的階級關係。如果參加者的態度一旦變得被動，恐怕就很難引發主動思考或對話，就算引導者本身沒有那樣的意圖，

也會導致難得可以達到共識解決課題的創新，實際上變成是由引導者誘導出的結果，參加者自身可能就無法獲得成就感。

確實，專業知識是非常重要的。特別是在將資訊結構化的過程中能發揮效用。例如，當參加者的議論內容往特定方向偏移之際，當資訊量不足之際，如果能盡可能提供具體資訊，就能讓參加者在資訊平衡的情況下展開討論。

這意思和明知道答案卻隱匿不說的意義完全不同。如果已經知道答案，只要在討論的階段說出來即可，但如果創新只是靠這些條件就能滿足，也沒有特別舉行工作坊的必要。專業領域的知識，雖然不見得能完全解決課題所需，但在討論的過程中可以發揮平衡各方觀點以及補足資訊的效果。

此外，對於面臨同樣課題卻引發出完全不同的類比情況，能更刺激參加者的思考，因此想當然爾，會希望盡可能實施擁有多元且豐富的專業領域知識的有效引導工作。

但是，必須時常銘記在心的是，一旦傳達方式出錯，恐怕就會造成參加者被動參與的危機意識。如果引導者正好具備與該工作坊的主題相近的專業領域知識或是經驗，也請勿露出自得意滿的表情，而是悄悄地從參加者身旁離開。

引導者並不是向參加者尋求答案的質問者，也不是給予標準答案的老師，工作坊的引導者，是藉由問題這個媒介，製造出讓現場進行創造式對話的機會，並一起探討一個全體參加者都能接受的答案的支援者。這樣奇特的角色，請務必確實傳達，和現場參加者共同擁有這個意識，以便讓接下來的每一道問題都能盡情發揮效果。

「理解」的引導

在「理解」階段，來自引導者和來賓的知識或資訊的話題提供，促使

參加者同伴之間的意見交流，為「創造」製造「播種」的時間。

關於話題提供，在引導者的核心技術之中「說明能力」是最能發揮效果的。以參加者活動為核心的工作坊中，如果引導者開始長篇大論，其實是本末倒置，剝奪參加者的個人自主和對話的機會。

在花心思準備發給參加者的參考資料和簡報影片資料時，需將必要資訊簡潔有力地傳達給參加者。因為重要的是，藉由話題的提供不斷刺激，避免參加者停止思考。但請留意，這一段過程的最終目的，不過是為之後的試錯與創造式對話所準備的播種階段，因此需要拋出能讓參加者和過往自身經驗連結的問題，並且確保參加者有時間消化資訊，藉此維護參加者在活動中的個人自主。

透過話題提供，希望參加者針對哪方面的議題進行深度思考？對於自己提供的資訊，希望參加者能怎麼活用？在有意識地與「創造」連結的情況下，進行詳盡的說明即可。

關於促使參加者同伴之間進行意見交換的情況，引導者自身投注的功夫也很重要。在「理解」階段中，之所以穿插安排參加者意見交換的原因，是為了讓參加者將主題當成是切身之事，挖掘過去的經驗，並使其發現針對主題的主張。在設計計畫的階段，關於探索過去經驗的提問，或是設定價值觀探索的提問，就是為了這個目的。

例如，以「您至今所體驗到最自在的場域是什麼呢？」為基礎，試著想像意見交流的場景吧。引導者須確保參加者能在毫不在乎他人想法的情況下，直率回顧自身經驗與價值觀，並再次提醒「這個問題並沒有正確答案」、「大家從可能會從過去的經驗中，獲得一些提示也說不定。不論是怎樣的經驗都好，請試著寫在便利貼上吧」等，確保參加者對於回答問題的心理安全感，或是「例如，以我自己的經驗來說……」為起頭等等，將引導者自己的回答內容當成範例，自我公開相關經驗也是很有效的做法。

「創造」的引導

活用「創造」階段前的「播種」期間，在「創造」階段中，讓團體的對話史加深入，創造前所未有的創新。「創造」階段的引導者，再次發揮「說明能力」，必須將設定的課題要件與背景，明確清楚傳達給參加者。特別是，當設定的課題，是加入玩心，或用了些許巧思的提問時，面對參加者提出疑問「為何會有這樣的問題」，引導者也能夠充分地說明，這都是必要的。

在傳達「創造」課題之際，注意點之一是不能和「理解」完全切割。難得都在「理解」中讓參加者在便利貼上寫下自己的意見並且相互分享了，已經撒下去的種子，卻容易在製作「創造」的課題時，遺忘了在「理解」階段中還餘波盪漾的意見和思維。

引導者究竟是為了什麼進行「理解」？又該如何從「理解」連結「創造」？說明這些提問之間的關聯是很重要的事情。

其實只要多補上一句話，例如，「剛剛請各位在便利貼上寫下的『認為自在的關鍵因素』中，應該有許多提示。以此做為參考，一起思考關於設計一間令人感到自在的圖書館所需要的計畫書吧」等，就能讓前後兩個活動不致於毫無關連，這一點請務必注意。

另外一個注意點是，進入「創造」階段時，請勿忘記先前提示過的問題。從過去的案例來看，「創造」通常應該是整個流程中，最耗費時間的階段了吧。如果這時安排讓參加者活動手或身體的橋段，勢需要必耗費更多時間。在製作設計時，加深對話內容的過程裡，總會在腦海中不斷浮現全新的問題，不斷延展話題。如此一來，就會逐漸忘記一開始所提示的課題要件，變成朝向和引導者最初的意圖不同的方向發展，可能因而未能充分討論關於必要條件。

如同在核心技術中「說明能力」所述，將事先準備好簡報或關鍵字等

投影片資料，大大地投影在會場，或是使用較大尺寸的紙張列印出問題後張貼在醒目之處，以利在「創造」階段，隨時參照這些提問進行活動，就能避免離題。

利用三個層次觀察「創造」

在「創造」階段，如果課題設定能順利進行並能確實傳達課題，引導者基本上扮演的角色，是讓參加者透過製作或對話中深化提問過程的守護者。不必硬是介入小組討論中，參加者以主體意識讓對話層次更深入，在順利察覺到什麼意識的情況而情緒激昂之際，引導者反而不需要去干擾，因此在有不少案例是在幾乎不需要引導者介入的情況下，就能結束「創造」階段。

儘管有這些前例，但活用核心技術中的「現場觀察力」，「創造」能否順利進行，應該都有必要先從三個層次：場域層次、小組層次、個人層次觀察（【圖 5-10】）。

① 場域層次的觀察

所謂場域層次的觀察，是從「鳥眼」俯瞰的角度，觀察工作坊整體能否順利進行，自身的提問能否被參加者整體接受。

從俯瞰場域的觀察，應該能感受到，全體參加者能否理解接受提問的意圖，是否專心在製作或是對話過程中。如果有幾位參加者無法理解提問

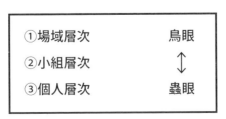

【圖 5-10】觀察的三個層次

時，就會不自覺歪著頭，詢問身旁的參加者「這是什麼意思？」不斷確認現場展示的投影片文字敘述，彷彿有哪裡令當事者焦躁不安，難以平靜。而且提問的接受度愈低，就會有愈多人舉手對提問表達質疑吧。

仔細說明提問的背景，也能讓所有參加者都接受提問的情況下，原本散落在團體「外圍」的意識，會逐漸聚攏到小組的「內部」，開始專心在製作或是對話中。在這個時候，應該就表示，提問讓現場整體參加者都有熟悉的感覺。

在「創造」階段，必須持續觀察場內「是否人聲鼎沸？有不舒服的疙瘩存在？或是騷動不已？所有的小組是否專心面對眼前的問題？」

② 小組層次的觀察

所謂小組層次的觀察，是指仔細觀察個別小組之間，正在進行怎樣的討論內容。一面觀察現場整體情形，如果有讓您在意的小組，那麼就稍微多放一些心思，靜靜守護那一組的討論樣子。

成員是怎麼解讀給提示的問題？又是從怎樣的切入點面對這樣的問題？對於課題，小組的積極度如何？大家的態度又是如何？是身體向前傾？還是站起身？抑或是還在觀望的狀態？誰是在小組之中，發揮領導風範的人？每個人之間存在的是怎樣的關係？有沒有無法突破的人？誰是發言次數比較少的人？那樣的人現在是背負怎樣的角色？像這樣將焦點放在小組的關係上，觀察是如何發展創造式對話的樣子。

③ 個人層次的觀察

所謂個人層次的觀察，是指用「蟲眼」觀察團體中個人言行舉止，並且想像內部可能會發生的情況。如前所述，透過表情或姿勢、視線等觀察，想像參加者現在究竟在思考什麼樣的內容。

當參與多人數參加者的工作坊中，引導者要從個人層次，做到觀察一

個個參加者的言行舉止是不切實際的。善用場域層次觀察能力、小組層次觀察能力，當發現有讓自己在意的小組成員時，再好好地觀察對象即可。

如此不斷重複這三個層次，觀察參加者在「創造」階段中的模樣，在不需要介入的情況下僅從旁守護，在需要介入的情況下給予具體的支援或是調整計畫。

特別是，時常把握在計畫設計時所意識到的現場「觀察角度」，就會比較容易察覺到是否有必要介入。

例如，以組織層級的觀點，希望參加者可以著眼未來進行對話之際，看到有因為分享自己過去的經驗而正情緒亢奮的小組，這時引導者就有必要適時地介入，探詢小組成員之間的共通點，並促使成員先找到意義，引導小組討論出一個具有代表的觀點，以便吻合工作坊主題。

反之，如果現場討論的內容傾向事不關己的態度，一味地使用公司或社會之類的主語，這時就可以有意識地改成第二人稱進行提問，「您自己的想法是怎麼樣呢？」「如果換成是您，會怎麼做呢？」有必要換成能夠促進形塑個人角度的提問。

「總結」的引導

在總結的階段，隨著「創造」階段而產生創造式對話成果，會由各小組向整體參加者發表。在設定製作課題的情況，則是確保可相互發表作品，保留鑑賞的時間。換言之，就是讓從提問中昇華的多重「意義」，在現場披露的瞬間。

對於新手引導者而言，這可能是最容易緊張的情況也說不定。因為必須背負要給現場發表的內容精準評論的壓力。

但在這個階段，引導者其實不需要先自滅威風。請好好享受在計畫設計階段時沒辦法完全預料到的「意外」出現的樂趣，只需要帶著純粹的好奇心，專心聆聽發表即可。與其只是按照原定計畫說出原本要結束的話

語，不如活用當場學到意外的詞彙現學現賣，才是對於現場參加者的回饋。

因為引導者本身也沒有標準答案，這一點，引導者和參加者同樣都是學習者的立場。面對每個小組提出來的問題，以最直率的態度回應，珍惜這時湧上心頭的情緒吧。

如果有一些直接的疑問點，也可以乾脆地詢問對方的意思。要是覺得對方的回答很精彩，就坦率表達欣賞之意。如果有感覺哪裡檢視得還不夠，誠實地傳達想法，對於參加者而言，也會是一個良好的回饋互動吧。為了能做出完美的評論，其實反倒是不去勉強自己做完美的評論即可。引導者的身分比起指導者，更像是一個在現場的學習者，因此選擇用字遣詞才是關鍵。

在發表結束之後，請確保回顧整體活動的時間。在設計方案時，這個時間應該已經到了「尾聲」的階段，也可能是做為下一次「作戰會議」的準備時間吧。

如同第一章所述，以提問為起點的創造對話，會產生新的問題。這個時間點，參加者的腦海中應該已經出現「下次想要嘗試思考的新問題」。

在回顧的階段，雖然彼此討論「了解的事物」和「接下來的行動」是很重要的，但同時會詢問「經過討論之後不太確定的內容」應該也很貼切吧。這樣的提問，可立即呈現連結到下一個新問題的關聯，並持續讓提問的循環轉動，這也是引導者的重要功能。

在此想要更強調的一點是，比起當場就解決所有的問題，讓參加者有意願帶著許多想更加深度思考的提問踏上歸途，才是創造對話場域的真諦，希望創造一個讓參加者能帶著自在愉悅的提問回家的場域。

5.5 提升引導效果的功夫

運用四種即興提問的類型

　　從至今的內容可明白，引導者儘管會向參加者拋出原本在設計計畫時，預先準備的提問，但也有可能還是要為了活用提問，而不斷提出補充問題，並配合參加者的反應，或是因應現場狀況隨機應變提出問題。

　　像這樣引導者的即興提問類型，根據目的與功能，可以分成以下四種類型（【表5-6】）。

① 簡單提問	對於參加者的意見提出單純的疑問
② 教導提問	意圖讓參加者覺察到而給予的回饋
③ 教練提問	為了引起參加者的意願、思考、價值觀的提問
④ 哲學提問	為了讓學習議題更加深入的探究式提問

【表5-6】引導者四種即興提問

① 簡單提問（Simple Question）

　　也就是「純粹的疑問」。

　　特別是指，原本沒有在工作坊流程設計上刻意安排，單純對於參加者的發言或是行動、小組發表的想法，覺得有不清楚，或是直覺反應在意的地方，由引導者提出問題的類型。

　　並不是配合工作坊目的「為激發變化而有意介入」，而是單純「因為不懂所以詢問」的類型。因為這個偶然當成契機，可能會更加深溝通的層次也是有可能的，對嗎？

② 教導提問（Teaching Question）

關於如何深化思考或對話的大方向，或是觀點即使已然明確，但在參加者的思考或對話過程中，只要是沒有經過檢視的觀點，都必須帶著某種程度的教育意圖介入。

例如，當課題是必須思考如何同時滿足觀光客與在地居民雙方需求的觀光政策，工作坊中討論的內容若過度傾向觀光客角度，而沒有充分檢視居民的需求，這時就需要適時拋出一些問題「這樣的想法，如果在當地落實，有沒有欠缺考量的地方呢？」「對於住在這裡的居民而言，究竟會獲得怎樣的好處呢？」吸引參加者注意到自身觀點中欠缺的部分。

即使是清楚制定教育目標的企業進修或學校課程，都可能經常出現觀點偏頗的質疑，更不用說是在工作坊的情況，不大可能完全沒有這類質疑。

③ 教練提問（Coaching Question）

就像教練的立場一樣，為了激發參加者內心的動機、思考、價值觀等等提出問題。

工作坊的思想層面，相較於「教導提問」，可能比較頻繁出現「指導提問」。目的並非在於讓參加者注意到有什麼觀點，或是經過引導後找到正確解答，而是透過引導者的介入，讓參加者更踴躍發表自身意見，促進溝通能更向前邁進，讓注意到的層面更加深入。

④ 哲學提問（Philosophy Question）

就是提出「哲學問題」。在設定工作坊主題時，提出比主題更加深入的探究式問題。

隨著課題的定義不同，原本哲學式問題可能在當初計畫設計之際就已經設定，但即使沒有做到這地步，在當天的情況中，也可能碰巧因為哪一位參加者的言行舉止為契機，促使現場進行「哲學式思考」並重新提問，

有效讓整個現場的探究程度更深入。

　　例如，在思考新加工食品創新的商品開發專案上，姑且不論尚未設定好提問的文案內容，可能就有多個小組會提出「健康的加工食品」之類的關鍵字吧。

　　其實工作坊中很發生多數小組碰巧提出類似關鍵字的情況。這樣的情況，可能會讓人以爲是各小組之間早有共識而雀躍，或是認爲既然多數人認爲如此，感覺就應該要朝這個方向，就可以找到解決課題的突破方式。

　　但就是在這樣的時刻，引導者才更應該要保持冷靜，發揮「哲學式思考」的功能，「追根究柢，所謂健康的定義到底是什麼呢？」「吃了加工食品是健康的嗎？」之類，向現場提出問題。像這樣，提問的力量會讓現場試誤的意義更加深刻，更深入進行探究。

　　以上就是引導者即興提問的四種類型，在提問方面，被期待的答案內容，會因所處位置的不同而異（【表 5-7】）。

類型	提問方		被問方
① 簡單提問	沒有正確答案		不明
② 教導提問	有正確答案	讓參加者注意 →	沒有正確答案
③ 教練提問	沒有正確答案	引起興趣 ←	有正確答案
④ 哲學提問	沒有正確答案	共同思考 →	沒有正確答案

【表 5-7】提問的答案掌握在誰的手中？

　　如果觀察引導者的語彙，可以發現，喜歡簡單提問的人、都是運用指導問題的人，擅長教導問題的人等等，提出的語氣和提問特色，都因人而異。

在掌握自身偏好的前提下，應該就可以因應計畫的目的或狀況而切割清楚。能自在運用哲學式提問，其技巧雖是引導者本身的功力，但如果從工作坊一開始就拚命提出這類問題，恐怕會因為問題太過深入而讓參加者不敢開口，如此一來就本末倒置了。

即興的提問方式，還是要考量到整體活動進行的平衡點，尋求彼此有默契的時機點上進行。

以小組力量進行的引導

在組成小組舉行工作坊之際，引導工作的合作是有效的。如同至今關於引導者角色的說明，不需要一個人擔負起所有角色。

在拙作「工作坊設計論」中，如果是以一個小組為單位進行引導工作時，各自的角色分配為：主要引導者（Chief Facilitator）、桌長引導者（Floor Facilitator）、幕後引導者（Back Facilitator）（【表 5-8】）。

① **主要引導者**	掌握整體活動進行・時間管理・決策制定
② **桌長引導者**	以近距離靠近參加者，直接提供活動支援
③ **幕後引導者**	會場整體的安全管理等後勤支援

【表 5-8】小組中三種引導者角色

① 主要引導者

遵循事前設計的計畫，主要是控制工作坊整體進行與時間管理的引導者。以「鳥眼」觀察參加者整體的情況，協助整體活動的進行。事前除了已計畫中設計好的提問向參加者提出問題之外，配合現場情況，和其他的引導者進行合作，調整原先準備好的問題，有的時候要抽換題目，控制現

場整體分享問題的速度。

　　主要引導者是需要擔負工作坊成敗與否的責任，掌握現場情況，因為有必要確定計畫的調整等重要的決策，因此最好是由從課題設計階段開始就參與其中的成員擔任較適當。

② 桌長引導者

　　在主要引導者負責整場活動進行的情況下，需要和參加者拉近距離，直接協助活動支援的引導者。

　　小組的討論狀況，每一位參加者的狀況，都要發揮「蟲眼」仔細觀察，並給予適當的援助。主要引導者所提出的問題，如果對於在場的參加者而言無法有所共鳴，在歸納出參加者的疑問或是顧慮之際，桌長引導者須提供相關問題的背景資訊補充，並以回答的具體事例當成範例說明，確保參加者對於問題的掌握程度。此外因應狀況不同，前述的四項即興提問類型也可運用在這個地方。

　　桌長引導者在工作人員人手十分充沛的情況下，可指派多位工作人員，以一組一位人員的方式配置到各組。如果人數不足的情況下，就在會場內自然地走動巡視，有時也會有一個人得負責多個小組的情況。

③ 幕後引導者

　　不會干預活動直接進行的流程，也不會介入參加者的討論，而是在工作坊現場進行整體環境安全管理，也就是「幕後」的工作人員。一般而言，可能比較少把幕後工作人員稱為引導者，但這樣的職務卻是負起讓現場對話能夠更深入的重要角色。

　　以職務內容而言，包含受理參加者報到登記、應對參觀臨摹者的需求、拍攝錄影等紀錄、背景音樂（Background Music, BGM）的管理、飲食準備等，主要是負責外部環境的管理工作。這工作本身雖然幾乎和「提問」

沒有直接關係，但卻是在所有工作人員中，最能以俯瞰的角度觀察現場情況的位置，如果有發現任何不太對勁的地方，馬上就和現場主要引導者或是桌長引導者報告，並相互配合落實從旁支援的工作。

此外，在旁隨時以影像、照片、筆記等方式記錄工作坊進行的樣子，以利下一次的工作坊中活用相關經驗，這也是幕後引導者的重要功能。主要引導者在無法全面分析參加者小組之際，就需要仰賴幕後引導者的存在。倘若事先告知幕後引導者「如果有注意到哪一小組特別有趣，希望跟我說」，正因為幕後引導者位處可用俯瞰視角觀察的立場，更可以找到特別有意思的互動故事。

由於課題或是計畫本身的複雜程度，參加者可能無法立刻習慣工作坊的流程，這時引導者必須時刻從旁仔細協助，以及在工作人員人手充裕可指派的情況下，由引導者共同組成團隊，逐一因應參加者的需求，也是有效的手段。

培育組織內部的引導者

像這樣以團隊姿態營運一個工作坊的情形，不僅對於在一個團隊中的工作人員引導工作經驗值落差甚大之際有所助益，以培育工作人員觀點也很有效果。以主要引導者的立場而言，可能要主持整場活動進行還有些經驗不足，如果擔任桌長引導者或是幕後引導者，在負責範圍特定的情況下，相對容易相互支援工作人員之間的動態，對於引導工作而言也是良好的練習。

筆者（安齋）擔任代表的 Mimicry Design 之中，有許多同事是超過十年經驗的資深引導者，也有許多是仍在成長階段的引導者。這時，藉著將所有的專案都由引導者團隊的形態負責，當成培育引導者的機會。

在每次工作坊結束之後，都會召集所有的引導者舉行反省會，提出計畫的改善點，或是引導者之間相互回饋各自的言行舉止，可視為一次磨練

自身引導技術的經驗學習機會,並當成慣例進行。透過這樣的形勢,經歷幾次擔任桌長引導者的經驗之後,最後就能夠成為真正的主要引導者。

藉由團隊訓練引導實戰經驗,不僅是對於資歷尚淺的引導者而言,還是資深引導者而言,都是很好的學習機會。一旦能以主要引導者之姿主導整場工作坊之後,就會逐漸減少參與由他人擔任主要引導者的工作坊機會。

這時,偶爾試著以桌長引導者身分,參與由其他引導者擔任主要引導者主持的工作坊的機會,「原來如此,還可以有這種做法呀」之類,會有新的發現,或是藉此機會將自己的內隱知識相對具體化「自己平常從不覺得有什麼特別的功夫,原來是有意義的啊」,也是個很好的內省機會。

以組織或是社群的形式實踐引導工作之際,應該以怎樣的體制營運實踐,才能提升中長期引導技巧的學習效果、該如何做到有策略的活動設計呢?

空間配置的巧思

為提升引導效果所花費的心思,並不是只有靠著引導者本身的努力,或是團隊相互合作而已。如果能花一些精力在布置工作坊會場的空間配置上,對引導工作的進行也是一項助力。

在拙作《工作坊設計論》中,是參照精神科醫生漢弗里·奧斯蒙(Humphry Osmond)的研究 [5] 資料,指出人與人之間的溝通模式會因人而異,也因此各有適合的家具擺設配置法,並介紹「互動型社會空間(sociopetal)配置」和「疏離型社會空間(sociofugal)配置」兩種方式(【圖 5-11】)。

互動型社會空間的配置,是指以圓桌或是 L 型沙發為中心,讓人類彼此面對面,是個較容易進行溝通的座位配置。如果是工作坊的桌椅擺設是呈現島狀,這就是所謂的互動型社會空間配置。當然,這樣的配置法,是適合團體深入探討問題的配置。重視對話的活動性質,或是需要以小組團體共同進行製作活動,希望是以互動型社會空間的配置格局為主。

如果是疏離型社會空間的配置,就像是機場的長凳,或是圖書館的包

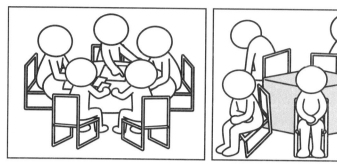

【圖 5-11】互動型社會空間配置（左）與疏離型社會空間配置（右）

廂式座位，重視個人隱私，妨礙彼此溝通的配置。並不是要和附近的人面對面，而是讓彼此避免打照面，相互背對背的反向式座位。疏離型社會空間的配置，是個適合個人想要深入思考問題時的格局。可以不必在意周圍環境，自己只需要單純面對提問，也是個適合在對話中，突然停下來開始自我反省時，都會希望有一個疏離的空間吧。

工作坊會場，容易以互動型社會空間的配置為主，如果不是刻意布置為疏離型社會空間配置，應該很容易就忽略個人想要深入思考的協助。事先設計靠牆邊的吧檯座位，或是設置一個在角落的，可以讓個人待著的空間等，以便讓小組團體在深入問題時，以及個人想要深入思考問題的時間來來去去，事先做好這樣的空間安排也是一種選擇。

工作坊多半是選擇便於移動桌椅的空間舉辦，但意外地，應該有不少工作坊是從頭到尾都沒有改變格局配置，坦白說其實還滿可惜的。

圖像記錄讓對話變得具體可見

讓對話深入的引導技巧之一，就是讓對話的過程變成具體可見的圖示，也就是善用所謂「圖像記錄」的手法（【圖 5-12】）。用圖像記錄的人便稱為圖像記錄家。

根據圖像記錄師（另稱為圖像引導師）代表人物清水淳子的說法，所

謂圖像記錄師，就是用繪圖的方式記錄人們的對話或討論並具體呈現的專家，在會議或工作坊現場的牆上所張貼的模造紙或白板，將該場討論的內容用圖像彙整並記錄。

主要以耳朵蒐集到的聽覺資訊為主，加上討論的內容，用有系統的方式整理，特徵在於，如實解讀參加者或表現出現場潛在的情緒。

相較於不使用圖像記錄的引導者，差異在於，善用圖像記錄將可讓人對於現場的狀況或是討論內容一目瞭然，並使這些細節「具體呈現」，因此可建構一套促進共同理解的內容，以及讓現場達成一致後設認知的優點。

紀錄整個對話過程，也可以當成回顧如何將提問的探討更加深入的議事錄所用，對話的過程中，也可以即時給予回饋。

圖像記錄師也必須高度具備引導者的五項核心技術，也就是「現場觀察力」、「即興力」、「資訊編輯力」、「重塑框架力」與「控場力」。至於「說明能力」，則必須要由「描繪能力」取而代之吧。

Mimicry Design 中，在課題相當複雜，但預算充裕的情況下，都會是由主要引導者、桌長引導者、幕後引導者，加上圖像記錄師，以最完備的引導者體制面對一項專案的進行。

儘管並不是那麼擅長說話，但可能擅長圖像記錄或用圖像引導，將討論系統結構化的人，可以將這項技巧當成是自己的引導「風格」為招牌，或許能以一位善用提問的圖像記錄師逐漸成長也說不定。

持續磨練引導技巧以精進自我

在本章，針對引導工作必要的技巧，從核心技巧、獨特風格、具體的提問技巧、提高效果的功夫面分別進行解說。

在磨練引導技巧的這條路上，其實學無止境。不論再怎麼資深熟練的引導者，只要持續認識人性、與關係僵化的病徵對峙的情況下，基本上是不存在所謂「完美的引導工作」。原因是，即便是在某一場公認為是完美的

【圖 5-12】圖像記錄（Graphic Recording）的案例：Workshop Design Training？設計提問的技巧（來源：Mimicry Design 講座紀錄）

引導技巧，在其他的情況中也不一定能完全發揮相同的功能。

　　正因如此，筆者們才認爲，所有的引導者更應必須不斷鍛鍊自己的技巧、不斷精進學習。

　　第一，不斷磨練引導技巧，等同於持續探究人性學習與創新本質。第二，引導者本身如果停止學習，筆者認爲那位引導者所主導的工作坊，本質上就不會是一個良好的學習環境。基於在不斷學習的人身邊才能傳播學習的意義，因此引導者應該要成爲最佳學習者。

　　專攻組織行爲的理論家大衛・庫柏（David Kolb），將人類透過經驗學習的循環命名爲「經驗學習循環」，制定出如【圖 5-13】的公式 [6]。

　　這個模型，通常運用在企業內人才培育的各種情況中，當成支援現場學習之用。該模型儘管適用於短期學習的構圖，然而如果是以培育中長期的實踐者，使其更爲熟稔的觀點來看，似乎是不夠的。

　　原因在於，第一，這套模型是以「自身經歷過的事物」爲基礎，也就是會受到所謂「自我主張」侷限，在磨練長期技術的過程中，較難以形成

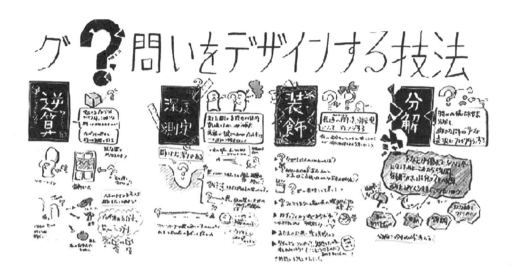

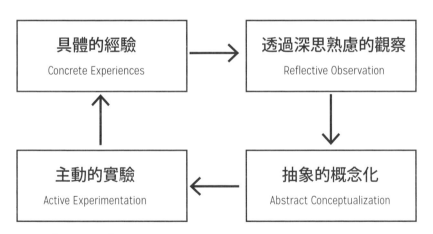

【圖 5-13】大衛・庫柏（David Kolb）的經驗學習循環

堅固牢靠的實踐知識。

　　接著是第二點是，這套模型無法深度反映價值觀，例如很難藉此框架重新審視自我風格的基礎「關於營造學習與創造環境的信念」。

　　對此，專攻教師教育學的弗雷德・科薩根（Fred Korthagen）則是提倡

能有更深度回饋的 ALACT 模型（ALACT model，【圖 5-14】）[*7]。

　　科薩根認為，要達到「可注意到萬象本質」的程度，必須結合學術知識（Theory，首字大寫），與日常經驗中形成的自我主張（theory，首字小寫）。不只是從日常的現場經驗中，形成專屬於個人的自我主張，也要結合相關學術理論，讓自身的實踐知識能深刻且強力地具體化。

　　順帶一提，筆者（安齋）擔任公司代表的 Mimicry Design 所經營的線上社群 Workshop Design Academia（簡稱 WDA），引導者不僅能嘗試結合 Theory 與 theory，也能持續學習，挑戰打造理想的學習環境 [*8]。

　　本書也將會介紹筆者在第一線所累積而成的自我主張，不僅如此，也會以學習或創新、人類的心理或是溝通相關膨脹理論為基礎執筆撰寫。如果能善用這本書中提及的見解，主動設計實驗計畫，在您的實踐現場嘗試一次吧。屆時得到的具體經驗，應該就能成為應用於下一次經驗學習循環中的自省素材。像這樣在現場培育自我主張，同時輸入相關理論基礎，請

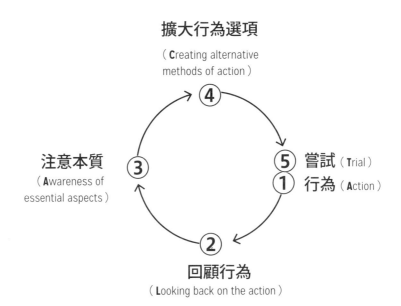

【圖 5-14】弗雷德・科薩根（Fred Korthagen）的 ALACT 模型

繼續以提問設計者的姿態，以引導者的立場，享受這個磨練引導技術的過程吧。

第五章注：

*1 廣石英記（2005）「工作坊的學習論：從社會結構主義中所看到的參加型學習所保有的意識」『教育方法學研究』31（暫譯）；原名：「ワークショップの学び論：社会構成主義からみた参加型学習の持つ意識」『教育方法学研究』31

*2 安齋勇樹，青木翔子（2019）〈認識工作坊實踐者在引導工作中遭遇的困難程度〉《日本教育工學論文誌》42(3)（暫譯）；原名：「ワークショップ実践者ファシリテーションにおける困難さの認識」『日本教育工学論文誌』42(3)

*3 森玲奈（2015）《工作坊設計中成熟與實踐者的培育》（暫譯）；原名：『ワークショップデザインにおける熟達と実践者の育成』羊書房

*4 高尾隆（2006）『即興教育：即興演劇可以培育創造力嗎？』（暫譯）；原名：『インプロ教育：即興演劇は創造性を育てるか？』Film Art 社

*5 Osmond, H.(1957) Function as the basis of psychiatric ward design, Mental hospitals 23

*6 Kolb,D.A.(1984) *Experiential learning: Experience as the source of learning and development*, Prentice-Hall, Inc.

*7 弗雷德‧科薩根（Fred A.J. Korthagen）（2001），《教師教育學：連結實作和理論》（暫譯），原名：*Linking Practice and Theory: The Pedagogy of Realistic Teacher Education*；日文版：『教師教育学：理論と実践つなぐリアリスティック‧アプローチ』（2012），學文社

*8 Workshop Design Academia（WDA）是筆者（安齋）為了繼續學習 10 年來，從事工作坊設計研究成果為基礎的最新理論和技巧，而舉行的線上研修計畫專案。由株式會社 Mimicry Design 經營，有豐富的動畫內容、電子報、公開講座或是研究會等資源提供。https://www.mimicrydesign.co.jp/wda/

第四部分

設計提問的案例

第六章

解決企業、地區和學校的課題

> **案例 1**
> ## 組織願景對於員工的滲透力
> 資生堂

1.1 概要

筆者接受資生堂株式會社的委託，為讓根據資生堂集團所擘畫的組織願景 VISION 2020 所制訂的行動指南 Trust 8，傳達給集團全球據點的每一位員工，由筆者經營的株式會社 Mimicry Design，負責該集團作坊型專案計畫（2018）。

對於一間企業而言，組織能明確傳達自身經營理念，並將其影響到每個員工，前提是必須建立一個具有向心力的組織。在經營理念中，雖然包含組織目標、反映使命、展現信念或是價值觀等各式各樣的內容，但有時也有可能是彰顯行動規範或是行動指南。

在這個案例中，資生堂制定了關於實現自家企業未來願景的八大必要行動指南，分別是：大膽思考（THING BIG）、承擔風險（TAKE RISKS）、實際操作（HANDS ON）、互相合作（COLLABORATE）、開放（BE OPEN）、正直（ACT WITH INTEGRITY）、當責（BE ACCOUNTABLE）、歌頌成功（APPLAUD SUCCESS）（【圖 6-1】）。

【圖 6-1】資生堂行動指南 Trust 8（2018 年）

　　雖然有必要打造一個，可以讓集團的每位員工都將這套行動指南當作切身之事般深刻理解，並在第一線工作時，主動遵循這八大必要指南並加以實現的環境。但資生堂集團的員工分布在全球各處據點，總數約有 4 萬 6000 人（2018 年統計）。全體員工不僅是國籍不同，就連業務內容也大不相同，TRUST 8 究竟要如何說服每一位員工，將之視爲切身相關的行爲準則並內化？筆者接下的委託內容，正是以全球規模爲範圍進行推廣的專案設計，以及實施大規模的引導工作。

1.2. 課題設計

帶著玩心從樂趣中理解理念

　　資生堂集團找筆者諮詢的背景，時間點是在確立中長期策略 VISION 2020，也完成爲實現該策略所制定的行動指南 TRUST8，預計不久後就會對集團內部公告之際。

　　關於資生堂集團想要達成的理念深化目標與問題理解，筆者進行了十

分仔細的訪談。解決課題的願景非常明確，目標是透過全體員工在自身業務中實現 TRUST 8 之後，就能達成中長期策略 VISION 2020 目標。

　　成果目標，雖然最重要的是讓整體社員都能深入了解 TRUST8，但假設以每 30 人為單位，舉辦深入了解 TRUST 8 的工作坊，總計 4 萬 6000 位員工，就意味著必須舉行 1500 場以上的工作坊。如果僅由 Mimicry Design 負責，實在太不切實際了。且資生堂集團的據點分布範圍，並不是只有日本，還包含中國、亞洲、美國、歐洲等範圍。

　　因此，先從公司內部主管帶頭，在自身領導的小組中舉辦宣導理念的工作坊，就算不大熟悉引導技巧，也能公告周知簡易的工作坊·計畫，與開發工具包，也期盼能製作出一套用於內部培育引導者的引導手冊（Facilitation Manual），或是影像教材（筆者拍攝引導工作進行中的情況，並做重點式解說）。

　　以過程目標來說，並不只是單純解說行動方針這樣無趣的進修，而是期待能藉此讓參與者帶著玩心，引導其在歡樂的氣氛中對於行動指南加深思考的過程。

　　整理上述內容之後，筆者彙整出如【表 6-1】，客戶所認知到的目標內容：

成果目標	• 整體員工深入理解 Trust 8 的狀態 • 可以在公司內部推動的工作坊·計畫·工具包·引導手冊與影像教材的開發
過程目標	• 帶著玩心歡樂地加深對於行動指南的思考
願景藍圖	• 整體員工在業務過程中實踐 Trust 8，最後實現中長期策略 VISION2020

【表 6-1】整理目標的結果

關於【表 6-1】所呈現的目標設定，筆者並未覺得有什麼不自然之處，

也不覺得需要大幅度重組，但的確認為這目標的困難度相當高。對於整體員工而言，因為無法直接進行引導，也因此無法視現場情況「總要想辦法試試看」運用引導技巧。

像這樣，即使是引導經驗尚不純熟，但又必須設計出一套可以穩定實施的計畫，就是個相當高難度的挑戰。如果無法掌握問題本質的癥結點，不僅偏離課題解決的關鍵，也無法促進 4 萬 6000 人相互進行創造對話。

應該要透過怎樣的第一線目光，才能重新調整理念呢？

在進入具體的流程設計之前，透過「哲學思考」掌握「理念滲透究竟是什麼概念呢？」「愉快地理解行動指南是什麼意思呢？」「最根本的問題是，理念指的是什麼呢？」「理念是為了什麼而存在的呢？」等關於該專案的本質，一面使用「結構思考」，分析「阻礙實現目標的關鍵要素」。

於是，就會發現這一段思考過程，適用於第三章所介紹的「五大阻礙要素」之中，「沒有將公司目標視為切身之事」的類型。如果公司目標僅是因為高層加諸於員工的命令，那麼對於第一線的員工而言，就不會當作是「自己的事」，這就是阻礙理念實現的原因。

在這次的專案中，確實就是要將全公司的理念由上往下滲透。即使高層單方面提出「一起遵守這套行動指南吧」，如果不是打從心底認同，推行起來根本不是一件容易的事情。但要讓每個當事者都能針對「對自己而言這項目標的意義」進行思考，筆者認為必須調整過程目標。

根本上來說，只要稍微思考經營理念的本質，就可以理解經營層並非希望以從上到下的方式，將理念強加於員工身上，而制定行動方針的。應該是為了達成公司願景，將每位員工視為一個主體，讓每個人皆可主動採取行動才制定的方針，而 TRUST 8 應該也是由此精神而來。若非如此，應該不會制定需要「承擔風險」（TAKE RISKS）等需要第一線倫理觀念，或是需要透過多方試錯才成立的方針吧。

因此，在本專案中，行動方針並非由上至下的強迫執行，而是藉著每

個在現場的我們的角度，將每一項行動方針的意義「重新編輯」，若非由下而上的經驗，我認為就無法將此視為切身之事。

成果目標	• 整體員工深入理解 Trust 8 • 可以在公司內部推動的工作坊・計畫・工具包・引導手冊與影像教材的開發
過程目標	• 帶著玩心歡樂地加深對於行動指南的思考 • 以第一線角度重新編輯行動方針
願景藍圖	• 整體員工在業務過程中實踐 Trust 8，最後實現中長期策略 VISION2020
課題的定義	• 整體員工以第一線角度重新編輯行動指南後，在愉悅的氣氛中深化理解

【表 6-2】重新設定目標、定義課題的結果

此時，對於過程目標追加「從第一線觀察角度重新編輯行動指南」，並將課題定義為「所有的員工以第一線角度重新編輯行動指南，開發出能在享受之餘加深理解，充滿玩心的工作坊計畫」（【表 6-2】）。但是，這是接受專案委託的 Mimicry Design 的角度所進行的課題定義，以問題當事者客戶員工的角度換句話說，就是「整體員工根據第一線觀察角度重新編輯行動方針後，在愉快的氛圍中加深理解」。

1.3 設計流程

解讀理念並將經驗分解

該專案最大的限制是，要在二至三小時的單次工作坊計畫中落實理念

這一點。由於要讓集團海內外據點全體員工徹底理解理念精神，如果時間是半天或一整天這樣長時間的專案，也會是一種引進障礙，對於尚不熟悉引導工作的領導者而言，也必須制定出將之落實至穩定且可推廣的簡單流程中。

定義好的課題是「以第一線觀察角度重新編輯行動指南後，在愉快的氛圍中加深理解」，雖然也可以直接將之設定成一種「創造經驗」，但要實現這樣的課題，還是需要細分成幾個子項目。

首先前提是，必須理解各個行動指南的用語含意與意圖。THINK BIG和 TAKE RISK 之類的詞彙究竟代表什麼意思，包含高層幹部的想法在內，都必須先動腦理解。這次的案例中，是因應行動指南的制定，高層幹部已先製作一套解說行動指南意圖的影片，因此必須先看過這類的影片內容，以便更快進入狀況。

但是，只是理解行動指南的用語含意，還不到能讓員工在第一線工作時採取具體行動的地步。

對於公司組織而言，有業務相關部門的員工，也有研發部門的員工，還有人事部員工。隨著身處的工作環境與業務內容不同，具體的COLLABORATE 方式也會隨之改變，TAKE RISKS 的共識也應該有所不同。根據每個組織不同，APPLAUD SUCCESS 這樣的文化風氣可能不需要怎麼努力，就能夠實現也說不定，而根據每個人的個性不同，可能因為比較不擅長 BE OPEN，而成為一大挑戰也說不定。從這樣「個別發展脈絡」的角度來看，可能有必要重新解釋行動指南內容。

然而，只有考慮到這樣的程度，還是沒辦法扭轉一般員工被動接受行動指南的態度。如同過程目標所標示的，必須以稍微主動的角度，重新編輯行動指南。

例如，在自己的小組或是業務發展脈絡中，檢視每個行動指南的優先順序，或是合併幾個行動指南，成為屬於自身業務的獨有行動指南，或是

根據某一條指南的敘述，以合乎自身工作邏輯的方式具體實踐等，自行更新原本的指南內容。

甚至，可以觀察團隊在實踐這套行動指南之後，在業務上有何具體的變化，倘若能夠親身感受到行動指南的實踐概念和意義，應該就能成為賦予當事者具體改變行動的動機。如果能在腦海中想像自己在實踐行動指南，朝向願景更進一步的樣貌，真切感受到那種雀躍情緒，應該就能達成實現願景的成果目標了吧。

綜合以上所述，將解決課題必備經驗加以分解，如【圖 6-2】所示。

如果可以替換其中一項理念的情況，怎麼辦呢？

如【圖 6-2】所示，「分解經驗」之中，經驗①「了解行動指南用語的意義或是意圖」所指的是，讓員工觀看高層針對行動指南所錄製的解說影

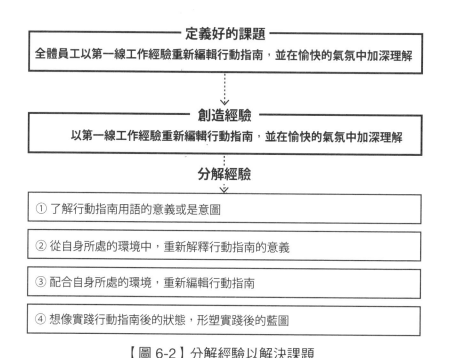

【圖 6-2】分解經驗以解決課題

片。這點看是要在整個工作坊計畫中放在「引導」或「理解」部分，還是事先規定每位員工在參加工作坊之前必須看完，都可以考慮。

剩下的經驗②至④，則是端看在工作坊進行中，依據提問設計的能力高低而引發的效果。

關於經驗②「從自身所處的環境中，重新解釋行動指南的意義」，純粹是詢問「如果把原本行動指南的用語，置換成自身小組或業務內容，會怎麼敘述呢？」，這樣的問法似乎較能促進員工從自身經驗思考。

但是，要將全數八項指南以上述方式更換，可能會因為每個小組情況不同導致太耗費時間，進而讓這道提問變成相對單調乏味的作業，也許就無法達成流程目標中設定的「帶著玩心在愉悅的氣氛中深入思考」的目標。

因此，這時可能會提出「對於自己團隊而言，覺得特別重要的三大指南是什麼呢？」

將問題分解之後，為了回答這個問題，就必須個別檢視「對於自己團隊而言最重要的指南是什麼呢？」並且根據「八項之中選出特別重要的三項」的限制，就會促進員工開始就每一項指南的重要程度進行比較思考。

如果是就這一道問題，就算每個人都提出自己的想法，也不會當成是作業，而且如果是小組內彼此分享，從而在此過程中因為發現不同的答案，而引起驚訝或是好奇心，甚至還會促進彼此對於每一條指南定義的討論。這道問題背後有這樣的期待。

關於經驗③「配合自身所處的環境，重新編輯行動指南」，雖然乍看之下是以經驗②為基礎的延長思考，但其實有必要創造一個讓員工主動且在愉快的氛圍中，重新編輯指南的契機。

此時，需要活用到在第四章所介紹到的「暖身提問」的技巧「假設」模式，設計出一道「如果要刪除掉其中一條行動指南，並加入一條新指南，會怎麼選擇呢？」即使是在計畫設計時，也需要發揮「天馬行空」的創意，大膽地詢問「主管所制定的八大行動指南中，如果可以換掉其中一項，會

選擇哪一項呢？」這種假設的問題，就能達到名副其實重新編輯行動指南的設定。

雖說是刪掉，但公司整體所揭示的行動理念畢竟都很重要，應該沒有不必要的項目。然而，透過這八項行動指南，讓內涵更符合小組的業務環境落實之際，根據每個部門或是團隊的情況不同，可能已經有將之視為理所當然，需加以實踐的指南也說不定。

不論如何，在「可以只提換其中一個指南」的限制下，帶著玩心，創造一個能夠重新編輯指南的機會，在對於行動指南有多種定義交錯中，就可以再深化小組的對話。

經驗④「想像實踐行動指南後的狀態，拍攝照片海報怎麼樣呢？」像這樣，落實到關於製作課題形式的提問。

00:00-00:30	【引導】開場／看影片
00:30-00:45	【引導】談一談自己能夠實踐和無法實踐的行動指南？
00:45-01:00	【理解】選出團體最重要的三項行動指南
01:00-01:40	【創造1】如果小組要換掉其中一項行動指南，會選擇哪一項？
01:40-01:50	【中場休息】
01:50-02:25	【創造2】實現行動指南的海報攝影
02:25-02:40	【總結】作品發表
02:40-03:00	【總結】回顧

【表6-3】工作坊流程

根據上述問題當成基礎，調整破冰時的暖身問題等，如【表6-3】的形式彙整成計畫。雖然原本包含高層解說影片觀看在內，一共是三個小時的專案，但也有準備一套因應必要時可壓縮成兩個小時活動的限時版（Short Program）。為了讓這八項行動指南，可以放在手邊容易進行比較或檢視，也準備了卡片狀的道具（【圖6-3】）。

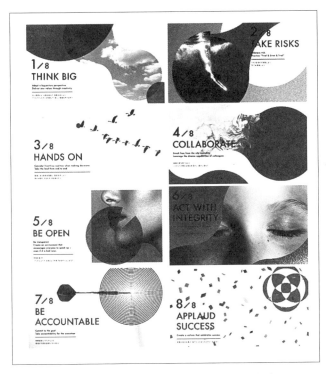

【圖 6-3】行動指南的卡片（2018 年）

仔細說明問題背景的引導

在活動當天進行引導時，特別注意到的是，帶著引導者核心技術之一「說明力」的意識，仔細說明提問背景與意圖。特別最需要說明的提問是，在第一個「創造」中，設定的「如果小組要換掉其中一項行動指南，會選擇什麼？」的假設問題。

如前所述，這個問題的重點是在於「刪掉高層所制定的行動指南」，因此如果沒有仔細說明意圖，恐怕會造成參加者輕視行動指南含意的風險。

因此，需要像以下內容仔細解說關於問題的設定意圖，並且迴避誤解產生，將注意力聚焦在問題上。

「經過剛剛這個步驟，可以看到小組中有各式各樣的見解，因此可以從小組對於 TRUST8 的不同觀察角度中，獲得多元觀點並加深理解，從而延伸出更深入的說明。

小組內部在實現這個 TRUST8 的基礎上，如果被要求『稍微改變也沒問題』的時候，大家會怎麼改變 TRUST8 呢？」

這個步驟，是讓配合小組發展脈絡的自己，試著獨立思考關於原創版的 TRUST8'。

TRUST8 的八大原則一個一個都有自己的定位，八項原則的關係，對於部門或是小組而言也應有所不同才對。對於小組而言可能已經有早已實現，並被視為理所當然的準則也說不定。此外，配合小組情況，如果「換句話說」，也說不定可以更容易實踐。

為了從小組發展背景中更多元理解各項原則，反而大膽透過自己的觀點加以調整 TRUST8，目的是讓自己更理解、認同 TRUST8 吧」。

　　雖然已經有意識地做到這種程度的說明，但在計畫設計的階段，還是會憂心這樣的計畫是否能確實順利運作。將經營層所決定的八大行動指南中擇一替換的這項作業，究竟能否為全公司內部的員工接受，確實多多少少都會有些不安。

　　但是筆者在擔任引導者時，針對幹部團隊為對象進行的測試型工作坊的過程中，就消除了這樣的不安。制定行動指南的幹部們也都興致勃勃地提出「要從哪裡開始破壞呢？」「這一點我是不會讓步的！」「我們這個團隊已經實踐了這項行動指南，就直接刪除，換上 Smile 如何呢？」等等，很興奮地相互交流彼此對於指南的定義，因為對話層次相當深入這顯而易見的【圖 6-4】。

【圖 6-4】新追加的行動指南卡片

1.4 課題解決的成果

　　為了讓理念能深入員工人心，各部門和事業所單位的各領導者需要不斷舉辦工作坊。為了讓原本沒有引導經驗的人也能確實落實每項計畫，需要製作簡潔明瞭的簡報資料，容易使用的工具包，有詳細說明的英日語版引導手冊等，且持續更新引導培育進修內容或影片教材等，透過在全球各地舉辦工作坊，將行動指南滲透至每個員工心中。

　　根據製作完成的工作坊計畫與引導手冊，以各部門‧各事業所領導者為中心，順利地讓資生堂集團海內外據點所在區域的員工，都能順利地舉行工作坊。藉著許多參加工作坊的員工所透露的「真的很開心」的心聲，行動指南 TRUST8 也在各工作現場獲得更為積極正面的解釋，協助建立以實現願景為目標的企業文化。

辦公室家具的創新

株式會社 Insmetal

2.1 概要

接下來要介紹的案例是，因應專精於金屬雷射加工的株式會社 Insmetal 的委託，設計出首次思考如何應用金屬，創造出前所未見的創新辦公室用家具的工作坊專案（2018 年）。筆者（安齋）擔任專案設計與引導工作。這項專案筆者邀請 TSUKURUBA、Inquire 和 Super Crowds，這三家今後將引領創新的新創公司一起加入。

2.2 課題設計

憑藉對於製造的衝動而誕生的計畫

當初，筆者接到的委託內容，只有「希望可以製造出能活用金屬加工技術的專屬產品」這樣的敘述，事實上並未包含「家具」或是「辦公室」這樣明確的關鍵字。

透過詢問對方的需求，確認委託的背景之後，Insmetal 這家公司，可謂是專門承接雷射熔接、雷射加工需求的「便利店」，擁有可以廣泛因應各種多樣化加工需求的高超技術實力，因此業務內容是以接單加工為主。

就像愛知縣名古屋市的老招牌鑄造業者 AICHI DOBBY.LTD.，因為開始打造自家品牌的鑄鐵鍋 Vermicular 開始銷售推廣一樣，有愈來愈多的技術業者開始希望打造自家產品。該案例也是，希望能善用引以為傲的自家技術實力，打造自家產品，這次的案例就是基於此希望為出發點所設計的

專案。

　　反過來說，Insmetal 並沒有堅持一定要做怎麼樣的產品，若是要舉個例子也就是「家具」這樣的提案而已。產品只要是可以引以爲傲的，什麼都好，總之對於自家的原創產品，希望聚集公司內部有想法、有意願的技術人員和事務人員一起加入，思考創造產品。

　　專案的目標，是從產品的概念開始到做出試驗品的階段，之後則是規畫在自家工廠中完善整個製造與銷售體制的計畫。

　　將以上的敘述，整理成如【表 6-4】：

成果目標	• 活用金屬加工技術的產品概念與試驗型產品
過程目標	• 召集公司內部有志參與的成員一起檢視想法
願景	• 成立以獨家技術爲傲的產品品牌

【表 6-4】整理目標的結果

　　筆者爲了不讓課題設定陷入「自我本位」與「只求利己」的陷阱中，在一面意識重塑框架的技巧「重新自問重要意義」，嘗試再度檢視目標。也就是，關於「究竟是爲了什麼而要製作家具呢？」的問題，如果沒有找到「想要活用自家技術」之外的理由，可能就不是屬於具有社會意義的專案。

　　筆者同時以「簡單思考」和「批判思考」提出，「爲什麼會選擇家具呢？」「是指住宅用家具嗎？還是辦公室家具呢？」「有希望出售的目標客群嗎？」等疑問，不斷往下深掘。這是考量到客戶可能沒辦法將想法全部化爲言語，但還是有什麼關於產品方面的堅持點也說不定，因此採取這種方式詢問。

　　但是，客戶對於目標或是在產品分類上的堅持，依舊是沒有太多要求。當詢問客戶終極產品是想製作成家具的契機，說是在網路上偶然找到，設計非常精巧的組裝式金屬家具，突然有了啓發，在嘗試製作出試驗

品之後，認為「我們應該也做得出來」。其實起點只是感受到製造最原初的樂趣，以及「希望做出什麼有趣東西」的「衝動」（impulse）。

筆者認為，對於市場沒有太多堅持的這一點並不是什麼壞事，因此整個計畫成功的關鍵是，如何充分利用這樣屬於內心深層的衝動。雖然這不會妨礙客戶對於製造湧現的衝動，但需要將客戶認同的主旨「為什麼要做？」設定為這個專案的根本意義，才是關鍵。

「辦公室的定義是什麼呢？」從這個問題可以看出根本意義

儘管客戶方面並沒有堅持一定要做什麼項目，但關於初期想法「做家具」這樣的大方向，不論是客戶還是筆者都對於「做家具確實是滿有趣的」有共鳴，因此認為直接沿用這個想法也不錯。

那麼，究竟是要做怎麼樣的家具，又是為了什麼目的製作呢？為了將目標分解到具體可行的程度，筆者利用「工具思考」，浮現出許多專家的臉龐，並想像「如果是那位，會怎麼詮釋『製作金屬家具』這樣的主題呢？」重新理解這個主題。

於是具體想到的情景是，和筆者從以前到現在有良好交情的 TSUKURUBA 共同創辦人、董事長暨創新長（Chief Creative Officer，CCO）中村真廣先生。TSUKURUBA Inc. 的任務宗旨是「發明場域」，也就是在實體空間與資訊空間中創造一個連結場域的新創企業，除了經營住宅翻修流通平台 cowcamo 之外，還負責多家企業辦公空間的設計案。如果是 TSUKURUBA Inc. 的董事長中村先生，不論是住宅，還是辦公室，應該能在各式各樣與空間專案有關的案例中，有一套對於「家具」的獨到見解吧。

筆者立刻與 TSUKURUBA 的中村先生就此委託案商量，而中村先生對於金屬家具專案展現出高度興趣，並給予諸多建議。如中村先生所述，「雖然往住宅或辦公室都有很大發展的可能，但特別是在辦公家具這一塊，目前還有諸多問題」。其中一個問題是，許多新創企業對於自家的辦公室設

計有自我認同與堅持，雖然看似是將辦公室內部裝潢委託給 TSUKURUBA Inc. 負責，但由於所有的辦公家具早已向具有代表地位的業者購買產品，因此沒有太多預算，即使如此，能符合當初堅持的家具數量又不是很多，因此也只能購買白牌低廉的家具製品充數。

中村先生自己，也是在找不到與自家公司的理想與工作型態完全相符的辦公家具而困擾中，因此不得已只好先購置較低廉的家具，再自己動手改造部分設計，最後製作出符合需求的家具的樣子。

聽到這番話筆者心想，莫非對於新創企業而言，如果市場上出現能夠支持其獨特的工作型態的家具，應該就能在非既有代表業者的產品，也非低廉家具之中，當成一種新選項，開拓出一片市場。

同時，在筆者腦海中浮現的是一個有點哲學式問題「最根本的問題是，對於新創企業而言，辦公室是怎樣的概念呢？」儘管新創企業的手頭預算不如大企業般充裕，因此現有的辦公室空間無法滿足，所謂投資自己的辦公室，就是因為新創企業對於自身特有的辦公室或工作型態有其「堅持」所致。在其他方面，像是鼓勵遠端工作等型態，因此也會看到「沒有必要非去辦公室不可」的主張。

事實上，筆者也認為「在工作型態不斷調整的現代，辦公室的意義，難道不也是一直都持續變化嗎？」

面對這樣一個大哉問，其實客戶也表現出莫大的關心。他們非常贊同筆者的想法，並分享心聲「我們公司內有很多在工廠工作的員工。對我們而言，理想的辦公室，應該和東京的新創企業心目中的理想辦公室，可能是完全不同的樣式吧。而我也想要去思考那究竟是怎樣的具體樣式，而且如果能用自家的技術支援新創企業正在追求的新工作型態，那會是非常開心的事情」。

在這瞬間，客戶的願景增加了「協助促成新創企業達到新工作型態」，過程目標也增加了「重新審視對於新創企業而言辦公室的意義是什麼」並

重新設定，課題則是很簡單的，將之定義爲「設計一套可提供給新創企業使用的全新金屬製辦公家具」(【表 6-5】)。

此外，配合課題，不只是 TSUKURUBA 而言，就連編輯設計事務所 inquire、並邀請 Super Crowds ，身成外部設計夥伴，此外指派 Mimicry Design 的設計師、研究者、引導者等人，和客戶 Insmetal 有志參與的成員一起組成約 15 位的專案團隊，正式啓動。

成果目標	• 活用金屬加工技製作的辦公室家具概念與試驗品
過程目標	• 重新審視對於新創企業辦公室的意義 • 召集公司內部有志參與的成員檢視想法
願景	• 促進新創企業成就全新的工作型態 • 成立能善用自家自傲技術的專案品牌
課題的定義	• 設計新創企業專屬的新型態金屬辦公室家具

【表 6-5】重新設定目標、定義課題的結果

2.3 流程設計

彈性方案設計，考量種種可能

因應設計流程，將解決課題所必要的「創造經驗」分解成細節。

成果目標是「活用金屬加工技製作的辦公室家具概念與試驗品」，但是並不是毫無原因地檢視辦公室家具的創新，而是在進入過程目標「重新審視對於新創企業辦公室的意義」時的必經過程。

對於新創企業而言，辦公室究竟有何種意義，究竟有怎樣的需求，可以根據網路調查或是趨勢調查等方式掌握。這是專案中必要進行的調查，

但其實不僅是新創企業，其實很多人正在面對「今後的工作型態」變化趨勢之中，誰都不知道正確答案是什麼。為了不破壞專案團隊成員的個人自主，調查並非突然進行，而是先將我們自己的感覺直率地表達，「對於新創企業而言，辦公室究竟是怎樣的意義呢？」這樣的對話是有必要的。

隨著在這樣對話中所出現的討論內容，這個專案的大方向可能出現任何的變化。相反地，在這個時間點究竟是該製作椅子，還是桌子，或是照明器具，又或是要製作出根本不屬於任何一個既定項目的什麼產品，因為看不到產出的輪廓，要設計詳細的過程是很困難的。

於是，在那之後的經驗，可以粗略分成「思考新金屬製辦公家具的概念」、「思考新金屬製辦公家具的產品樣式」，定義成由總計三次的工作坊所組成的專案（【圖 6-5】）。

所有的想法都是「眼睛能看到的具體樣式」，以及藉此產生的「意義」結合之後所成立的。「思考新金屬製辦公室家具的概念」，就等同於思考產品的「意義」，「思考新金屬製辦公家具的產品樣式」，就相當於落實到具體「樣式」上。

根據上述內容為基準，加上在其中穿插必要調查後，設定如【表 6-6】

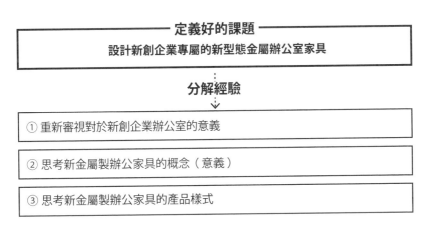

【圖 6-5】分解經驗以解決課題

所呈現的，以三次工作坊爲基礎加上課題解決的過程大綱。

工作坊（1）	重新審視辦公室對於新創企業的意義
調查（1）	新創企業辦公室的相關調查
調查（2）	Insmetal 的金屬加工技術的相關調查
工作坊（2）	思考新金屬製辦公室家具的概念（意義）
調查（3）	市面上家具產品的競爭・趨勢相關調查
工作坊（3）	思考新金屬製辦公室家具的試驗品樣式
家具試驗品的製作	

【表 6-6】解決課題的流程

從非構成對話中，淬鍊出專案的大方向

本專案和案例 1 的資生堂經驗不同，比起細緻規畫專案每個項目，特徵在於，考慮該專案在進行過程中，會出現各種不同方向發展的可能，並且彈性因應整個過程。

特別是在第一次的工作坊中，因為不希望限制對話發展的大方向，因此會先提出「對於新創企業而言，辦公室的意義究竟是什麼呢？」這樣一個大哉問，也就是說，該計畫並未事先設定是以個人還是小組爲單位進行作業，純粹是讓全體參與者自由進行交流的，流程相對較不緊湊。

預設現場會有各式各樣的話題交錯，這時就擅用圖像記錄，而工作坊空間的配置，也不是讓較少人數容易對話的島狀「互動型社會空間」擺設，而是將椅子面向圖像記錄師並列，讓參加者自由入座，用意是在於，一方面讓個人的思考更加深入之際，另一方面，也可以將自己的想法分享給整

體參加者知道。

　　這樣的做法是，為了避免事前在計畫中排進太多議程，因此當天活動就必須非常仰賴引導者的技巧水準。引導者需要能確實地掌控現場，並觀察每一位參加者的表情，徹底發揮「即興能力」、「資訊編輯能力」與「重組能力」，務必讓現場對話更加深入。

　　當日狀況一如預期，場內熱烈討論許多話題。例如，可以午睡的空間或小睡片刻的空間、淋浴間、公司內部的托兒所等，將多元化的生活機能帶入辦公室，擴大辦公機能。另一方面，也有人主張應撤除固定座位的規範、引進「完全彈性上班」（full flexible time；並未規定一日的勞動時間，原則上是由勞動者本身自行決定上下班時間）制度，並擴充遠端工作的配套機制等，讓辦公室縮小至僅需要維持最低限度的基本運作功能的趨勢等。

　　「如果不順應潮流，到最後，辦公室的環境究竟會變得如何呢？」新的問題不斷出現，現場繼續進行自由對話。

　　從這樣的對話過程中，「辦公室並不是為了執行業務才有其必要，而是為了讓員工感受到對於企業的認同，這才是辦公室的價值不是嗎？」「辦公

【圖6-6】首次工作坊的情景

室感覺很像是要先穿越鳥居（編按：神社入口如同大門一樣的建築物，由兩根支柱與一根比支柱間隔距離更長的橫木，以及橫木之下連接兩個根支柱的另一橫木構成。鳥居是區分神明居住的神域與人類居住的俗世的結界、分界）參拜，以感受到神明存在的『神社』不是嗎？」等許多意見來來往往，在產生共鳴之際，氣氛也相當熱絡。

令人意外的，「神社」這個關鍵字，被全體參加者當作「形容貼切的關鍵字」所接受。「以神社的角度重新理解辦公室的功能」的含意，被視為整個專案中的一個主軸。

結界的應用：具備神社特質的家具設計

在著手展開預定進行調查的項目「新創企業辦公室相關調查」、「Insmetal 的金屬加工技術相關調查」之餘，「神社」相關調查也同步展開。

具體而言，為深入了解「神道」、「驅邪消災」等關鍵字，與新創企業的辦公室實際狀況進行連結之餘，也一併就「為何要在辦公室內設置神壇」等疑問，進行資訊蒐集。

關於新創企業的辦公室，針對幾家企業為訪談對象進行調查，項目包含工作型態、在辦公室中的溝通方式、對於現在的辦公室有何不滿等。

調查內容則是由專案成員彼此分擔，事前先彙整資料如【圖 6-7】，從在下一次工作坊中預備發表的調查結果開始。

第二次的工作坊則是一邊分享調查結果、一邊開始檢視活用金屬技術的辦公室家具概念。

在解讀新創企業的相關調查結果之際，從對話中發現一個洞察點，那就是「在辦公室中，為了讓多數人的合作或是會議順利進行，通常會需保留一定的空間，相關解決方案也很多。另一方面也注意到，如果因應『想要一個人待在辦公室』的需求而保留辦公室的解方並不多，因此很容易被忽略。

確實提到新創企業，經常會都會聯想到，每個人都很積極地在會議中

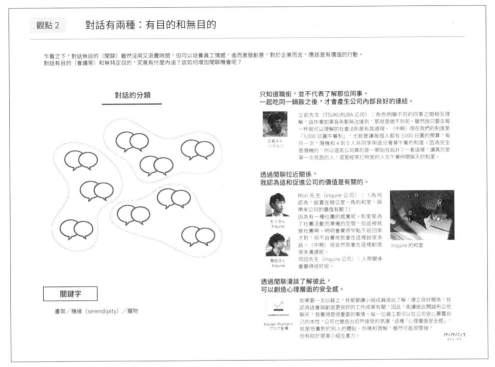

【圖 6-7】研究資料的案例

反覆闡述論調，和來自多元背景的成員合作的印象。雖說是如此，也有一派意見認為，正是因為新創這樣的形態，才更顯得「有個人空間」的時間很重要。

　　另一方面，關於神社的調查，則有許多新想法。針對神社的意義，重新透過對話更加深入了解之際，對方提出自己的洞察「神社的有趣，在於只要通過『鳥居』如此簡單的人工建築，就能進入神祕空間的意象。這不就是意謂著，人類跨越結界，發現心理層面的境界嗎？」

　　將這些洞察融合之後，浮現出新關鍵字──「結界性」，也就是「在辦公室這樣開放的場域之中，雖然可以連結到讓人放鬆的空間，但在實際的心理境界之中，有沒有能夠只專注於自我空間的家具呢？」

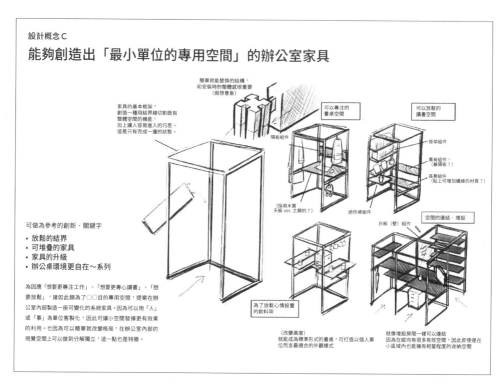

【圖 6-8】產品設計的草圖

之後，就是考量到既有市場上有無競品，多做幾次市場調查之後，於第三次工作坊中針對具體產品的樣式討論，結果誕生「辦公室中創造個人專用的『結界』，可以依照需求客製化製造出理想的個人空間的金屬家具想法」（【圖 6-8】）。

2.4 課題解決的成果

在三次的工作坊結束之後，在 Mimicry Design 的指導下，擔任設計夥伴的 Super Clouds 負責產品設計以及網站設計，客戶 Insmetal 則是負責產品的製造，以此體制不斷嘗試製造與測試，為了讓最終產品能如實地反映

【圖 6-9】完成的產品 ADDMA

在工作坊活動中創造出的產品概念，進行細部調整。

　　例如，為了能讓個人空間能自由自在地排列，各項零組件都能簡單拆裝，因此和組裝方便有關的接合設計就是重點。最初的試作品雖然是需要兩個人才能組裝的結構，但經過設計師和技術人員的合作嘗試錯誤的結果，最終完成即使是一位女性，獨自一人也能獨自組裝的接合設計。加上其他許多細節的檢視，確定了將用以銷售的雛形（【圖 6-9】）。

　　因為是在辦公空間裡增加（add）了一處空間（ma，日文「間」的發音），因此該項產品便命名為 ADDMA[*1]。

[*1]　關於 ADDMA，在特設網站（https://addma.jp/）中，有當初工作坊進行的情況紀錄，以及整個專案流程的介紹。

三浦半島觀光概念的重新定義

京濱快速電鐵

3.1 概要

　　此案例是來自京濱快速電鐵株式會社的委託，自 2017 年起執行爲期兩年的，神奈川縣三浦半島振興觀光計畫。專案設計與引導工作是由筆者（安齋）擔任。在本次專案中，由京急電鐵與東京大學共同研究專案爲名實施。在此則是以 2017 年度的專案爲中心進行介紹。

　　三浦半島位於神奈川縣東南方，存在於隔著東京灣與相模灣的一座半島。範圍從藤澤市片瀨開始，經過圓海山北麓，連結至橫濱市金澤區富岡所形成的南部區域，市町村區域包含橫須賀市、鎌倉市、逗子市、葉山町與三浦市。葉山町與逗子市人口雖然看起來是正成長，但三浦半島整體人口的減少已成重大課題，且觀光客也有逐年減少的趨勢。

　　對於在三浦半島廣泛經營交通基礎建設以及觀光設施的京急電鐵而言，當務之急是將三浦半島的定位打造成「都市近郊的度假村」，藉此振興該島的經濟。因此至今陸續推出 Misaki Maguro 套票（岬マグロ切符）、葉山女子之旅套票等，訴求個別區域魅力的觀光行程，但是整體而言，三浦半島仍未出現一個可以當成核心觀光景點的概念。

　　而且要傳達地區魅力的目標對象在概念上也不是很清楚，因此在京急電鐵委託筆者的階段時，也一直陷入「是否應該以年輕人爲目標客群？還是以高齡者爲目標客群比較好呢？」這樣兩極的思維，也因此一直無法確定目標對象。

　　依賴方京急電鐵三浦半島事業開發部中，也因爲只在公司內部進行討

論，容易造成視野狹隘的問題，意見也遲遲無法整合，因此產生需要能以更宏觀的視野重新思考三浦半島的價值，並且爲其彙整意見的需求。

3.2 課題設計

難以定位的「魅力」與「觀光客」的目標

筆者運用「簡單思考」與「批判思考」，仔細詢問客戶帶來商量的案件內容，並遵循定義課題的順序，首先將客戶所認知的目標內容整理如【表6-7】所示。

接著，檢視什麼是阻礙客戶達成揭示目標的原因，並重新設定目標。

首先是關於「增加造訪三浦半島的觀光客人數」這個願景，提出問題的當事人雖然有共識，但卻陷入課題設定的陷阱，也就是「本位主義」，此外對於「人口與觀光客逐年減少」的狀況，當事者似乎是直接帶著「負面」觀感解讀問題。

此時，活用到重塑框架技巧的「利他式思考方式」與「積極解讀」，將焦點放在造訪三浦半島的觀光客發現三浦半島的價值爲何，並重新設定願景爲「吸引尚未發現三浦半島魅力的觀光客前來造訪，體驗三浦半島獨一無二的經歷」。

關於成果目標，如果不先定義三浦半島的「魅力」和「觀光客」爲何，這樣下去，恐怕無法針對如何將魅力傳達給具體目標客群的「因應對策」進行檢視。

如同第三章所述，目標中儘管有「未知數」，還是可以解決課題。客戶之間應該多少有這樣的直覺「三浦半島一定還有什麼是尚未清楚傳達的魅力」、「三浦半島的魅力應該已經傳達給還不知道在哪的目標客戶」，但這就是無法用言語表達的狀況。於是，這種憑直覺的理解，會因爲每個成員的感受不同而有落差，就會發生「就算只有自己人討論，也無法彙整出一個

結果」的情況。

成果目標	• 希望將三浦半島除了鮪魚以外的魅力傳達給觀光客（年輕人或是高齡者）的因應對策
過程目標	• 雖然希望是以京急集團為主體思考，但希望能更擴大思考眼界
願景	• 讓造訪三浦半島的觀光客增加

【表 6-7】整理目標的結果

　　因此，在此發揮「哲學式思考」，思考「三浦半島究竟是什麼樣的半島呢？」「到三浦半島觀光，對於誰而言會有什麼樣的意義呢？」等等，一面自問自答這些根本的問題，一邊參考重塑框架技巧中的「定義用語」，以「決定共通的目標」做為後設認知的目標。

　　結果而言，將成果目標以「定義出具體的目標對象・人物誌」（persona）、「定義一個對於完成定義的人物誌而言，三浦半島的體驗價值」，分幾個階段設定。人物誌是設定服務或商品的目標消費者，也稱為使用者側寫，如同真實存在的使用者一般，詳細設定使用者的姓名、年齡、性別、職業、生活模式等資訊。筆者從行銷基礎知識中，善用「工具思考」重新思考問題所得到的結果也是如此。

　　此外，雖然還需要思考如何將定義好的魅力，傳達給這人物誌所需的「具體做法」，但也感覺到，已經在成果目標中放進太多的要素。

　　因此，從目標整理的觀點來看，確認好「優先順位」之後，和客戶確認以下內容「雖然很開心貴公司替我們想出具體的實施辦法，但是連我們自己都不知道，究竟是要成立新事業，還是改善既有事業，抑或是推出活動企畫呢？等等，所謂具體的措施應該要我們自己可以檢視得出的內容。比起這個，在工作坊中，希望能明確定義好京急集團今後的主軸概念」。

因此，成果目標先拿掉「措施檢視」這項目，取而代之的是，將成果目標設定為，經過公司內部討論後，確實定義出屬於三浦半島魅力，並製作讓更多人了解的「概念集」（concept book；說明三浦半島魅力的公司內部共識小冊子）。

關於過程目標的設定「希望是以京急集團為主體思考，但希望眼界能夠更寬廣一點」，是在指定具備多元專業的不同領域成員，成為計畫的成員之後所達成的方針，並取得了客戶的共識。

具體來說，本計畫指定由地理資訊專家、編輯、設計師、非營利組織代表等，網羅擁有多元專業的 20 至 39 歲男女共八人，組成「外部設計師小組」。京急集團（以下京急小組）則從京濱快速電鐵生活事業創造本部三浦半島事業開發部、葉山休息區、京急店鋪等，指定以三浦半島地區進行業務合作的 20 至 30 歲的男女共九位成員，雙方共同組成 17 人的專案團隊。根據上述重新設定的目標，整理成如【表 6-8】所示。

成果目標	• 定義具體的目標對象‧人物誌 • 對於定義好的人物誌，定義三浦半島的經驗價值 • 將定義完成的魅力彙整、製作概念書（concept book）
過程目標	• 京急團隊與外部團隊各自發揮自己的主張，從多元觀點深化思考層次
願景	• 讓尚未注意到三浦半島魅力的觀光客造訪一次，體驗只有在三浦半島上可以享受的體驗
課題的定義	• 定義出對具體的目標對象‧人物誌而言，屬於三浦半島的經驗價值

【表 6-8】重新設定目標、定義課題的結果

將這些內容彙整之後，將「定義出對具體的目標對象‧人物誌而言屬於三浦半島的經驗價值」當成課題定義，並獲得相關人士的共識。

3.3 流程設計

往返於特色與經驗價值之間的流程設計

在設計流程之際，就從對於解決課題必要的「創造經驗」的分解開始著手。

但是，本計畫的流程設計最困難的地方是在於，無法清楚分解成「目標・人物誌」與「經驗價值」加以檢視，因為這是「雞生蛋、蛋生雞」的關係。

如果無法具體決定人物誌，雖可以檢視與其相關的三浦半島造訪經驗價值，但合適的目標對象・人物誌，事實上是根據三浦半島擁有怎樣的潛在價值決定，兩者相互影響所致。

此外，三浦半島的經驗價值，是根據真實存在於三浦半島的資源所創造，因此必須以實地考察或文獻研究等方式探索三浦半島資源，才能檢視「適合三浦半島的目標對象・人物誌」或是「三浦半島的經驗價值」。

即使如此，若並未事先做好人物誌或經驗價值的假設，即使進行實地考察，也無法獲得敏銳的洞察力吧。如果是以既有的觀光導覽手冊等資料進行研究，雖然可以趕在工作坊之前完成，但考量到三浦半島上對於觀光概念的共識仍不存在，就算可以透過導覽手冊等建立假設，但實際上靠著自己的雙足，從人物誌觀點進行實地考察，才能真正能發現存在於導覽手冊焦點之外的資源。

此外，為了定義出三浦半島獨有，而其他地區沒有的魅力，以觀光勝地而言，調查其他同樣類型的地點進行比較的功夫也是不可或缺。

綜上所述，將解決課題所需的「創造經驗」，分解成「製作人物誌候選案，整理有關的資源」、「製作更精緻的人物誌，以人物誌觀點檢視經驗價值」、「以定義好的人物誌，重新定義三浦半島的經驗價值」（**【圖 6-10】**），並且在工作坊之間安排必要的調查計畫，當成流程的要點（**【表 6-9】**）。至

於概念集的製作，因需要編輯和設計等專業進行作業，因此在工作坊中基本上只是針對內容進行檢視，編輯與設計則為事後作業。

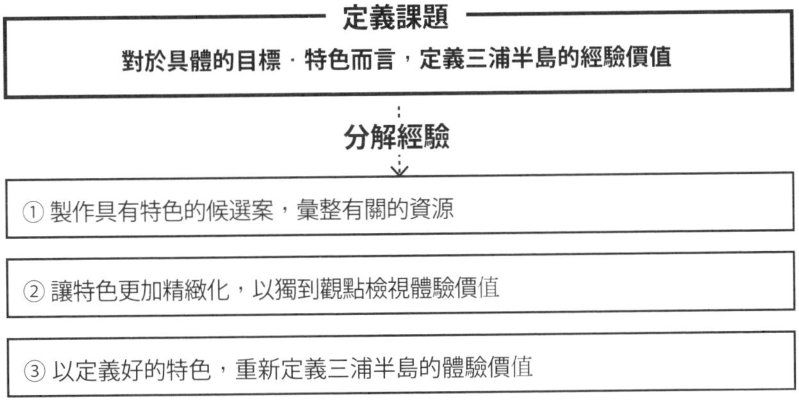

```
━━━━━━ 定義課題 ━━━━━━
對於具體的目標‧特色而言，定義三浦半島的經驗價值
```

分解經驗
↓

① 製作具有特色的候選案，彙整有關的資源

② 讓特色更加精緻化，以獨到觀點檢視體驗價值

③ 以定義好的特色，重新定義三浦半島的體驗價值

【圖 6-10】分解經驗以解決課題

工作坊（1）	製作具有特色的候選案，彙整有關的資源
調查（1）	在當地進行實際考察
工作坊（2）	讓特色更加精緻化，以獨到觀點檢視體驗價值
調查（2）	競爭區域的調查
工作坊（3）	以定義好的特色，重新定義三浦半島的體驗價值
製作概念集	

【表 6-9】解決課題的流程

藉由相互提出假設，掌握人物誌輪廓

將各自的經驗分解，藉此做成相應的問題之後，就完成工作坊的計

畫。第一次工作坊「製作人物誌候選案，整理相關資源」的計畫如【表6-10】所示。由於這次是整體專案的首次討論，且參與者是由京急小組與外部小組共同建構的團隊，先撥出充足的時間，讓彼此介紹各自的專業與業務內容，謹慎進行。

13:00-13:15	【開場】介紹
13:15-13:30	【開場】破冰
13:30-14:00	【理解】外部小組提供的話題
14:00-14:30	【理解】京急小組提供的話題
14:40-15:10	【創造1】製作暫定版特色內容介紹
15:10-15:40	【總結1】發表製作結果
15:40-16:30	【創造2】三浦半島的資源彙整
16:30-17:00	【總結2】發表整理結果

【表6-10】首次工作坊流程

在開場階段，由筆者針對定義好的課題與其背景仔細地說明，「三浦半島的魅力究竟為何？」「造訪三浦半島之際一定到此一遊的目標為何？」等，先提出專案中最根本的問題，再針對接下來的大致流程進行說明。

在破冰階段，除了考量到這是該專案的首次討論，以及在當下，考量到相較於已數度造訪三浦半島的京急小組，外部小組之中還有尚未到過三浦半島的成員，因此反倒先不預設與三浦半島有關的問題，而是先拋出「對於執行這次的專案有什麼樣的抱負呢？」這樣的提問，讓對方成員自由地進行自我介紹。

在「理解」階段，則是讓外部小組成員提出自身工作，或與自身專業相關的話題。藉由掌握成員擁有怎樣的觀點和專業技術，讓之後的對話內容更具創新。京急小組方面，則是由集團旗下五家企業代表各自說明事業概要，並就現階段所掌握到，關於三浦半島本身擁有的魅力與資源進行介紹。

在「創新活動」中則是分成三個小組，進行假想人物誌提案（【圖6-11】）。並非一開始就要求做出非常細膩的人物誌輪廓，而是先提出「希望造訪，或是認為應該前來三浦半島觀光的目標觀光客，是怎樣的類型呢？」這樣的問題，並讓參與者在便利貼上寫下任何和人物誌候選有關的元素當成課題。在這個時間點上，尚未針對書寫的內容設限，而是以自由填入的方式寫出，如「家族旅行」、「25至29歲的女性」、「喜歡樂活的族群」等。

以個人觀點描寫人物誌候選文案的作業進行到一定程度之後，在此時間點就可以鼓勵先在小組內部進行分享，相互認識彼此賦予的意義，自然就會開啟對話。再進一步對於全體參加者提出「適合三浦半島的目標觀光客是怎樣的人呢？」以促進交流。

在盤算對話差不多開始進入較深入的時機點時，將便於彙整人物誌的工作表發給各位，並「請以小組為單位完成兩案人物誌概要暫定版」為課題，藉此讓討論內容發散的便利貼和對話可盡快收尾。

以結果而言，各小組共提出五件人物誌提案（【圖6-12】），面對發表

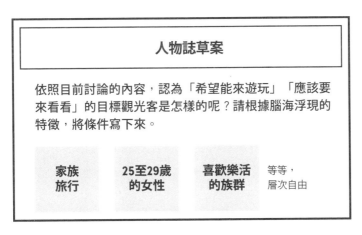

【圖 6-11】人物誌暫定版

橘久美子	33 歲女性／疲憊／尋求療癒
松田正人	33 歲男性／ IT・創新設計類／衝浪
吉田惠	25 至 29 歲女性／丸之內上班族／平常忙碌，渴望離開都市
杉山理惠	23 歲女性／服飾產業／希望能去充滿時尚感的咖啡店
速水隆志	29 歲男性／汽車經銷商／希望能讓腦袋放空

【圖 6-12】工作坊中製作的暫定版人物誌概要

後的人物誌暫定案，筆者意識到需發揮引導者的「編輯能力」，將 20 至 39 歲男女共通的特徵，彙整成「療癒都會的疲憊，尋求非日常場域」，並賦予意義。

在可引起共鳴的人物誌發現：課題的精緻化

在工作坊製作的人物誌暫定版中，獲得多數參加者認同的代言人，是一位展現「療癒都會的疲憊，尋求非日常的場域」共通特徵的「橘久美子」，是這項專案中的主要人物誌之一，在工作坊結束之後也仍持續更新（【圖 6-13】）。

在第一次工作坊後半段，一面保持人物誌暫定案製作的觀點，一面以觀光景點的層級盤點三浦半島的資源。

具體而言，首先提出三個問題「對於人物誌而言，可能具有高度魅力的重要景點是什麼呢？」「對於人物誌而言或許意外有魅力的景點是？」「以假設的人物誌前往三浦半島遊玩之際有什麼疑慮嗎？」並將針對題目提出的答案，寫在不同顏色的便利貼上，貼在牆上張貼的三浦半島地圖（【圖 6-14】）。

此時由於尚未進行實地調查，因此儘管自覺相關知識是來自至今累積的訪談經驗，或從導覽手冊上得到，對於人物誌暫定版而言，還是可以在

橘久美子	年齡：33 歲
	性別：女性
	居住地：小田急線豪德寺站、走路 10 分鐘、套房、租金 7 萬 5000 日圓
	出身地：靜岡縣
	家庭成員：獨居（家鄉有父母與妹妹）
	交友情況：單身
	學歷：早稻田大學第一文學部綜合人文學科文藝主修畢業
	所屬公司：Little More 出版社編輯部（編輯業）
	職稱：無
	收入：年收入 450 萬日圓

【圖 6-13】代言人橘久美子的人物誌概要

基於檢視假設的立場上，對於到訪三浦半島的經驗賦予意義。

以上是關於第一次的工作坊流程的說明，不過這次工作坊最主要的成果，還是在於確立了人物誌的大方向。

對於參加者而言，因為有具體的人物誌，能引起共鳴，甚至湧起依依不捨的情緒，對於京急小組和外部小組在內的專案成員而言，當被問及「對於橘久美子而言，特地到三浦半島觀光的價值為何？」的時候，自然而然就能調整內容。

當然，以整體專案而言，也有檢視其他人物誌潛在的可能，但對於「橘久美子」這個人物誌而言，很多專案成員已

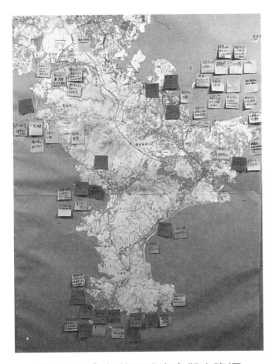

【圖 6-14】彙整三浦半島觀光資源

投入深度感情，甚至是到直接稱呼「久美子」的程度。日後在進行實際調查之際，還有很多成員直接以「久美子」為主體，提出「久美子如果看到這樣的景色應該會很感動，而不自覺地拍下照片吧！」「久美子對於這樣的交通方式可能會覺得有些辛苦吧！」等等，已經將自我感覺投射到人物誌的想法上，並藉此重新探索三浦半島的觀光資源。對於人物誌而言，製作專案的角度出現大幅度轉變，也增加不少提問的真實程度。

建立「享受『保有原樣的風采』」概念

之後，在第二次的工作坊中分享實地調查的結果，並以人物誌的角度檢視問題「造訪三浦半島的經驗價值為何？」並且針對附近同性質的競爭觀光景點箱根、熱海等進行多次調查，在第三次的工作坊中，嘗試定義出對於人物誌而言，三浦半島的經驗價值，也就是該地的觀光概念。

最終，小組建構出「享受保有原樣的風采」的概念，做為體現三浦半島經驗價值的觀光概念。這個概念，不同於過去至今，各界對於一提到三浦半島就聯想到的「鮪魚」與「葉山女子旅行」這樣，特別突顯的單一「景點」，如今則是從人物誌角度出發，有意識地以「線」為角度，彙整在體驗三浦半島各地的景致之際，所獲得的價值。

這次製作出以「橘久美子」為代表的人物誌，是描述在努力適應都會生活之餘，因感受到身心疲憊，內心某處尋求可療癒自我的 20 至 39 歲男女。休假日時，不愛在社群平台上關注他人的動向，即使前往那些經過規畫打造的觀光景點，又總覺得無法獲得真正的療癒。在這樣的時刻，能夠前往三浦半島這樣，尚未經由人工方式經營的觀光景點，又是位於都市近郊的「秘境」，「或許不用那麼努力也沒關係」，體會到徜徉在自然環境中的自在感。這樣的時光，多多少少療癒了目標對象。

視為成品的概念集，內容就是將這些對於人物誌而言，造訪三浦半島所體驗到的價值與享受島上時光的情境彙整成冊（【圖 6-15】）。

【圖 6-15】製作完成的概念集

從新難題創造出來的概念「繭」

這本概念集是 2017 年度專案的成品，是針對「對於橘久美子而言，造訪三浦半島的價值為何？」的提問，經由有創造力的對話得出結果的「回答」。

如同在第一章所確認的內容，提出問題的行為，就結果論而言，會產生出全新的問題。這個專案原本預定是在完成概念集製作之後就結束，但是透過這次的專案，產生了一個全新的問題「這個經過定義之後的價值，是怎麼傳達給橘久美子的呢？」「橘久美子是怎麼創造決定前往三浦半島觀光的契機呢？」於是以此為起點，發展出 2018 年度的系列專案。

和客戶討論之後的結果，在 2018 年度的專案中，根據概念集的內容，以具體的初步行動，舉辦了以人物誌為目標的「活動」。詳細內容在此先省略不談，但和先前的步驟相同，設計課題與流程，並且透過兩次工作坊，讓活動企畫更加具體。

以 2018 年度的專案課題所揭露的提問，就是「會讓橘久美子想參加而前往三浦半島的活動是什麼呢？」2017 年度的專案所定義的概念是「享受『保有原樣的風采』」，這是以橘久美子的觀點，將三浦半島的經驗價值變成具體言語的結果，如果能順利傳達這句話的含意，橘久美子應該能盡情在

三浦半島遊玩才對。

　　然而，如果要成為前往三浦半島的契機，那麼究竟該策畫一場怎樣的「活動」，才會讓橘久美子興起「去三浦半島看看吧」的念頭呢？這其實也是一項富有挑戰的主題。

　　因為，橘久美子的性格是屬於乖乖牌，不愛從眾行為、也不愛在社群平台上積極發表個人想法的女性，也就是說，她似乎並不是一個，以一般定義而言會頻繁參加「活動」的類型。

　　以活動當成促進觀光的手段，如果能確實成功，就能成為有效的宣傳手法。但是「對於橘久美子而言，最合適的活動會是什麼性質的呢？」這樣的提問，愈是思考愈覺得困難，2018 年度第一次工作坊中，主要是以該問題讓各位參加者煞費心思。

　　而且，值此之際正好是東京電視台節目《追夢高手》(ガイヤの夜明け) 以地方創生為特集主題進行採訪，並決定在節目中公開本工作坊從流程設計到當天活動的情景。

　　這項消息對於專案本身的評價而言自然是非常令人興奮的成就，但另一方面也從而感受到，必須規畫出一個能讓人實際感受到「地方創生」成果活動的壓力。100 位參加者齊聚一堂共襄盛舉的活動，應該能順利透過電視播出，但橘久美子本身並不愛音樂節這樣華麗喧鬧的活動，即便是觀光，她依舊是那種，喜歡依照自己的步調在自己喜歡的地點徘徊，對於發現「只有自己喜歡」的特別之處而覺得雀躍的類型。光是以「適合橘久美子的活動」為主題就已經讓人苦惱不已，更別說電視採訪的障礙，又沉甸甸地壓在心頭。

　　然而，在這樣的逆境中，專案成員更是燃起鬥志。對於揭示的問題也在不知不覺中，有默契地改寫成「一起規畫讓橘久美子興奮的百人規模活動吧」。某種程度而言，在這樣矛盾的制約中，反而激發專案成員的創新，2018 年度第一次工作坊中開啟非常活潑的交流，過程中種種創新激盪出火

花。讓筆者想起當初那一道「所謂雖然危險但讓人覺得自在的咖啡廳是怎樣的呢？」這種包含矛盾點在內的問題所發揮的效果（【圖 6-16】）。

在工作坊中經過多次對話之中所產生的突破點，以「繭」當成譬喻。如果這世界上存在如同繭一般，溫柔地包覆又療癒人心的地方，就能讓橘久美子安心地度過獨自內省的時光了不是嗎？

一個又一個，凝聚各自不同的魅力的繭，橘久美子按自己的步調自在地行動，從中尋找自己喜愛的繭之後，就能心無旁鶩地沉浸其中。整體概念，也並非只是以單一個繭為單位，或只是以繭為中心的附近範圍而已，而是將散落在三浦半島各處的繭，串聯如網絡狀，藉著島上的活動，實現由各景點共同創造出的巨大存在感意象。

雖然光靠活動，可能還是無法完全掌握具體的意象，但對於專案成員而言卻像是找到「就是這個！」的感覺，全力以赴。暫時先設定好大方向，也就是成員先針對在三浦半島上，建立對橘久美子而言最關鍵的「繭＝cocoon」的概念，達成初步共識，並以此結論順利結束第一次的工作坊。【圖 6-17】所示，是在工作坊當天，清水淳子女士所繪製的圖像引導紀錄。

【圖 6-16】2018 年度舉辦首次工作坊

【圖 6-17】清水淳子繪製的圖像引導紀錄

內部分裂：如何克服意見對立的情況

在第一次工作坊結束之後，活動的概念也以繭當成中心思想的「Miura Cocoon」逐漸定調。如果能在之後的第二次工作坊中，完成具體的活動樣式設計，這次的專案看起來應該能順利落地。

但事與願違，在這為期兩年共舉行五次工作坊的專案中，事實上整個引導過程裡最感到棘手的，是最後一次的工作坊。明明至今已有深厚合作關係的京急小組和外部小組，卻在最後的最後，出現意見完全對立的情況。

這是在即將舉行第二次工作坊之前的某天發生的事情。客戶京急小組的負責人，寄了一封信給擔任引導者的筆者。

那封信件的主旨是，京急集團的高層雖然贊同以 Miura Cocoon 為概

念的大方向，但必須是以能連結到京急集團整體利益的設計，也就是將當地居民所提供的服務，定位爲 Mini Cocoon（如書店、農家和咖啡店等），最終還是要誘導觀光者到京急集團所提供的 Core Cocoon 爲目標。Core Cocoon 的大方向，是以「京急油壺海洋公園」（京急集團所經營的水族館設施）爲主設定。要求以此概念爲前提，在明天的工作坊上進行討論。

原來如此，他說的也有道理，以京急集團的立場來考量，確實能夠理解高層的方針。畢竟活化三浦半島的觀光，並不只是公益活動而已；最根本的原因是，必須和在三浦半島上設點營運的京急集團事業發展有所連結，否則該集團的投資就沒有意義了。

於是，「觀光客來訪，讓當地經濟發展繁榮」這樣的正向循環雖然重要，但必須將「這是由京急集團所推動」的含意更加明確具體，如果無法連結到「京急集團的利益」，確實集團高層也無法認同吧。

但是，以此願望爲前提所進行的工作坊，可以想像，專案參與者當中的外部小組成員而言會有多大的反彈。想出以橘久美子當成最關鍵人物像的活動企畫的外部小組成員而言，他們打破了過往以繭爲中心，或是以繭所在地附近爲概念，而是提出讓橘久美子以其自身意志，自由地在喜歡的繭當中流連。這是最大的堅持。

橘久美子，只是爲了享受「保有原來風貌」的三浦半島才造訪的，並不是爲了要到水族館玩才到三浦半島。如果讓觀光客感受到，所謂三浦半島上「原有風貌」的「Mini Cocoon 只是附贈」，原來「最終目的是要讓觀光客前往 Core Cocoon 的水族館消費的活動」的感覺，就傷害了活動概念的本質，對於橘久美子而言，三浦半島的價值不就無法傳遞了嗎？

最後一次的工作坊舉行日是 2018 年 5 月 18 日。正式活動已決定是在兩個月之後的 7 月 21 日至 22 日舉辦，不可能在這緊要關頭讓專案瓦解。雖是這麼說，如果陷入「究竟應該要以京急集團的利益爲優先？」還是「以站在人物誌觀點的外部小組意見爲優先？」這樣二選一的情況，恐怕連最

後成品的品質都得要妥協。這情況或許就如同本書第一章中重複提及的「關係的病徵」。兩者選項的前提出現對立，產生「鴻溝」。

正式在這樣的時刻，才是提問設計發揮作用的時候。筆者活用在雙方意見陷入二元對立的情況中，引導者的重塑框架技術，以「第三條路」詢問雙方「京急電鐵在這次活動中扮演的意義為何？」「是否正因為有京急電鐵參與其中，才能為人物誌增加附加價值呢？」藉此設置讓雙方對話的機會。在筆者提問的背後，隱含的是「京急電鐵參與其中的意義，是為了要活用既有設備嗎？」以「批判思考」提出質疑前提的問題。

從有創造力的對話中浮現的第三條道路

如同在案例二也實施過的「非結構對話」形式，以適合用圖文方式紀錄的座位形式，設置讓全體參加者自由對話的時間。暫時中止原本準備的計畫，就算花上幾小時也無所謂，不論如何都要引導出一個讓全體成員都能夠接受的答案。帶著這樣的覺悟，筆者以對話時間的引導者角色，面對這次的工作坊活動。

外部小組的成員，直接反對將京急油壺海洋公園當成 Core Cocoon。另一方面，京急小組的成員，則是堅持「如果對於自家公司沒有意義、沒有利益，活動企畫無法通過內部簽呈」不讓步，對話就在能否找出同時讓雙方重視的點共存的情況下持續進行。

結果，儘管有幾度出現彼此各持批判意見衝撞的情況，但符合雙方共識的「第三條路」也逐漸清晰。從對話中浮現全新意義的跡象，是在思考從京急集團的立場實施活動的意義之際，有提案認為，不一定要以「引導觀光客前往自家水族館遊覽」為目標。不如從，京急集團做為經營鐵路與巴士等交通事業為主軸的鐵路公司為出發點，比起只是單純利用交通設施，以協助觀光客順利到達三浦半島上各處「繭的支架」（基礎建設）的乘車方式，應該更符合公司本業才對，從這個切點，彷彿看見了找到雙方共

識的突破口。

對於這個切口，京急小組也能認同。確實，在思考自家公司的利益與意義之際，手段應該不是只有引誘到水族館觀光這樣的選項而已。另一方面，應該要更加活用三浦半島上的設施優勢才對。

如此一來，水族館的定位就像是要參加整個活動的「報到處」，在報到處時，利用京急集團所準備的「電動自行車」等交通手段，前往散落在三浦半島上各處的「繭」進行一場巡禮，不僅不會損及活動的本質，也能展現出京急集團在這場活動中扮演的意義與角色，這樣的大方向，讓整體成員的目光逐漸聚焦。

另一方面，對於外部小組而言，也在這樣的討論過程中逐漸改變想法。雖然過去一直堅持不希望設定成以「繭」為中心／周邊的單點概念，但也許不只是在小型的繭附近流連，而是讓大家都能盡情享受三浦半島上精采的景色或落日餘暉，有這樣大型繭的存在或許也很適合。這樣的構想雖然和當初「京急集團的水族館」有所出入，但如果是以位於三浦半島最北端的「城之島公園」等延伸大自然場域為 Core Cocoon，應該也是非常適合當成橘久美子「獨自生活時光」的最後一站吧。也因此創造出全新的視覺意象。

從這裡延伸出「騎著自行車往返於三浦半島上各處的繭，夜晚就到城之島公園搭起帳棚，在享受島上景色之餘住上一晚」的概念，並以此當成活動的情景設定，終於看見整個計畫具體的成果。

3.4 課題解決的成果

最後的成果是，在 2018 年 7 月 21 至 22 日，舉行以「三浦 Cocoon」這樣一套包含自行車環島與住宿的活動（【圖 6-18】）。門票一開放購買立刻售罄。當天有超過 70 位參加者造訪三浦半島。

【圖 6-18】三浦 Cocoon 的視覺意象

　　根據參加者的問卷調查，以人物誌區分，有七成以上的參加者是同個世代，年齡約 20 至 39 歲，九成以上的參加者則是回答「希望再訪三浦半島」，這樣的結果，顯示三浦半島確實發揮身爲都市近郊旅遊勝地的魅力重新出發。現在三浦半島也不定期舉辦三浦 Cocoon 的活動 *2。

*2　關於三浦 Cocoon，在專屬網站「https://miuracocoon.com/」中有詳細的介紹。

> **案例 3**
> # 師生共創的理想授課模式
> 關西的國高中生與 Knowledge Capital

4.1 概要

這一篇要介紹的是，由筆者(塩瀨)負責的，讓國高中生與「那位老師」合作，共同打造「完美授課」的工作坊案例。

當被問到「是誰設計上課內容的呢？」應該很多人都會立刻回答「老師」吧，不過在這裡，筆者思考的是，「學生」並不是被動接受的角色，而是主動參與設計上課內容的方法。特別是在工作坊中謹慎追求「理想的授課教學為何？」藉此讓人注意到，該目標與落實自動自發，以及對話過程中所謂「深度學習」的遠大學習觀，息息相關。

一般社團法人 Knowledge Capital 在 Grand Front Osaka（大阪市北區）舉辦，以國高中新生為主的活動企畫（2019 年 12 月 7 至 8 日，共有 36 位國高中生、13 位老師參加）為對象。

主辦過多場以大學或企業的研究人員、創業家等發表演說為主的市民講座的 Knowledge Capital，正摸索如何深化講師與學生關係緊密度的新方法或設計。甚至有意，透過表揚擁有創新想法的國高中生的頒獎典禮，讓經過培訓的國高中生和老師之間的網絡能更深度發展的規畫，共同設計新型態的工作坊。

4.2 課題設計

和國高中生與身為教學專家的老師共同合作

Knowledge Capital 自認為是，扮演讓社會睿智當成新資本不斷循環的組織。如果將市民講座定位為社會資本交換裝置之一，思考「何謂完美的講座・授課？」是提升品質的捷徑。

但是，對於誰而言是完美的講座・授課，對於其他人而言並不一定是完美的。因此，若只有企畫成員思考嶄新的講座風格，不論如何觀點都有極限。

這時，還有另外一項委託內容是「和國高中生的合作能夠升級到新的階段」的課題，希望能一起一次解決。

將每天上課六至七小時、每年上課一千小時的國高中生，定位為了解「什麼是完美的授課？」的專家，因為他們和她們的創新，有關創造出加速該地區知識循環的可能。

當然，在這一年之中，師生見面次數多到屬不清的學校課程，與市民講座上講師與聽眾可能只見一次面也說不定的課程，性質是大不相同的。

但是，不論是對於幾乎每天都在教書的老師，還是接受課程的學生而言，與「課程」相關的事情可說是專業中的專業，從師生的角度來思考，必定擁有可將龐大的實際成績與經驗，還原至知識循環型社會形塑過程中的解決方案。且反而會因為關注的是「授課」框架，國高中生自然會視其為切身之事，運用自身經驗，設定成一項較容易因應的課題。

為落實於社會制定行動指南

在此為因應如何定義課題，需運用「哲學思考」。儘管對於「完美的授課」口徑一致，但每個人的想法還是不同，因此需要更深入、更謹慎地面

對主題，於是揭示的是「打造理想的授課」（【表 6-11】）。

　　然後另外一項是，從「工具思考」的觀點來看，是關於建構「打造理想的授課」的信念（credo）。雖然討論授課中應有的態度是很重要，但如何落實到社會層面，某種意義上，如何在結束時留下一個放手之後仍能穩定運作的型態也是必要的。這時，視爲工具之一的準則成爲和對象共享的媒介，以期讓整體運作更加順利。

成果目標	• 建構實現理想型授課的信念
過程目標	• 透過打造準則，建立自覺，像授課一般，乍看之下是被動接受的角色也能改造成主體
願景	• 創造讓國高中生有自覺：自己有機會成為改革社會的主角
課題的定義	• 從學生與老師的角度，打造得以實現理想授課的準則

【表 6-11】整理目標、定義課題的結果

4.3 流程設計

從最過分的想法中，誘導參加者進行抽離規範的思考

　　工作坊日程總共有兩天，第一天是針對「理想的授課」進行思考，嘗試擬定暫訂版準則，第二天則是在授課過程中實踐第一天制定的暫定版準則，經過試驗後，調整成可眞正落實在教學現場的準則（【圖 6-19】）。

　　標題是「制定準則吧！嘗試思考接受授課的方式吧」。兩天的工作坊計畫如【表 6-12】所示。

　　在被問及「思考關於理想的授課吧」的時候，最害怕的是聽到整場如

Day1：12 月 7 日（星期六）13:00-18:00	
13:00-13:20（20 分）	主旨說明與自我介紹
13:30-14:15（45 分）	思考讓授課氣氛活潑的學生的上課態度
14:30-15:15（45 分）	思考能讓學生專心上課的老師的授課方式
15:30-16:30（20 分）	調查第二天工作坊的三位老師
16:30-18:00（90 分）	各小組發表暫定版準則
Day2：12 月 8 日（星期日）13:00-18:00	
13:00-13:15（15 分）	介紹第二天流程與老師的經歷
13:15-14:05（50 分）	上課 30 分鐘 + 回饋（小組內討論 5 分鐘 + 老師 15 分鐘）
14:15-15:05（50 分）	上課 30 分鐘 + 回饋（小組內討論 5 分鐘 + 老師 15 分鐘）
15:15-16:05（50 分）	上課 30 分鐘 + 回饋（小組內討論 5 分鐘 + 老師 15 分鐘）
16:15-17:15（60 分）	完成準則（學生的感想 + 老師的感想）
17:15-17:30（15 分）	整體總結

【表 6-12】工作坊流程

同之前所介紹的「模範生」式回答，這也是一種課題設定的陷阱。「認真聽講」「靜靜地做筆記」這樣屬於模範生式的想法，雖然不會受到否認，但因為太過理所當然，最後就被埋沒而無法發揮。

此時，就要藉由掌握問題的思考方式之一「批判思考」，讓參加者從完全相反的想法中思考教學準則。「請先思考看看最糟最過分的教學現場」，這樣的提問，馬上就引起現場帶著玩笑語氣的「每個學生都不想正眼直視老師」、「老師毫無節制地只聊著自己的人生經驗」等想法。

這種來自對於最糟糕教學的想法直率衍生的回答，通常都是提示如何改善提案的方向。甚至，善用逆向思考的創新，活用原本被認為最糟糕情況的想法，反而會帶來聯想到跳脫框架的創新。

例如活用「老師光是聊自己的經歷就一發不可收拾」的情況，就會產生「如果老師把自己當年的事蹟放在一開始介紹，畢竟是親自傳授過往經歷，應該會讓人對這主題感興趣吧？」這種從模範生式的想法中無法獲得

的創新。

改變主體試著重建框架

如同在工作坊中，能讓人意識到「改變主體」這種重塑框架的立場，明確設置成兩段時間。一段是從學生立場思考，「不論聲音再怎麼小聲很無趣的老師，其實都抱持積極的理想教學態度」時間，另一段則是從老師立場思考「不論再怎麼想睡的學生，其實都是睜大眼睛全神貫注的理想上課態度」這兩種類型。

在以學生立場思考的時間中，「學生對於老師的提問幾乎沒有什麼反應」、「很難提問的上課氣氛，可能不只是對於老師而言，對學生們而言可能也是一大問題」等，在設計授課內容中，關於學生角色的對話有相當多的討論。

在以老師立場思考的時間中，有安排一段是訪問實際在國中或高中教

©2019 Takayuki Shiose, Knowledge Capital

【圖 6-19】工作坊進行的情景

育現場授課的老師。用國高中生直率的問題向老師們提出「老師目前認為最有成就感的授課內容是什麼呢？」或是以尖銳的直球提問直擊痛點「老師是否每一次都抱著想要帶給學生一堂完美講課的心情呢？」等等。

在聽到老師誠實回答「事實上有自己喜歡而且擅長的領域，當然也有討厭不擅長的科目」的學生們，也以善意回應「老師就直接說出自己喜歡的討厭的、擅長或不擅長的地方就好了」。

當然，因為是教課的專家，一定能說出種種關於不能受到擅長與否、喜歡與否等情緒影響之類的表面話，但是拋開那套模範生式的漂亮話，因為坦白而讓對話更加深入的內容，才是解決本質課題所不可或缺的因素。

以老師的守則為例，設定好「在一開始進行教學時，就確立目標」、「自己也能享受在教學的樂趣中」。以學生的守則為例，則是設定「並非對內容囫圇吞棗，而是用批判角度上課」、「應該積極提出問題」等。

第二天，則是實現在第一天工作坊設定好的暫定版準則，並實施可不斷調整的實驗（【圖 6-20】）。將 36 位學生分成三組，各組安排一位老師。

【圖 6-20】以製作完成的準則為基礎進行對話的情景

讓老師朗讀守則，也讓學生朗讀守則之後，開始進行迷你版的授課。

　　老師在進行 30 分鐘的授課內容之後，並不是針對上課內容，而是以達成準則的情況，讓老師與學生進行 20 分鐘的回顧與反思。老師很坦率地表達自己的感受是，「雖然學生帶著批判思考聽課是很好的態度，但大家一臉嚴肅的表情，我覺得有點可怕」。學生也表達「分享自身經驗的時間實在太長了，造成教學內容太短，覺得本末倒置」的想法。對於無法依照預定計畫執行暫定版的準則的場景進行回顧，並試圖立即調整。「首先是笑容。帶著笑容進行批判式思考如何？」等，在調整準則之後往下一位老師的場次移動。像這樣經歷過三次之後，再詢問一次老師們的感想，進而完成最終版的準則內容。

4.4 課題解決的成果

　　根據以上工作坊的結果，關於老師的守則，出現了像「在一開始進行教學時，就明白確立目標」、「安排讓學生回顧的時間」這樣，其實不用特別表達也覺得是理所當然的內容（【圖 6-21】）。另一方面，「老師介紹自己的興趣」、「對於自己樂在其中的表情毫不隱藏地表現」等，不需要特別用文字方式呈現的事情，卻再度被強調的這一點，真的非常有趣。

　　然後，在學生的守則方面「我們都有參與課程進行的想法」，不僅只是針對老師，或是針對學生，而是以探索有無其他關於設計課程的第三條路，是一條非常重要的準則（【圖 6-22】）。

　　筆者一直抱持著，希望讓從過去到現在的國高中生，擁有擔任社會改革旗手的自信的想法。

　　這樣的想法，根據是來自於《平成 26 年版內閣府調查兒童・年輕世代白皮書》的〈特集：活在當下的年輕世代的意識──從國際間比較中了解到的事實〉。內容主要是以日本和美國、德國、法國等六個國家 13 至 29 歲

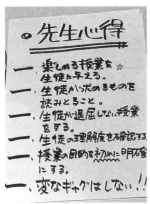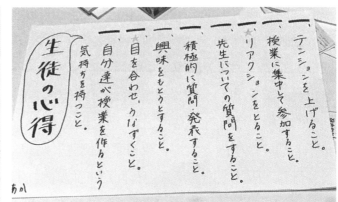

【圖 6-21】老師的守則	【圖 6-22】學生的守則
• 讓學生能樂在其中的課程內容	• 提高學習動機
• 理解學生的追求	• 專注於課堂內容並積極參與
• 教授不會讓學生覺得無聊的課程	• 有所反應
• 確認學生對於授課內容的理解情況	• 向老師提問
• 在上課一開始，就明白確立教學目標	• 積極提問和發表意見
• 不要隨意開奇怪的玩笑	• 對上課內容保持興趣
	• 眼神交流、點頭同意
	• 學生皆有參與課程進行的想法

的年輕世代進行比較，在對於「或許能改變社會現象」的提問中，日本的年輕人的反應特別消極。

關於這個社會變革的可能，因為一直保有問題意識的緣故，在這一次理想教學工作坊中的最後，所進行的國高中生問卷調查時，感受到新的可能：「真實感受到原來國高中生也有改變環境的能力」、「雖然過去總是認為上課情況全都是受到老師的因素影響，但其實也是可以靠學生的態度改變的呢」這樣的回饋，是最值得的成果。

在學生的概念「社會近似於學校」之中，對於至今不得不全盤接受的課程內容，其實是取決於自己的態度而有可能出現轉變的自覺，期盼這樣的感受對於國高中生而言，會成為一次無可取代的珍貴經驗。

關於為了實現在學習指導要領中也有強調的「藉由個人自動自發·強

調對話深化學習內容」而設定成學習要領，儘管多數的諮商都有機會落實，但從國小、國中到高中需要接受一萬個小時以上課程的兒童、學生而言，對於思考何謂「理想的授課」，筆者認爲是極具社會層次意義的重要課題。

創造諾貝爾和平獎得主尤努斯與高中生的對話場域

京都公立高中生與 Impact Hub 京都

5.1 概要

接下來要介紹的案例是，並不是由引導者重新提問，而是讓參加的高中生自己，在經過不斷調整問題之後，變成一道精煉提問的安排。

這是筆者（塩瀨）接受一則委託，希望能在 2019 年 11 月，諾貝爾和平獎得主尤努斯（Muhammad Yunus）博士造訪京都之際，安排一個讓博士和高中生進行一次對話的場域。委託方是以社會企業（Social Enterprise）為首的社會改革者聚集的 Impact Hub 京都。他們認為，如果這次難得的對話時間仍舊只是照本宣科，進行演講、問答的流程就結束，實在是太浪費了，因此希望筆者能創造一次深度對話的機會。而這場活動將邀請京都公立高中四校共 16 人參加。

活動開始時間正值期中測驗實施前幾天，因為有多間高中的學生要參加，每間高中舉行測驗的時間也各有不同，直到正式對談之前，能夠集合全體參加者出席行前準備的日期也只有兩次，整個籌備過程就在缺乏準備時間且是高難度的情況下開始了。

5.2 課題設計

設計一個讓跳脫物理限制的參加者彼此分享彼此思維的機會

在第三章曾提到，實現目標的阻礙要素之一是「原本就沒有對話機會」，並不單純只是組織內的小組成員消極的藉口，而是如同這次設定的主

題所述，即使充滿熱情和動機，當考量到這次要集合在物理距離上相隔一段距離的，不同學校的學生，加上有些學生的情況是正面臨考前準備等，沒有太充裕的時間額外參與等等情況，且不論喜不喜歡，這次的活動都必須舉辦。

此外，「這次的目標也不是日本高中生切身之事」這一點也是阻礙要素之一。儘管 SDGs 等永續發展概念目前獲得高度重視，但在新興國家中的貧困問題，對於日本高中生而言充其量只是將之理解為在教科書上所見，發生在遙遠國度的事件，這樣的課題無法讓高中生產生真實的感受。

筆者在設計這場工作坊之際，找來另外一位引導者老朋友 Hanamura Chikahiro 加入策畫。他是參與尤努斯博士的出身地孟加拉吉大港（Chattogram）的藝術計畫中，唯一的日本籍地景設計師。

雖然希望高中生能深入思考問題，但在集合時間如此短暫的情況下，還要將問題更深入，筆者和 Hanamura 的共識是，應該透過單純的規則不斷重複的方式是最好的因應之道，引導高中生專注思考如「何謂貧困？」這樣既簡單又直入本質的問題即可。

將較難產生真實感的提問當成切身之事

此時，距離與尤努斯博士正式面對面的日子到來之前，我們請高中生挑戰「30 天一日一則」的計畫，邀請高中生針對「何謂貧困？」這個問題，在 30 天之中每天在卡片上寫下自己的想法，並透過社群平台相互分享。

光是每天使用同一張卡片面對同樣的問題思考，即使是這樣簡單的構想，應該還是可以多少讓高中生產生一種，不論物理距離有多遙遠，只要按照一致的步調各自思考，就能逐漸建立起連帶關係的共鳴感，一起向前邁進的感覺吧。

這項作業的目的，在於讓高中生靠著自己的努力將問題深層化之後，與全世界最直接面對貧困問題的博士交流，而不是針對貧困的因應對策隨

意提出自己的結論。

　　以理解問題的思考方法而言，是要讓參與者以回到最原始的階段深入思考的「哲學思考」為志向，並基於全面‧多樣的方式理解，進而建立「結構思考」，其中最重視的是，高中生以自我立場出發的「率直思考」，因此只要學生沒有出現無法用言語表達的情況，都不設限讓其自由發揮。

5.3 流程設計

30 天深化層次的 500 個提問

　　就連計畫啟動集會的第一天，光是要確保學生在下課後的兩個小時就已經精疲力盡。在介紹尤努斯博士來訪的背景之後，很快就在當下就被問到「何謂貧困？」這個問題。

　　在前半段的一個小時，幾度將最一開始使用的詞彙換句話說之後，後半段的一個小時，調整成讓參加者以樂高積木建構具體概念的方式進行，並相互發表。

　　例如，試著在蹺蹺板兩側並排富裕者與貧窮者，並且將小、中、大尺寸的三套房子並列，各自居住於其中的住人都帶著欣羨的眼光望向其他住宅，這套從很有意思的觀點所製作的樂高作品。不論怎麼說，都是已經習慣發表的高中生了，因此漂亮地展示出相當有條有理的發表內容。

　　從隔天開始，則是每天以「貧困就是○○」這樣的句型為主題思考，並且在卡片上寫下約 50 字的說明文，將卡片上傳到高中生的社群平台。但是經過一個星期之後，學生都因為不知道如何透過文字表現而遇到瓶頸。計畫一開始的「所謂貧困，就是財富重新分配」、「貧困如果寫在教科書上，就會事不關己」等文句泉湧而出的氣勢，不知道消失到哪裡，逐漸對於自己的語言表現能力枯竭而煩惱。沒過多久，讀書，或是在引用網路上找到的相關報導，雖然內容不少重複，但學生總算開始逐漸增加對於思考貧困

的語彙，慢慢掌握方向。

在正式活動開始的五天前，為了針對同一道問題不斷思考加深彼此了解，16 位高中生夥伴再度相聚。於是各自帶著蒐集到的問題，馬上試著舉行五分鐘的發表練習，結果過了 10 分鐘、15 分鐘，仍未結束話題。不知道是不是因為這 30 天挑戰，讓他們的語彙增加太多，可以感受到他們對於直到正式活動之前，都還是無法彙整出結論的焦慮感。

在這裡，筆者用很簡單的內容安撫高中生們「其實完全不需要特地將發表的內容整理得很美觀喔。從這麼多由自己絞盡腦汁想出的問題中，仔細選出精彩的問題，並且用自己可以表達的話語試著提問，這種最高級的問題，儘管只有一個也好，就這樣和博士盡情交流吧」。

16 人每人寫出 30 個問題，總計約 500 道的提問全數張貼在會場【圖6-23】。高中生以三至四人為一組，各自向尤努斯博士提出 15 分鐘的問

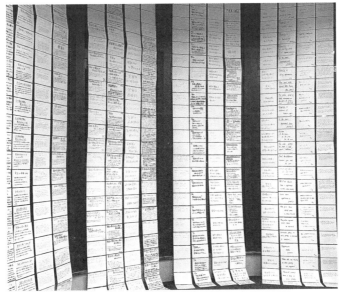

©2019 Naoyuki Ogino, Impact Hub Tokyo

【圖 6-23】工作坊現場張貼出來的 500 道問題

©2019 Naoyuki Ogino, Impact Hub Tokyo

【圖 6-24】工作坊的情況

題，將自己所思考的內容以自己的話語提問。圍著圓桌，在桌上準備好的
圓盤狀模造紙上，高中生寫下自身對於貧困問題的思考結構。

　　在迎接尤努斯博士前來、說明主旨、當天活動的進行、結束的致詞
等，所有的行程都交給高中生負責。筆者和 Hanamura 兩人那天的角色，
是在尤努斯博士與高中生對話的時候，執行讓雙方專心交流的引導工作。
以及，當高中生可能無法精確表達自己的提問時，或是因為緊張而無法說
出話的時候，擔任從旁支援，隨時提供協助的角色。

　　以結果而言，當天筆者和 Hanamura 兩位引導者，整場下來也只是說
了「好的，因為時間也差不多到了該結束的時刻，請換下一組成員進場」
這樣串場的發言而已，高中生們自己的表現非常完美。

　　高中生小組將這道充滿各自想法的主題，向尤努斯博士分享自己從文
字和樂高積木的方式思考問題至今的準備過程，並向尤努斯博士提出他們
自己思考過後的問題。

©2019 Naoyuki Ogino, Impact Hub Tokyo

【圖 6-25】回答高中生提問的尤努斯博士

　　工作坊就從將樂高積木中的輪胎和車身組合成一輛汽車的高中生開始。「我們都不能忘記，為了製造這一輛汽車，背後需要經過幾千幾萬人的工作才得以實現」。

　　許多學生使用英文，說明自己至今為止的思考脈絡，以及自身對於貧困機制的理解。但是，向尤努斯博士提出最多問題的，是「我們目前的英語程度，只能說出很表面的內容，因此請讓我們使用日語表達」，隨即就開始用母語仔細認真地闡述意見。能和尤努斯博士直接用英語對談固然很厲害，但想直接詢問尤努斯博士自己用盡心思想出的問題時，還是選擇用最能展現自我意志的母語來陳述，這一點也很棒。

　　「多數人都期待教育可以消除貧富差距，但在日本，也有種說法是，現在對於教育投資額的落差，將造成下一代接受教育上的差距。因此教育會不會反倒成為拉大貧富差距的原因呢？」

　　如果是一般的成年人，恐怕會直接迴避這本質上的問題，但高中生就

是如此將問題本身毫不保留地傳達。

　　「現在，我們是幸運地受到庇蔭的狀態。如果能拉近貧富差距，可能對我們來說是一種損失也說不定，即使如此，當我們關注貧困議題時，什麼樣的詞彙是必要的呢？」

　　將這種連成年人也絕對不會開口提問的內容，直接向尤努斯博士提出。

　　結果尤努斯博士也給予真摯的回應。

　　「貧窮並不是那個人的特質，而是不論那個人是否抱著期望，貧窮都是由體系製造出來的。如果是社會製造出的體系，那麼對於主動製造的那一方而言，身處其中卻裝作不知道的人就有責任」。

　　然後，還有其他的高中生則是提出這樣的問題。

　　「我們進行了三十天的挑戰。如果同樣是以這道提問為作業，尤努斯博士會怎麼回答呢？」

　　如果是成年人，面對眼前世界上對貧窮問題思考最透徹的行動者，應該會感到猶豫而問不出口的根本問題，就這樣讓高中生得到提問的機會。

　　當天參加活動的所有高中生、成年人都屏息以待，豎起耳朵準備聆聽尤努斯博士的回答。

　　結果，尤努斯博士以非常簡單的詞彙快速回答：

　　「Denial of the Opportunity.」

　　「並不是沒有機會，而是被奪走了。並不是個人的問題，而是體系的問題，質疑這個被加諸於己身的體系的勇氣，是非常重要的。當這個被施加的體系不適合自己的時候，並不需要為了體系，為了組織，還是為了公司努力工作。而是自己去創造新的體系。」尤努斯博士充滿熱血且認真地回答了問題。

　　他的意思換句話說，就是不需要盲目遵從成年人或是社會所創造出的規則。反倒是應該靠著自身的努力創造新規範。

　　面對認真思考貧困的高中生們，全世界對貧困思考最為深入的人也抱

以真誠回覆的瞬間，高中生的眼神充滿了光彩。在高中生學到一課的瞬間，也讓在場的成年人們眼眶一熱，關注這樣一個場景。

　　深深感受到，高中生們將自己努力深度思考的問題，和尤努斯博士直接交流的經驗，是無與倫比的珍貴。而且，這一切並不是來自於特定人士要求強記的內容，而是學生自己經過大腦、心中思考，好幾次交換意見後，真誠面對的結果，並從這一段歷程中獲得的詞彙表達，更顯得彌足珍貴。

5.4 課題解決的成果

結構是靠著我們的力量改變的

　　對於剛接觸到貧困便要求思考的高中生而言，最一開始只是覺得「可憐」、「不幸」、「可能和不夠努力有關」等，將之歸因於個人結果才會造成貧窮。但是，愈是深入思考愈能察覺，貧困其實是單靠個人力量也無法撼動的結構問題。

　　但是，即便是所謂結構問題，從根本上來說，也是人類創造出來的，只要沿著順序思考下去，就能發現這樣的結構，還是可以靠我們的力量改變。雖然要了解改變這些順序，和僅是改變自我行動的序，在層次上有相當大的差異，然而真正的問題是在於，當前的學校教育僅就個人行動評價，而缺乏讓學生學習綜觀能力的機會。

　　未來所需具備的其中一種能力，在於不僅是從自身所在地的可見範圍進行觀察，還需要站在稍微高一點的位置俯瞰整體，也就是「以結構層次綜觀整體狀況的能力」。另一個能力是，「自我創造的自信」。不同於相信自我努力過程或過去的累積所建立的「經驗自信」，這個能力指的是，在面對之前從未歷經過的問題之際，思考的是自己能改變什麼，也就是擁有和未知面對面的自信。能夠學會這樣的創新自信，應該就能培養出不斷挺直背

脊，親身面對連續挑戰的能力。

即使是教育也存在 Denial of the Opportunity

　　這次參加活動的 16 位高中生，以及前來打氣的老師們，在這個企畫的具體詳情還不明朗的時候，就做出願意投身其中的決斷。不僅是這次的企畫，在類似同樣的場合中，四周的大人們多數是相當猶豫不安的。「敝校的學生無法好好地靜下心來聽演講」，「敝校的學生沒什麼好奇心，可能沒辦法設計出多厲害的問題」等等，身旁的大人倒是在第一時間就先畫地自限。這大概就是所謂教育中的「Denial of the Opportunity」之一也說不定。

　　然後，奪走這些機會的大人們，出發點其實也並不是惡意破壞機會，這才是真正根深蒂固的問題。

　　究竟應該帶給孩子們怎麼樣的資訊呢？究竟該為孩子們準備怎樣的機會呢？大人帶著為心愛的孩子們著想的心情，努力地絞盡腦汁。

　　但是，大人提供給孩子的機會，卻是先依據自己可以理解的事物，自己有所共鳴的事物，在不知不覺間，變成經過篩選才提供。當然，保護孩子遠離危險，從有惡意的環境中保護孩子是大人的職責，但對於挑戰那些沒有明確前景目標的難題後所遭遇的挫折，其實可能是連結到學習更多經驗的機會。

案例 6

博物館中展示的問題

京都大學綜合博物館

6.1 概要

接下來要介紹的案例，和其他案例的取向稍微有些不同，這個案例是無法直接對受眾者直接提「問題」的案例。也就是在博物館陳列的展示，用簡短的「提問」取代詳細解說文字的表現方式

筆者（塩瀨）就職的京都大學綜合博物館，展示該大學所收藏保存的種種自然史標本或是文化史資料、技術史資料等，和一般的博物館不同，大學博物館的特色，在於比較偏向用學術的方式介紹最新的研究內容。像是 iPS 細胞、理論化學、航太科學等醫學工學類最尖端的研究，會出現很多專業術語或是高難度的算式，因此受眾如出身該專業領域研究者，和只是來到館內參觀的觀眾而言，知識上會有很明顯的落差。為了要填補這樣的知識鴻溝，這次要嘗試的是，如何透過「問題」設計解決。

6.2 課題設計

博物館中展示資料之際最不可或缺的是，就是被稱為說明文（caption）的內容。這類文體追求的是，用 50 至 70 字程度，簡潔且平易近人的文字敘述完成說明。不只是要求字體或是文字大小，甚至連燈光的投射方式都可能改變是否容易閱讀的感受，不過這主要還是依據每間博物館或是專門解說員各自的特色而有所不同。

展示品件數一旦超過 100 件，即便是閱讀也會覺得疲累，因此必須考量

到整體的平衡。但是在羅浮宮或荷蘭中央博物館等過去研究中反映出，造訪博物館的參觀者對於作品鑑賞的時間會受到展示品的知名度高低影響，反倒鑑賞時間也與說明文的長度呈反比而減少的結果，實則賠了夫人又折兵。

如果是在大學博物館中所展示的最先進研究成果，無可避免會出現很長一串片假名並列的專業術語，或是困難費解的算式。研究者本身在這最先進的研究領域中鑽研的時間愈長，發現要重新使用平易近人的詞彙換句話說，就愈是一件高難度的工程。此外，挑戰首次公開展示的研究者，通常會為了吸引一般參觀者對該領域產生興趣，通常在觸控螢幕上除了解說之外，多數也會預先設定「希望我們繼續做怎樣的研究呢？」「如果進行某某研究，您覺得社會將發生怎樣的改變呢？」的提問模式。但是，面對像這樣的問題，請務必讓筆者重新調整提問。

基本上會前來參觀的人，並不會知道研究者是從事什麼研究，或是怎麼進行研究，甚至可能連研究本身是什麼都沒有概念。因此必須從此處開始間接的對話。不論在最初的提問是否就抱有興趣，應該就像在工作坊的情況一樣，不論是觀察現場，或是即興發揮，在無法即時做出反應的情況下，都必須事先不斷反覆進行全面的模擬訓練。

6.3 流程設計

在 2010 年舉辦的京都大學綜合博物館企畫展「科學技術 X 之謎」中，展示了在日本境內首次成功研究出 X 光的 1896 年的黎明期，運用 X 光線的相關技術史資料。從醫院的 X 光照片、機場行李檢查、用 X 光拍攝的超新星爆炸等畫面，由於 X 光這樣的輻射線並非肉眼能見，因此要繪製 X 光做成海報更是困難。

詢問使用 X 光的研究者之後，也只得到「X 光是光的一種，也是一種波和粒子」、「所謂 X 光，並非指的是能完全透視清楚，只是穿透過的光照

射並映照在底片上而已」這樣的說明，因此對於該怎麼製作展示海報的設計師腦海中，完全沒有任何想法。

這時展示小組經過搜索枯腸所想出的副標是「X 光究竟是什麼呢？」這是展示小組全體人員腦海中最直白簡單的問題。於是「X 光究竟是什麼呢？」就直接當成是懸吊在博物館外牆上的橫幅了。

展示品之中，有 1896 年在京都首次用於拍攝的 X 光照片（【圖 6-26 】）。當初雖然針對照片準備了「放入眼鏡盒的教授眼鏡與金屬開口零錢包，還有手掌心」這樣一串長長的解說文字，但是在歷經文獻研究和測量注視點的準備實驗之後，得知這樣的長句解說文只會讓展覽失去意義之後，與過往仔細的說明內容完全相反，這次的說明文只是增加了一個問題「拍了什麼，又沒拍到什麼呢？」

其他的還有，消除大眾以為只要透過 X 光就能透視所有物體的偏見所設計的機關，展示兩個包有不同食材的飯糰的 X 光照片 （【圖 6-27 】）。這

【圖 6-27】哪一個是包鮭魚，哪一個是包鱈魚子呢？

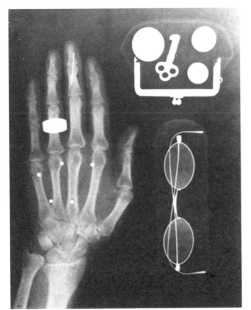

【圖 6-26】拍了什麼，又沒拍到什麼呢？

照片的說明文就是「哪一個是包鮭魚，哪一個是包鱈魚子呢？」X 光因為難以穿透含有水分的米飯，因此白色的部分是 X 光照射在底片上的樣子，幾乎沒辦法分辨出內餡的差異。

參觀者對於上述說明文的提問，就像是被釘住一般，仔細比較 X 光底片中的圖像。從如同細胞般奈米大小的極小世界，到宇宙超新星爆炸般誕生廣達數萬光年的極大世界，利用不同解析度的 X 光，烙印在超越標準尺寸的大開本 X 光底片上的淡色美麗照片，是一場擁有吸引參觀者目光魅力的展示。

此處的提問，並非向參觀者尋求知識或答案，而是為了達到引起參觀者興趣，讓目光放在展示品上的效果。

6.4 課題解決的成果

參觀者對於展示品中的哪一處感興趣呢？這一點可以從測量視線關注點的裝置得知，在比較一般的解說文字，與一行帶著叛逆語氣的提問文字之後，發現參觀者對於展示品的關注時間長度明顯有所變化。

不過從展示會場的問卷調查中有不同的發現，對於會主動閱讀說明內容的參觀者而言，這種提問的第一行說明文普遍獲得好評，但同時，對於平常就熟讀解說文的參觀者而言，有不少意見反映這樣的內容深度稍嫌不足，因此這樣的展示手法並非能一直奏效。

但在那之後，展示過程中的「提問」，因確實能吸引參觀者的注意力，進而確立了該方式確實是讓參觀者改變資料閱讀方法契機的有效展示手法。

例如京都大學綜合博物館於 2016 年 4 月舉辦的企畫展「睡眠展：沉睡萬物的文化誌」中，展示世界各民族使用的各種搖籃或枕頭、床舖等寢具，是一項能藉該展覽了解全世界的人們在何時、何地、如何睡眠的多元化文化誌。

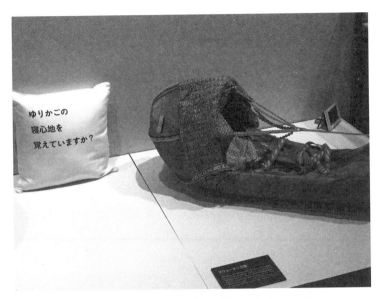

【圖 6-28】還記得睡在搖籃中的感覺嗎？

　　此處挑選了一個，上面寫著大大說明文字的白色抱枕：「還記得睡在搖籃中的感覺嗎？」放置在北歐的搖籃旁。在展示中國以及非洲等床鋪歷史資料的旁邊，則是展示一道問題：「您為何會在平坦的地方沉睡呢？」（【圖6-28】）

　　關於在博物館中展示的提問內容，既能讓參觀者愉快地探索自己過去的相關經驗，如果也能有一些問題，讓參觀者覺得像是在尋寶一樣，仔細觀賞展示品，那麼被詢問的這種感覺本身，就令人心情雀躍，以完全不同的表情仔細品味問題背後的深意。

結語

「您是怎麼想到那個問題的呢？」

這也許是筆者們至今最常被問到的問題之一吧？隨著問這個問題的頻率增加，委託筆者們設計工作坊的內容，也開始接到來自更多元化的場景和領域邀約。

本書撰寫的背景，是希望能從筆者們的經驗回應這些聲音，盡可能發揮一些效果。

本書的前半段是針對，從根本上，筆者們是如何掌握待解決問題的本質的思考方式進行介紹。詳細針對「問題」、「課題」這樣容易混淆的概念加以整理、分類，尤其是關注容易在無意識中就固定僵化的「認知」或是「關係」，整理出如何打破，使其瓦解的過程。

本書的後半段，是筆者們最擅長的，以有創造力的對話應用在「工作坊」或「引導」技術上。從接受問題解決到真正解決的課題，該怎麼與相關人士保持密切提問關係，內容中介紹具體的技巧，甚至在隨時可能發生關係變化的創造式對話中，以即時深入淺出的提問技巧，建構出一套系統。

完成學習環境設計與智慧系統設計研究所課程的筆者們，對於要撰寫以「提問設計」為主題的書籍，其實還是有所猶豫。因為筆者們對於在各個研究領域中，琢磨而成的認知科學模型以及數理模式歷史，到每本教科書式設計理論的精緻度，已經是鑽研過深的程度。

但是，對於在個別領域或案例中，不盡然都是順心如意的筆者們，能獲得來自各式各樣領域的邀約，雖然這樣的說法不中聽，但其實筆者認為背後都存在著共通的結構。

將撰寫本書視為契機，筆者們相互聽取彼此的設計問題方法，徹底剖

析共通點與相異點，並將之寫成文字，也確實藉此機會自我覺察到，上述這些課題和筆者們過去在學習環境的設計，或是智慧系統的設計研究的知識基礎，確實有共通的學習觀、系統觀。

　　正是因為每間企業、每所學校、每個地區，都有根深蒂固的問題，應該是最清楚相關事態的當事者或是關係人士之間，可能存在彼此不夠坦誠相見的問題。因此擁有豐富專業知識或是長年累積的人脈網絡，反倒成了枷鎖，難以看清待解決課題的結構問題。

　　特別是在這樣的時刻，請將焦點關注在「提問的方式」。本書希望透過設計提問的過程，逐一擊破難題，衷心期盼能創造更多，讓眾人投注心力在待解決課題的機會。

2020 年 5 月

安齋勇樹・塩瀨隆之

圖表索引

國家圖書館出版品預行編目 (CIP) 資料

提問的設計：運用引導學，找出對的課題，開啟有意義
的對話 / 安齋勇樹，塩瀬隆之著；李欣怡，周芷羽譯.
-- 初版 . -- 臺北市：經濟新潮社出版：英屬蓋曼群島商
家庭傳媒股份有限公司城邦分公司發行 , 2022.01
　　面； 公分 . -- (經營管理；174)
譯自：問いのデザイン：創造的対話のファシリテー
　　ション
ISBN 978-626-95077-6-4(平裝)

1. 職場成功法 2. 說話藝術 3. 傳播心理學

494.35　　　　　　　　　　　　　　　　110020142